高级服装制版

PATTERN MAKING

Techniques for Beginners

（美）弗朗西斯卡·斯特拉奇（Francesca Sterlacci） 著

周 捷 译

东华大学出版社·上海

图书在版编目（CIP）数据

高级服装制版 /（美）弗朗西斯卡·斯特拉奇著；周捷译 .
—上海：东华大学出版社，2022.1

ISBN 978-7-5669-2006-5

Ⅰ . ① 高… Ⅱ . ① 弗… ② 周… Ⅲ . ① 服 装 量 裁 Ⅳ .
① TS941.2

中国版本图书馆 CIP 数据核字 (2021) 第 230056 号

责任编辑 谢 未

版式设计 赵 燕

高级服装制版

【美】弗朗西斯卡·斯特拉奇　著

　　　周 捷　译

出　版：东华大学出版社

（上海市延安西路 1882 号　邮政编码：200051）

出版社网址：dhupress.dhu.edu.cn

天猫旗舰店：http://dhdx.tmall.com

营 销 中 心：021-62193056 62373056 62379558

印　刷：当纳利（上海）信息技术有限公司

开　本：889mm×1194mm 1/16

印　张：20.75

字　数：726 千字

版　次：2022 年 1 月第 1 版

印　次：2022 年 1 月第 1 次印刷

书　号：ISBN 978-7-5669-2006-5

定　价：198.00 元

目录

第4章

领子 260

第5章

裤装 304

内容简介

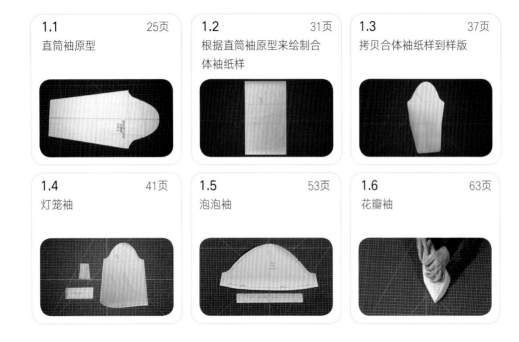
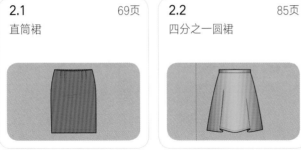

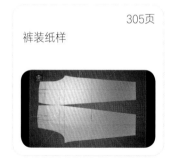

本书内容构成

每节课从一系列学习目标开始，详细说明需要掌握的关键技能

这里列出了完成本章节所需的面料和工具

你会在书中看到用蓝色突出显示的提示框

在每一章的末尾都有一张自我评估表，用它来衡量你对该章内容的学习情况

本课程分为5个章节，下分数个模块

每个模块中的每一步骤都有一个图片来指导你完成

你也可以登录 www.universityoffashion网站，观看时装大学的视频课程

前言

在服装设计过程中，有一个从"概念到成品"的制版过程。无论设计是通过立体裁剪（3D）还是平面裁剪（2D），最终都能得到一个样版。然后，裁剪、试穿并缝合面料。关键的制版过程是学习如何绘制一套样版，为创造更多设计变化奠定基础。一套完整的基础样版包括袖子、裙子、上装、裤子和夹克样版。这些样版为服装品牌企业节省了时间和金钱，每年创造出数百种新款式。

通过学习制版的术语，各种制版工具的功能以及基本的绘图技术，不仅为设计者完成更复杂的设计提供了坚实基础，而且也为理解和应用计算机化软件程序提供了基础。

作为服装设计的"设计师"，制版师有能力用二维的方法绘制样版，同时用三维的方式思考设计。在制版方面拥有扎实基础的设计师可以在行业中发挥更加重要的作用。

随着科技不断冲击服装产业，服装教育领域出现了新的模式和策略。2008年，时装大学（UoF Fashion）为满足学生在互联网主导的世界中的学习需求，确定了一种解决方案，通过创建一个在线视频库，在重要的设计学科开设数百门课程，为有抱负的设计师、服装学院的大学生、家庭裁缝、寻求提升技能的专业人士以及对服装充满好奇的人士，提供完善的教学工具，教授服装设计。为了进一步加强这种学习，时装大学（UoF Fashion）与劳伦斯出版公司达成合作关系。根据视频顺序一步一步地排列，独立完成这些书籍的制作。这些书籍可以与UoF网站上的视频结合使用，实现终极的学习体验。祝你学习圆满成功。

弗朗西斯卡·斯特拉奇

服装纸样绘制概述

服装纸样绘制（平面纸样）是指在平面上绘制服装的二维形状或者样版的过程。人们通常基于人体尺寸测量数据再加上人体舒适放松量来绘制纸样，或者将立体裁剪的服装试样（白坯布）转化成纸样。这种基础纸样叫做原型纸样（裁剪样版），该纸样没有缝份。人们使用原型纸样作为基础样版，根据服装的款式进行纸样变换，最后形成服装的纸样，再对面料进行裁剪和缝制。没有缝份的原型纸样叫做"净样"。

时装行业通常使用纯色或者带有圆点的白色打版纸来绘制服装纸样，而家用纸样生产则采用拷贝纸来拷贝印刷出售纸样（由于拷贝纸在使用时容易破损，建议不要使用拷贝纸来绘制纸样）。将原型纸样从白色打版纸上拷贝到硬纸板或者卡纸上，得到"样版"，样版能够反复用于服装款式变化的纸样绘制。将纸样从一个尺寸变化到另一个或多个尺寸的过程叫做"推码"。

服装纸样演变

如果想要了解服装纸样的演变过程，则要追溯到原始时期——人类为了保暖而使用动物的皮和植物等来制作服装。虽然早期人类的主要目的是抵御雪、雨、风以及太阳的伤害，并不关心服装是否时尚，但他们制作的服装仍存在一些制版技巧。为了使服装可以符合人体体型，缝制者预先设计服装的结构，使其能够包裹住人体重要部位，并利用原始材料——草绳和骨头来固定服装。

新石器时期，人们开始将纤维纺成纺织面料。在公元前5500年左右的古埃及地区，出现了大量由亚麻制成的亚麻布，这标志着服装风格的出现。在8世纪的古希腊时期，服装主要有三种形式：装饰短裙、贴身穿的宽大长袍和宽松长衫。装饰短裙由一块较大的长方形面料制作而成，服装外形呈圆柱形，面料的长度约为着装者肩膀至脚踝的长度，再加上64cm。

左图 纯白色打版纸

中图 带有圆点标记的白色打版纸

右图 上衣原型样版

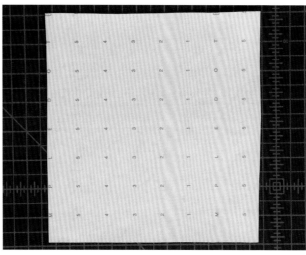
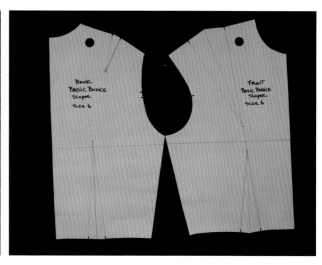

沿着肩线折叠多余的面料形成一个翻折，称为"覆势"。将翻折的面料悬垂到腰部以下，在腰部用带子将其系住，人们将这种服装叫做"装饰短裙"，"装饰短裙"使用别针或胸针（也叫扣针）将面料在肩膀位置固定在一起，面料自然下垂形成一个袖窿。贴身穿的宽大长袍与装饰短裙相同，也是使用与身体长度相同的面料围成一个圆柱形，爱奥尼亚式和多利安式是最为流行的两种风格。与装饰短裙不同的是，爱奥尼亚式贴身穿的宽大长袍的胸前没有翻折下来的覆势，它将面料围绕在人体周围，并使用别针沿着肩部固定，形成一个无袖服装。对于袖子及肘的装饰短裙，人们使用8个以上的扣针，沿着手臂将更多的面料固定在一起。多利安式贴身穿的宽大长袍结合了无袖贴身穿的宽大长袍和装饰短裙的特点，但其覆势位于腰部以上，距离肩部大约46cm，因此在服装腰部系上腰带时，覆势呈现出帽子形状，与装饰短裙产生了区别。宽松长衫是将一块较大的长方形面料披在左臂和右肩上，面料的宽度和长度分别为1.2~1.8m和1.8~2.4m。人们通常在贴身穿的宽大长袍和装饰短裙的外面穿着宽松长衫，将其当做一个外衣或者披肩来使用。

纸样与合体服装

我们熟知的现代纸样是由中世纪的紧身服装演化而来。中世纪以前，服装多由悬垂的褶皱和腰带组成，服装十分宽松且不需要考虑胸部、肩部、手臂以及腰部的合体性。设计合体服装要求人们掌握一些结构知识，因此裁缝师开始编写服装指导手册，教人们如何缝制男装、女装和童装，同时还成立服装协会来为学徒们提供学习服装缝制技术的机会。

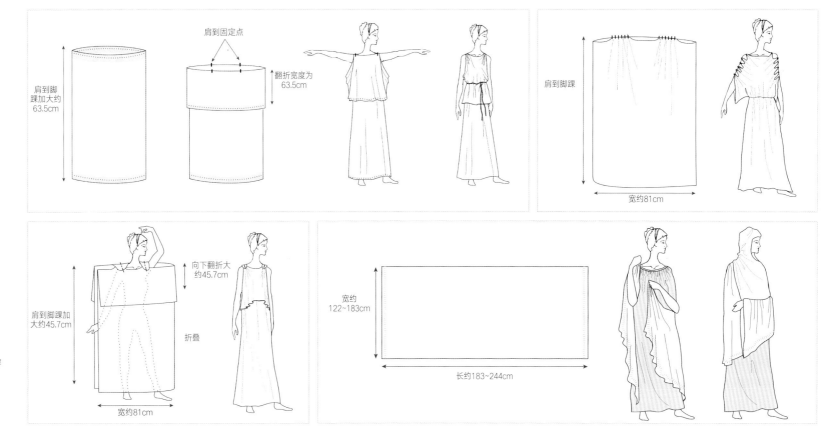

从左图顺时针

装饰短裙；爱奥尼亚式贴身穿的宽大长袍（袖子及肘）；
多利安式贴身穿的宽大长袍；
宽松长衫

纸样出版书籍与指南

西方现存最早的缝制纸样出版物，是1580年胡安德地区的 *Alcega's Libro de geometria pratica y trac a para*，到了18世纪末，许多用来指导专业裁缝的纸样书籍开始出版，比如《加尔索的工艺描述》和《迪德罗与阿伦贝尔百科全书：服装艺术》。1809年，由奎恩和拉普斯利合著的美国出版物《泰勒的指导老师》问世，在19世纪期间，还有许多专门针对专业裁缝的期刊相继问世。随后，家庭裁缝师也能够获取全部尺寸的纸样，这些纸样的主要使用人群是为穷人缝制服装的慈善女士。

在19世纪50年代早期，像《歌迪女装》《世界时装》和《彼得森杂志》等一些杂志上开始出现新兴服装样式的缩小的纸样。之后，德摩斯特夫人通过邮购的方式为人们提供全部尺寸的纸样。巴特里克公司在1863年首次提出了纸样尺码的概念，《麦考尔》《时尚》和《简单》这三本杂志随后被该公司收购。纸样尺码专利中，不仅包括识别纸样尺码的方案（由罗伯特·奥劳克林和乔治·劳布分别在1899、1907年提出），还包括使用数字符号来表达服装纸样部件的术语（由威廉·阿赫内特，爱丽丝·奥黛丽·麦克斯韦分别在1907和1908年提出）。汉娜·米勒德在1920年出版的专利——"裁缝纸样集"，是一本纸样解读的综合指导手册。这个专利向制版师解释了服装裁剪和制作的具体步骤，并附有详细的说明书和图表。巴特里克随后收购了米勒德的专利，并以杂志《描画者》的名字将其命名为 "Deltor"。1925年，埃克塞拉纸样公司的马克斯·赫茨伯格为"独立纸样"申请了专利。"独立纸样"把所有的纸样说明都印在纸样上，人们使用纸样时不需要再借助于另一个参考资料。

纸样与商用演化

工业革命时期，时尚界发生重大技术变革。蒸汽动力和动力织布机虽然只是工业革命时期众多发明中的两个发明，但它们却实现了纺织品的大规模生产，并随着服装工厂的发展，永远地改变了整个服装行业。服装生产厂为了满足持续增长的市场需求，需要成批量地生产成衣，许多标准化的纸样尺码系统应运而生。例如，美国内战时期的军队服装规

下图，从左到右：

歌迪女装；麦考尔的纸样封面；加尔索的服装工艺描述；迪德罗与阿伦贝尔百科全书：服装艺术

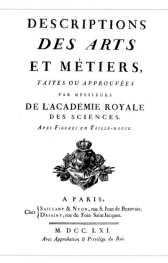
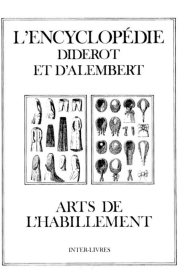

定以英寸为测量单位，人们使用这一规定来标准化男装。到了1863年，巴特里克为其设计的女装尺寸规格申请了专利。20世纪40年代，美国试验与材料学会（ASTM）开始发布缝纫机缝制技术标准和纸样尺码标准。

纸样与时尚产业

科技的进步再一次对时尚业产生了重大的影响，尤其是在制版和推码领域，各种各样的计算机软件简化了制版和推码的过程。但是，许多承担不起计算机软件系统费用的小公司，仍根据顾客"中间体型"的人体尺寸测量数据来绘制一系列的原型纸样。原型纸样是服装定制的基础纸样，设计师根据原型纸样来设计各种服装款式的纸样。一系列的基础纸样组成一套原型纸样"库"，包括紧身胸衣、直筒袖、合体上衣、直筒裙、裤子和夹克。有些公司如ASTM等基于标准体型的尺寸数据来绘制原型纸样，另一些公司则收集人体尺寸数据来制作符合特定国家和地区人群特点的人台（缝制用假人）。例如，阿尔瓦农人台公司扫描了一个国家中数千名男性、女性和儿童的体型，然后根据这些人群的平均体型数据来制作人台。另一个人体尺寸数据库为[TC]²，在21世纪的早期，SizeUSA和SizeUK服装集中调查项目对10 000多名实验对象进行了人体扫描。数据中包括了每个实验对象的人口统计信息和200多个标准体型数据，相关研究人员可以购买到该数据。

左侧图 阿尔瓦农人台，代表一种顾客体型

右侧图 用软垫改造的人台，代表一个客户的体型尺寸

定制与高级定制纸样

商业生产服装用纸样要适用于多个体型尺寸，但对于定制服装而言，它必须根据每个顾客的人体尺寸数据，来设计一套单独的纸样。裁缝们在制作西装和外套时，主要使用这种定制服装单独纸样。人们还可以使用白坯布，根据人台体型制作出一个三维立体的服装试样（白坯布/薄麻布），然后将其转化为二维的原型纸样。顾客可以选择利用人体扫描技术，或者一系列的人体尺寸测量数据，来制作出与其体型一致的人台，但是这种方法较为昂贵和浪费，特别是顾客体重波动偏大的时候。一个经济的解决方法，是用棉絮（填料）或者白坯布条来填充标准人台的特定部位，使其符合顾客的人体体型；还有一种方法是使用商业填充系统，预先设计填充泡沫的形状以及身体外轮廓来匹配人体体型。

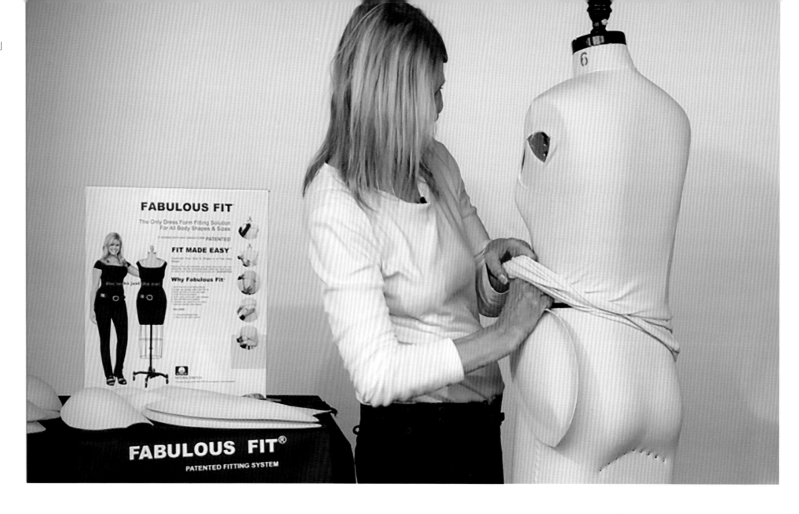

结构设计

　　制版师是时装设计界的"建筑师"，他们面临的第一个挑战，就是设计出一套较为合体的基础原型。有了原型纸样后，制版师还要能够看懂服装设计图，可以根据服装比例和款式来修改纸样，从而制作出一件合体的服装。与服装商相比，能够看懂服装设计图的制版师，需要满足三个条件：同时具备艺术感知力和服装结构知识；能够想象出来如何将二维设计图转变成三维服装；他们还必须能够基于人体体型来修正纸样。虽然行业中规定了标准的制版方法，但许多制版师还是在多年的工作中，总结出了自己的制版方法。观察制版师工作是一件有趣的事情，因为他们通常采用很多独特的方法，来解决纸样合体的问题。制版师与人台（人体尺寸符合公司的中间体型产品）之间关系密切，因为人台能够反馈出服装的合体性，让制版师明白纸样是否需要修改或者是否达到服装设计图的要求。除此之外，还可以判断使用纸样进行大批量服装生产前，是否需要进行二次修正或者三次修正。

　　制版师应该善于思考分析。纸样的绘制单位为英寸和厘米，制版时要考虑纸样间的相互关系，这样才能使纸样之间能够准确匹配且保持丝缕方向一致。同时，纸样的净线长度也要相互匹配，在关键部位用刀眼作标记，为服装制作过程提供对位参考。也就是说，要确保缝合部位准确，并保证两条需缝合在一起的净线长度符合预先的设定，这是制版师需要考虑分析的内容之一。有些纸样，尤其是外衣纸样，可能由100多个部件组成，这时候需要对每片纸样都进行标注和修正。制版师要像工程师、建筑师和外科医生一样，具备构造和剖析纸样结构的能力，这就是为什么从事过建筑师和医生的服装设计师，能够带着制版师的思维进行服装设计。

Toilette de Soirée
Modèle de Worth

时装之父

19世纪中叶，英国设计师查尔斯·弗雷德里克·沃斯，带着他的妻子作为模特来到巴黎时尚圈，创办了世界上的第一家时装店。这位"时装之父"很快引起了法国贵族的注意，并成为了法国欧仁妮皇后的首席服装设计师。随着时间的流逝，其他贵族如维多利亚女王，以及西班牙、俄罗斯、意大利、德国的皇室成员也逐渐成为他的客户，甚至远在美国的女士也来沃思店铺试穿和购买衣服。当时服装界的惯例是根据客户意愿来设计服装，但沃斯是根据客户的体型来自主设计服装，采用精确的制版技术来实现高级定制服装的设计和缝制。

保罗·波烈

虽然保罗·波烈是第一个使用立体裁剪技术来代替平面纸样的设计师，但其实际上是利用直线概念来构造矩形纸样的服装。作为20世纪早期的现代时尚倡导者，波烈是将女性从紧身胸衣中解放出来的设计师之一，他提出了筒形服装的概念，这大大颠覆了50年前沃斯的包裹繁华风格。波烈对东方文化及和服造型的追求，形成了平面的服装纸样。他激励了一代又一代的设计师，包括当今社会的一些服装设计师，不断致力于探究二维服装与三维人体之间的和谐关系。

左侧图 1933年，琼·克劳馥在《时尚》杂志上为阿德里安的西装做模特。阿德里安是"权力套装"和无省服装的创造者

右侧图 侯斯顿闻名于简单优雅的服装造型（1976）

吉尔伯特·阿德里安

美国传奇影业公司的时装设计师，阿德里安在19世纪30到40年代期间，为好莱坞电影明星琼·克劳馥、葛丽泰·嘉宝、玛琳·黛德丽和卡罗尔·隆巴德等设计出了许多极具代表性的服装。他为女性设计的显示权威的服装，制版巧妙，这些服装采用分割和缝合来突出丰满的胸部，创造了一个独特的无省服装概念。他为电影《莱蒂·林顿》中琼·克劳馥设计的欧根纱连衣裙，是纸样设计的典型代表，这件服装以其夸张的袖子而闻名，引发了大量的模仿，也成为女装使用垫肩的起点。

侯斯顿

侯斯顿在19世纪60至70年代间的设计风格，与波烈和玛德琳·薇欧奈一样，都追求简约实用。他认为服装应该尽可能地方便穿脱，这主要体现在他自己设计的一系列纸样上。无论是他使用人造革来设计衬衫裙，还是创造的太空风格、建筑风格及量身定制，这些服装均是通过简单的纸样来展现出强烈的设计感。

左侧图 杰弗里·比尼是一位使用线条来展现女性身材的设计师（1995年秋/冬）

右侧图 蒂埃里·穆勒——宽肩外套和"Glamazon"轮廓是他的代表作（1989—1990年秋/冬）

17

杰弗里·比尼

曾经从事医学的杰弗里·比尼，是顶级时装设计师之一，他热爱研究女性外形与体型细节，并将其融入到自己的设计中。在20世纪90年代初，比尼制作了一些精小复杂的服装纸样。他基于女性身体曲线来体现他的线条风格，制作出来的服装集合体与造型设计于一身。

蒂埃里·穆勒

穆勒在20世纪70年代末到80年代期间，将显示权威的服装推向了一个新的高度。专业的制版和剪裁技术，以及他对垫肩的使用，是他一系列服装设计中的标志。性感、流线型及"Glamazon"轮廓是他的代表。他的设计灵感主要来自于20世纪30年代的服装设计师阿德里安和伊迪丝·海德。穆勒设计的显示权威的套装在时尚界影响深远，表达了在男性主导公司的时代环境下，女性也开始倡导平等。

左侧图 詹弗兰科·费雷，人们称他为"时尚界的建筑师"，其以几何平面组合设计而闻名（2013年秋/冬）

右侧图 阿瑟丁·阿拉亚以曲线裁剪为他赢得了"紧身性感之王"的绰号（1991年秋）

詹弗兰科·费雷

　　在20世纪70年代末踏入时尚界之前，费雷一直从事建筑行业，因此，他的设计图和纸样设计就像建筑图一样。费雷最出名的设计是精美衬衫，使用平面建筑图案组成纸样，突显出脸部，穿着舒适。

阿瑟丁·阿拉亚

　　阿拉亚的职业生涯始于克里斯汀·迪奥的裁缝师，之后在纪·拉罗什和蒂埃里·穆勒做自由设计师，直到20世纪70年代末，才开了自己的工作室。他把自己在制版和剪裁方面的知识结合成了一门艺术，设计出了合体、丰满、性感的服装，赢得了"紧身性感之王"的称号。

左侧图　亚历山大·麦昆的代表作是"超低腰"裤和尖角的裁剪（1999年春）

右侧图　山本耀司闻名于将解构主义和典型纸样裁剪结合在一起（2017年春/夏）

亚历山大·麦昆

　　麦昆在16岁时步入时尚界，起初在萨维尔街的安德森&谢泼德和吉夫&霍克斯裁缝店当学徒，在那里他学习了定制男装的制作技术。后来，不管是为女性定制独特的套装，还是设计华丽惊艳的晚礼服，尖角边缘裁剪和制版技巧都成为他的设计标志。

山本耀司

　　20世纪80年代末，山本的反时尚言论，标志着时尚界进入了一个全新的时代。他的解构主义哲学，与阿拉亚和麦昆的高度合体剪裁制版技术形成鲜明对比。然而，在他的许多设计中，仍能感觉到合体纸样裁剪的应用。

J·W·安德森

J·W·安德森不仅在伦敦时装学院学习过男装,也在普拉达担任过橱窗设计师,并于2010年推出了他的同名男装品牌和胶囊系列女装。安德森以中性审美著称,他将纸样裁剪和精细缝制结合在一起,表达出了他的"同质衣橱"概念。

零浪费与减法裁剪

在采用纸样来制作服装的过程中,不仅要限制废料和污染的产生,还要促进生产周期的可持续性发展,这是"慢时尚"运动的设计理念之一。设计师和服装制造商都在致力于实现三个"Rs":减少、重复使用和循环利用。服装废料的回收成本远高于直接丢弃,因此美国将15%~20%的服装面料扔进了垃圾填埋场。设计师玛德琳·薇欧奈是斜裁的创始人,她是第一个运用零浪费裁剪理念的人。自20世纪80年代以来,美国设计师邓姚莉一直致力于提倡零浪费时尚,即在纸样设计的过程中尽量减少布料浪费。其他零浪费设计师还包括英国设计师桑德拉·罗德斯,澳大利亚设计师刘马克、利亚、苏珊·迪马斯和喷鼻托儿·柯比,以及新西兰设计师麦奎伦·霍莉。

另一种节约面料的方法是不使用裁剪手法,即利用褶皱和堆叠的手法来缝制服装,这种方法介于平面裁剪和立体裁剪之间。这些具有创造性的服装,打破了传统服装造型的界限,日本的三宅一生和川久保玲是这类设计中比较著名的服装设计师。如今,英国设计师朱利安·罗伯茨将这种裁剪方法称作"减法裁剪"——纸样决定设计,而非设计决定纸样。服装纸样不再代表服装的外观造型,而是表示服装的内部空间,这是"减法裁剪"的应用前提。

了解纸样绘制

学习制版之初，都是先练习一系列基础纸样（原型纸样）的绘制过程。与三维立体裁剪方法不同，服装纸样都是在平面上进行绘制。通常使用打版纸、直尺、曲线尺和一系列的制版专用工具，根据人体尺寸测量数据来绘制纸样，原型纸样没有缝份。

如果想绘制出合体的袖子、上衣、裙子、裤子原型，则要先在白坯布上，根据纸样轮廓（加上缝份）裁剪出衣片，然后缝制成样衣进行试穿，检验其是否合身。这种方法经济方便，白坯布可操作性较强，便于快速修正样衣。裁剪白坯布衣片时，其丝缕方向应该与真实服装的丝缕方向保持一致。修正完纸样上所有的细节后，就可以将其拷贝到耐用的纸上制成样版（没有缝份），并将纸样存入原型纸样库。

本书内容包括制版的相关基础概念和技术。通过对这本书课程的学习，可以学会制作一整套基础纸样，并根据这些基础纸样进行后期服装设计。先学习直筒袖的纸样绘制，利用一系列的人体尺寸测量数据和纸样绘制专用工具，来制作一个包括丝缕方向和刀眼记号的袖原型纸样。袖子原型是一系列袖子变化纸样的基础纸样——包括裙子、上衣、衣领和裤子等原型纸样，会在后续章节中多次出现。

在完成本书课程学习后，能够掌握大量的制版术语，包括人体尺寸（头顶点、立裆长、下裆长、裤长等）和纸样绘制（丝缕方向、刀眼记号、修正等）的相关术语。掌握了本书内容之后，就可以制作出想要做的服装。

下图　朱利安·罗伯茨是"减法裁剪"的实践者，他提出纸样决定设计而不是设计决定纸样的理念

纸样绘制

袖子

服装纸样绘制的入门课程，是学习如何绘制基础的直筒袖原型，因此本书的第一章是袖子原型。课程中会提供一个简洁易懂的尺寸表，其中包括绘制袖子原型所需的全部尺寸。根据该尺寸表可以绘制出美码为4—16的袖子纸样（英码为8—20，欧码为36—48，亚洲码为7—17）。本课程还学习如何确定复杂的袖山高以及袖山形状，使其能够与袖窿相匹配。

学习完直筒袖原型（袖子变化款式的基础纸样）后，将学习如何在直筒袖的肘部增加一个省道，将直筒袖转变成合体袖原型。由于合体袖是西装两片袖等变化袖型的基础纸样，因此合体袖也是原型纸样库里的一个袖子原型。以拷贝合体袖纸样到样版纸上作为示例，来学习如何将纸样制作成原型样版的关键技术。

学会绘制袖子原型后，还将学习如何设计出更多的袖子款式，从绘制灯笼袖开始学习。在纸样袖口处运用"剪切与展开"的技巧，来绘制灯笼袖，这种技巧可以让袖子产生丰满感，同时广泛应用于喇叭裙、连衣裙、外套和裤子等多种服装。泡泡袖也需要对纸样进行"剪切与展开"，但其要求在袖口和袖山部分同时抽褶。下一个章节是绘制花瓣袖的纸样，这种别致的袖型常用于童装和晚礼服，该袖子在袖中心处设计了一个独特的重叠来代替袖的内缝。

裙子

裙子纸样章节的第一部分为根据尺寸数据绘制基础直筒裙。书中提供了一个尺寸表，在该表中记录出人体模特或者真人的测量尺寸。本章节将学习宽松量和省道的设计——如何沿着腰围线分配省道大小和确定省道的长度。在拷贝最后一打版纸样成为样版原型之前，可以使用白坯布缝制试样来测试纸样的合体性。

另一种流行的裙子是圆裙。圆裙主要包括四种：四分之一圆、半圆、四分之三圆和全圆。书中提供了一系列的表格和图表，以便在绘制这些裙子纸样的过程中，能够快捷地记录出尺寸数据并进行一些计算。

上衣

人们将紧身上衣称为人体"模型",它是缝制连衣裙、衬衫和夹克衫等服装的基础纸样。本课程将学习基于人体尺寸数据或者书中提供的全球女性尺寸表,来绘制上衣纸样。书中提供了一系列的图表,指导如何进行人体尺寸测量和绘制纸样。首先,提供了一张彩色编码图,来说明每个测量点的位置。然后,提供了一张与编码图相匹配的测量对象数据表,用来记录每一个测量值。除此之外,还提供了一个工作表,来满足绘制过程中一些关键数据的计算。拥有必需的人体测量数据后,就可以开始绘制纸样了。

根据书中简单易懂的字母编号演示过程,可以完成纸样基础线、标记点、省道、袖窿弧线、领口线及侧缝等关键点连接线的绘制,还可以学习如何设计省道位置及省量大小。学会修正前片及后片的省道、腰围线、侧缝线后,就可以进行下一步——先将上衣原型纸样拷贝到打版纸上,然后增加放松量来绘制无袖上衣纸样和带袖上衣纸样。

将带有前、后肩省的纸样拷贝到打版纸上后,开始学习如何转移省道,先学习如何将前肩省转移到侧缝形成胸省。在此之前,参考本章节的第一个课程将纸样拷贝到打版纸上,从而在上衣原型纸样库中添加其他纸样。接下来,学习如何转移前片纸样的肩省来形成一个腰省。与之前胸省的转移步骤相同,只是此次的省道位置转移到腰部。除此之外,还可以将肩省转移到袖窿弧线处,本书使用包含肩省的前片上衣原型来演示这个步骤。

学会如何转移一个省道后,开始学习上衣原型的双省道变化。根据书中提供的简便方法,来转移肩省和胸省,形成领口省和法式省。掌握了转移省道的技术之后,就可以探索其他省道的处理方式来获得更多的变换。接下来,开始学习如何转移上衣后片纸样的省道,比如转移肩省形成领口省。

合体上衣原型不仅是时尚界服装制造的一个重要原型纸样,也是衬衫、连衣裙、夹克的基础纸样。首先,采用带有肩省的前、后片上衣原型纸样,来学习如何绘制出合体的上身纸样。然后,使用白坯布制作样衣来测试纸样的合体性并对其进行修正。最后,将修正完成的纸样拷贝到打版纸上。

本章最后介绍了两种袖子纸样的绘制方法——插肩袖(一片式和变化两片式)及和服袖,是使用直筒袖原型等来绘制这两种袖子。本章的袖子绘制技术,是日后绘制变化袖型的基础知识。

衣领

衣领章节将学习如何绘制中式立领和旗袍领纸样。中式立领在前领口中心处关闭,而旗袍领的上边缘呈圆弧状。本章节还学习如何在领口处设计扣子及扣眼的位置,这些技巧也可以应用于服装的其他部位,如腰带和袖口。

学完旗袍领纸样后,开始学习两用领的纸样绘制,两用领的纸样绘制步骤与中式立领和旗袍领相似,只不过两用领的领宽宽度更大、后领偏高且稍微翻折直立。两用领,顾名思义,可以在前领口处敞开或者关闭,适用于衬衫、连衣裙。

接下来,开始学习如何绘制青果领纸样,包括彼得·潘系列中的三种青果领款式。本课程中,第一个青果领平贴人体领窝线,第二个青果领包含一点点立领,第三个青果领的立领更高一些。学习完这些课程,就可以绘制出圆形领边、尖形领边,以及其他可以想象到的衣领形状。

海军领以彼得·潘系列绘制技巧为基础来设计纸样,本章节还将学习包含V字领口线且领座较宽的衣领纸样设计,衣领的款式变化较多。

裤子

如果要绘制裤子原型纸样,则需要使用本书提供的另一套服装定制人台和图表。本课程将展示如何测量提取下身人台或者真人模特的尺寸数据,并将这些数据记录在定制图表中。除此之外,本书还提供了人体关键测量部位的示意图,以及多种脚口来满足原型纸样的腿部活动量。

确定所需人体尺寸数据后,就可以开始绘制裤子纸样了。本章节将学习如何在腰围线处确定省道的位置及省量大小。根据臀腰差的大小,有可能在裤子前片或者后片只出现一个省道,也有可能前后片各出现一个省道,这与本课程中包含两个省道的后片不同。接下来,将学习如何确定前、后裆长及脚口周长。

如何使用丝缕方向线和刀眼来标注纸样,也是本课程的学习内容之一。与之前所述的纸样绘制步骤一样,绘制完裤子纸样后,根据纸样裁剪白坯布来缝制成样衣。先用真人或者下半身人台测试纸样的合体性,然后修正纸样,最后将纸样拷贝到打版纸上。只有原型纸样精确合体,才能够顺利地完成从直筒裤到瘦腿裤、喇叭裤和七分裤等不同裤子款式的纸样绘制。

纸样绘制工具

纸样绘制工具通常有纯白色打版纸、剪纸剪刀或者纸样剪刀，纯白色打版纸是纸样初学者的最佳选择，因为它比那些带有2.5cm标记记号的纸张更易于使用。如果想要将纸样制作成原型样版，就需要一张样版纸（一张较厚的硬纸或者一面是马尼拉色，另一面是绿色的卡纸）。还需要准备一个女士人台或者下身人体，来提取人体尺寸数据并测试纸样的合体性。切割垫可以保护工作台表面免于划伤，而且它具有自我恢复能力，还便于在纸样绘制过程中，将图钉（绘制用钉子）插入其中。还需要一些压铁来固定纸样，一个锥子来标记省尖点，一个刀眼钳在纸样关键部位来创建刀眼记号。除此之外，还需要各式各样的测量工具来绘制纸

样上的线条，包括卷尺、91cm长的金属直尺，放码尺、46cm长的透明塑料尺、大弯尺、L形方尺、造型曲线尺和法式曲线尺。为了对纸样进行标注，需要准备一个卷笔刀，一个橡皮擦，一个2HB铅笔或一个自动铅笔，一个红色铅笔和一个蓝色铅笔，描图纸，17号（27mm）缝制用大头针和一个滚轮。为了闭合省道并固定住省道位置，还需要使用透明胶带和可移除胶带。

第1章

袖子

从绘制直筒袖纸样开始学习袖子的纸样设计。参考本课程中提供的袖子尺寸测量图表，可以根据一系列的测量数据来绘制基础的直筒袖纸样。将直筒袖纸样拷贝到样版纸上，该原型样版就是本章节中所有袖子变化款式的基础纸样。接下来，先学习如何用直筒袖纸样来绘制合体袖，然后将合体袖纸样也拷贝到样版纸上。合体袖常用于婚礼服和晚礼服，以及其他一些包含紧身袖子的服装。

灯笼袖课程中将介绍"剪切与展开"的技巧，用来增加袖子的丰满度，还学习如何绘制带扣袖克夫和袖衩。泡泡袖对"剪切与展开"的应用更进一步，此课程需要先在袖山和袖口处同时增加放松量，然后用一个较窄的袖口带收住袖口。最后一个课程将展示花瓣袖中"一体袖"的概念，花瓣袖常用于童装和晚礼服。

匀称的直筒袖为这款经典优雅的连衣裙增添了更加惊艳的视觉效果，2016年9月

直筒袖原型

学习内容

☐ 根据图表来测量人体尺寸数据，并在打版纸上标记出
关键辅助线；

☐ 设计袖子造型，使用法式曲线尺来绘制袖山弧线，利
用滚轮来拷贝标记线到纸样反面，并裁剪出袖片；

☐ 添加最终标记记号，绘制辅助线并添加刀眼。

工具和用品：

• 一张41cm×71cm的纯白色打版纸

直筒袖尺寸表

美国尺寸（英国尺寸）	4(8)	6(10)	(12)	10(14)	(16)	14(18)	16(20)
袖山高	15.2cm	15.6cm	15.9cm	16cm	16.5cm	16.8cm	17cm
袖肥	27.9cm	29.2cm	30.5cm	31 6cm	33cm	34.3cm	35.6cm
肘围	23 5cm	24.8cm	26cm	27.3cm	28.5cm	29 9cm	31cm
袖底缝	40.6cm	41.3cm	41.9cm	42.6cm	43.2cm	43 8cm	44.5cm
腕围	18.4cm	19cm	19.7cm	20.3cm	21cm	21 6cm	22.2cm

步骤1

根据直筒袖尺寸表，找到合适的尺码数据。

步骤2

准备一张71cm×41cm的纯白色打版纸，将其纵向对折，对折面朝上，折线就是袖子的中心线。

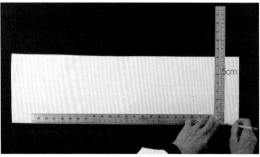

步骤3

使用L形方尺，在距离顶端5cm处，画一条平行线，该线代表了袖山顶点的位置。

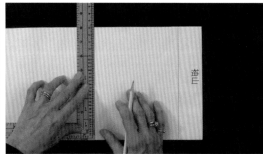

步骤4

接下来，根据袖子尺寸里的袖山高，在袖山线下方画一个标记点，使用L形方尺经过该点，画一条平行线，这条线就是袖肥线。

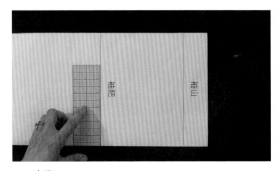

步骤5

沿着袖肥线，从折边向上测量出1/2的袖肥，并作标记。

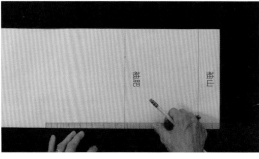

步骤6

为了画出肘围线，先从袖肥线向下测量出1/2袖底缝减去3.8cm的长度，并作标记。

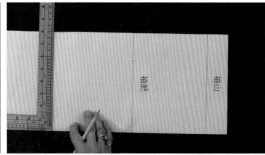

步骤7

然后，使用L形方尺经过该点画一条平行线，得到肘围线。

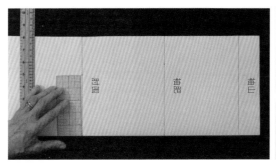

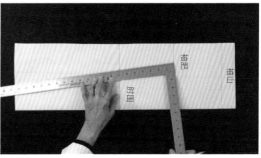

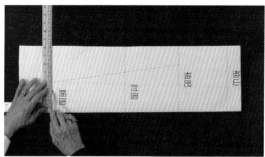

步骤8

接下来，沿着肘围线，从折边向上测量出1/2的肘围长，并作标记。

步骤9

参考尺寸表中前袖缝的长度，以袖肥标记点为起点，经过肘围标记点，画出前袖缝，如上图所示，并标记出该线的终点。

步骤10

使用L形方尺经过该点，画一条垂直于折边的直线，得到腕围线。

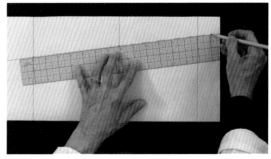

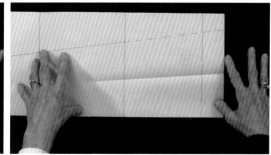

步骤11

在设计袖山形状之前，先使用虚线将前袖缝从袖肥线位置延长至袖山辅助线。

步骤12

沿着袖肥线，纵向对折袖山部分，形成一条折痕。

步骤13A

将袖中线与前袖缝重叠，得到一条折痕。

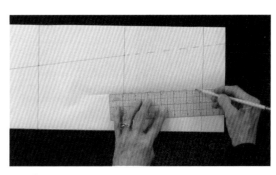

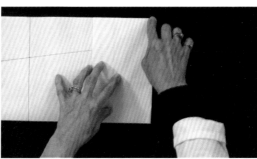

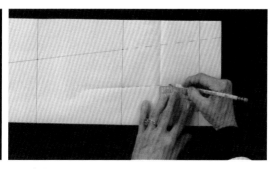

步骤13B

使用虚线标记出折痕。

步骤14

折叠打版纸，使袖山辅助线与袖肥线重合，形成一个折痕。

步骤15

沿着折痕，从交点处向袖山辅助线方向前进2cm，画出标记点。

小技巧：

使用曲线工具来绘制袖山弧线时，要确保前袖缝与袖山弧线的交汇处呈直角。

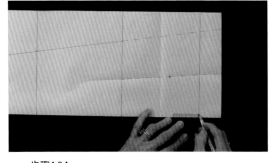

步骤16A

沿着袖山辅助线，从折线处向上6mm，作标记。

步骤16B

在袖肥线上画出两个标记点：一个位于袖肥线与前袖缝交点向下6mm处，另一个则再向下2.5cm。

模块2：
设计袖山弧线

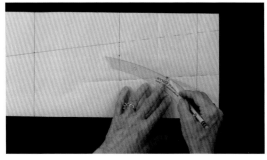

步骤1A

使用法式曲线尺来绘制袖山弧线，将其一端放于6mm袖山标记点处（步骤16A中的标记点），尺子的另一端则指向腋下2.5cm的标记点。

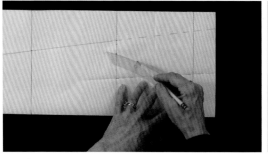

步骤1B

经过2cm标记点（步骤15中的标记点），画出上部分袖山弧线。

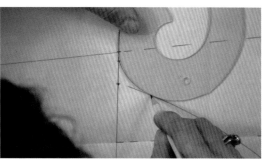

步骤2

翻转法式曲线尺，经过6mm标记点（步骤16A中的标记点），画出下部分袖山弧线，修正袖山弧线，使其光滑平顺。

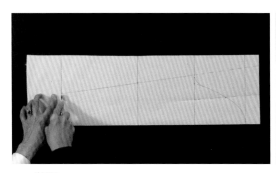

步骤3

最后，利用复写纸和滚轮将袖肥线、肘围线及腕围线拷贝到打版纸的反面。

步骤4

沿着袖子纸样的轮廓线来裁剪纸样。

右页图 出自米沙系列，服装直筒袖上增加了花边装饰，2016年9月

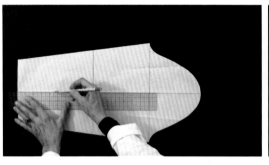

步骤1

打开折叠的袖子纸样，使用塑料直尺画出袖肥线、肘围线和袖中线。

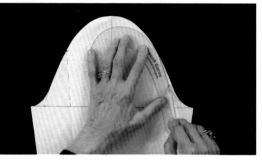

步骤2

添加刀眼记号：先在右侧弧线上折线至腋下的中点，画一个标记点，然后从该标记点处，向里6mm，再画一个标记点。最后，利用法式曲线尺，经过该点重新修正前片袖山弧线。

步骤3

使用红色铅笔来标记修正后的袖山弧线，之后沿着该线剪切掉多余的纸样。

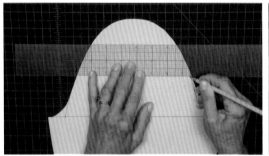

步骤4

从右侧弧线的折线位置向下1.3cm，画一条短横线，该横线就是前片袖山弧线的剪口位置。

步骤5

后袖片需要标记两个刀眼，一个刀眼与前袖片剪口于同一水平线上，另一个则要再向下1.3cm。

步骤6

接下来，标记前、后袖片上的刀眼。

步骤7A

最后一步：修剪掉前片袖山弧线上的多余纸样。

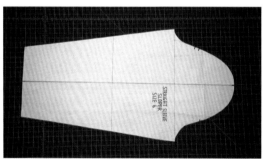

步骤7B

到目前为止，已经绘制完成直筒袖的原型纸样，拷贝该原型纸样到样版纸上。参照第1.3课程的步骤，将合体袖的纸样也拷贝到样版纸上。

自我检查

☐ 袖山弧线是否平滑圆顺？

☐ 前片袖山弧线的下侧是否向里凹进？

☐ 前、后片袖山弧线上的剪口位置是否准确？

☐ 是否标记袖中线？

☐ 是否标记前袖片的袖肥线、肘围线？

沙卡尔设计的这条性感迷你裙，是合体袖的典型应用，2016年9月

根据直筒袖
原型来绘制合体袖纸样

学习内容

☐ 绘制直筒袖纸样——准备一张打版纸，拷贝直筒袖原型，添加辅助线，裁剪出纸样；

☐ 设计合体袖的造型——在肘围处展开袖子，并创建肘省；

☐ 添加最终标记——拷贝合体袖纸样，连接标记点，修正合体袖原型纸样，添加刀眼记号和辅助线，标注原型纸样。

工具和用品：

• 直筒袖原型（参考1.1课程）

• 三张41cm×71cm的纯白色打版纸

模块1：
课程准备

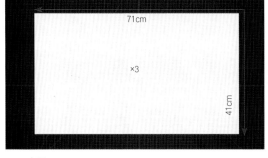

步骤1
准备三张宽41cm，长71cm的纯白色打版纸。

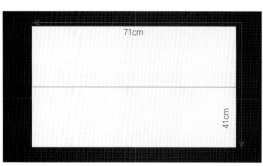

步骤2
第一步：在打版纸上画出袖子辅助线。利用放码尺或者L形方尺，在打版纸的中间，画一条平行于打版纸长边的直线，这条线就是袖中线。

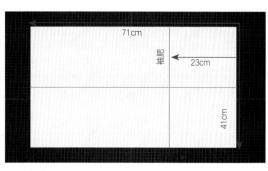

步骤3
使用L形方尺，从打版纸右端向里23cm，画一条平行于打版纸宽边且垂直于袖中线的直线，这条线就是袖子的袖肥线。重复上述步骤，绘制出其余两张打版纸的辅助线。

模块2：
拷贝直筒袖原型

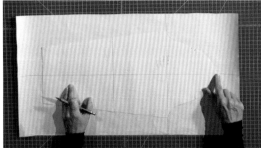

步骤1
拷贝直筒袖原型到打版纸上。将原型样版（卡片）放置在准备好的打版纸上，对齐两者的袖中线和袖肥线。

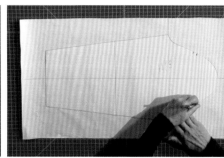

步骤2
对齐辅助线之后，开始描摹直筒袖原型的轮廓线。先从后袖片开始，拷贝后袖片袖山弧线、刀眼记号、腋下点，然后，描摹出袖缝、后肘围和后腕围标记点。接下来，拷贝前袖片的袖缝、肘围标记点、腋下点、刀眼记号及袖山弧线。

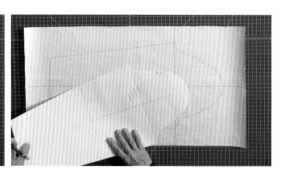

步骤3
取走打版纸上方的原型样版。

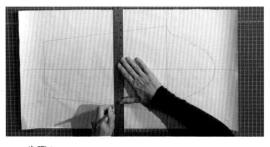

步骤4
利用L形方尺，连接肘围线标记点，确保线条垂直于袖中线。

步骤5
使用剪纸剪刀，沿着铅笔标记线，小心地裁剪出袖子纸样。

小技巧：
直筒袖和合体袖的围度放松量均偏小，可以用来设计变化款袖子的纸样。

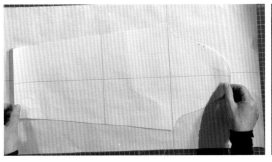

步骤1

取出第二张准备好的打版纸，放于直筒袖纸样下方，对齐两者的袖中线和袖肥线。

步骤2

在工作台上调整纸样的位置，使纸样的后片部位向外。沿着肘围线，从后片袖缝剪到前片袖缝，在前片袖缝处留出2mm的连接区域。

步骤3

对齐纸样与打版纸的袖中线和袖肥线，使用透明胶带，在袖山中点、前片袖肥线和后片袖肥线处，将纸样与打版纸固定在一起。

步骤4

在前片肘围线处，将大头针插入打版纸和切割垫中，以便在肘围线处展开纸样。在肘部展开2.5cm，先用直尺测量出展开量，然后使用胶带将后片肘围线两端，粘贴到下侧打版纸上，最后使用胶带固定住前、后片的腕围线。

步骤5

从前片肘围线处取下大头针，然后用胶带粘贴住该处。

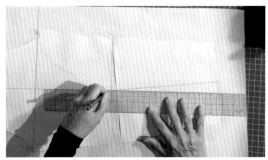

步骤6

从肘围线处，延伸肘围线上侧的袖中线至腕围线。

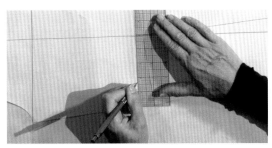

步骤7A

开始创建肘省。使用透明塑料尺，测量出后片袖缝至袖中线的长度，将该长度平均分成三份并作标记，此处，每一份长度为4cm左右。

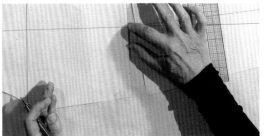

步骤7B

第二个标记点就是肘省的省尖点。

步骤7C

将尺子放于省尖点处，画出下侧省道边至后片袖缝处。

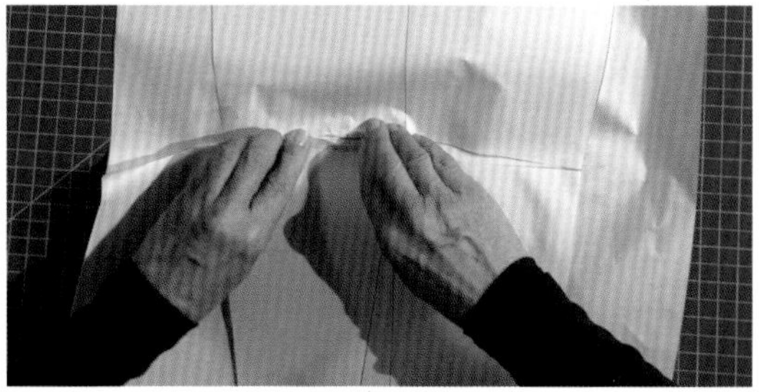

步骤7D

重新调整纸样的位置来合并省道。使用手指按压住下侧省道边，然后折叠下侧省道边，使其与上侧省道边对齐。请观察演示中，演示者是如何将打版纸折叠成杯状，并重新调整袖子纸样的位置使其易于操作，从而使省道保持平整。

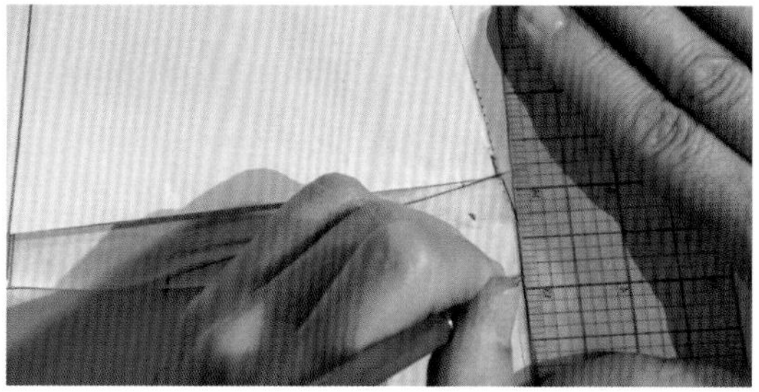

步骤7E

平整地合并省道之后，使用直尺和铅笔，重新连接后片袖缝。利用滚轮，拷贝省道，然后打开省道查看合省的描线。使用直尺和铅笔，修正新省道处的袖缝，并在上侧省道边和袖缝的交点处，添加一个刀眼记号。

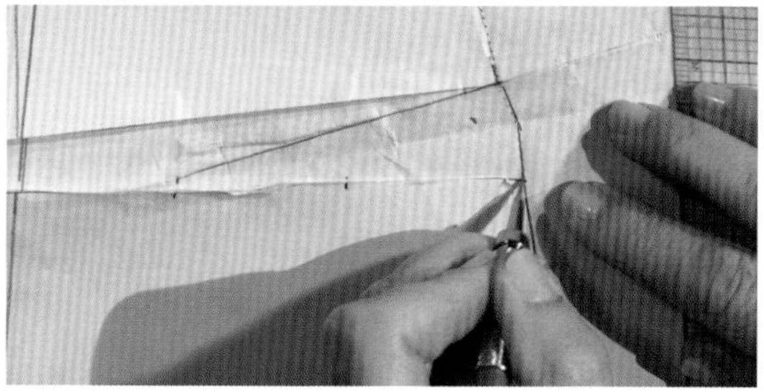

步骤8

连接后片袖肥线至腕围线，这条线是新的袖缝。

模块4：

描摹纸样轮廓

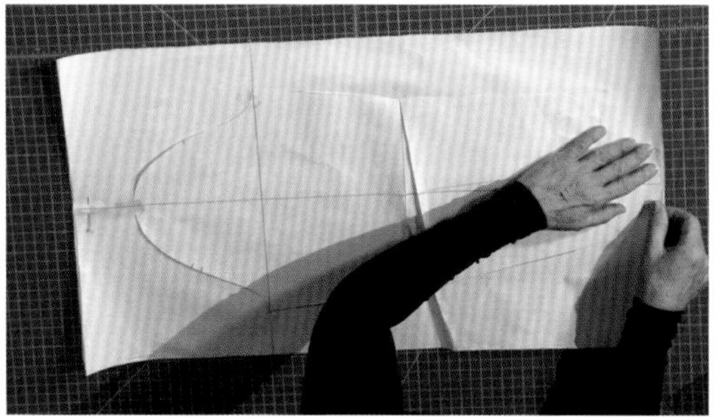

步骤1

取出第三张准备好的打版纸，将其放于两张合体袖的纸样下方。对齐袖肥线和袖中线，在打版纸的上下端同时使用大头针，将三层打版纸固定在一起。

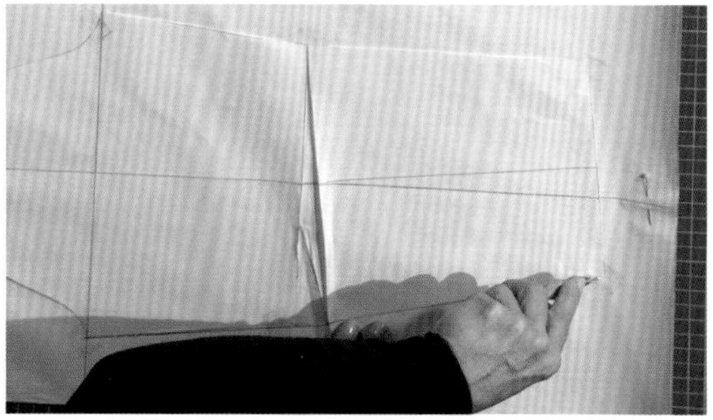

步骤2A

利用滚轮，拷贝袖子纸样的外轮廓，用力压滚轮，使下层打版纸上的描线保持清晰可见。从腕围线处开始描线，沿着前片袖缝到袖山弧线。然后，从前片腋下点至袖中线，经过后片袖山弧线、袖缝、新省道至后片腕围线。

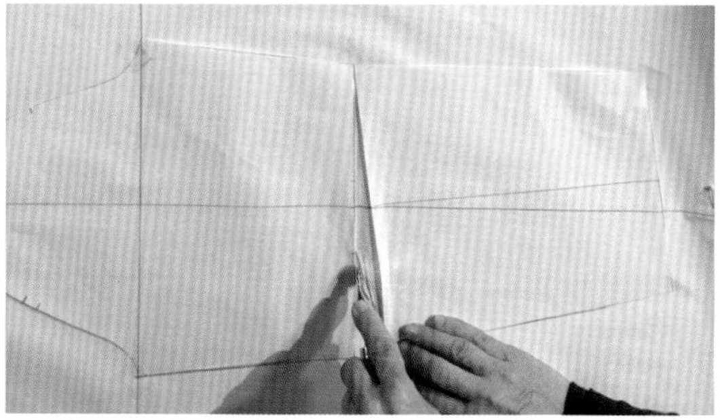

步骤2B

从后片袖缝至前片袖缝，拷贝肘围线，拷贝下侧省道边至省尖点。

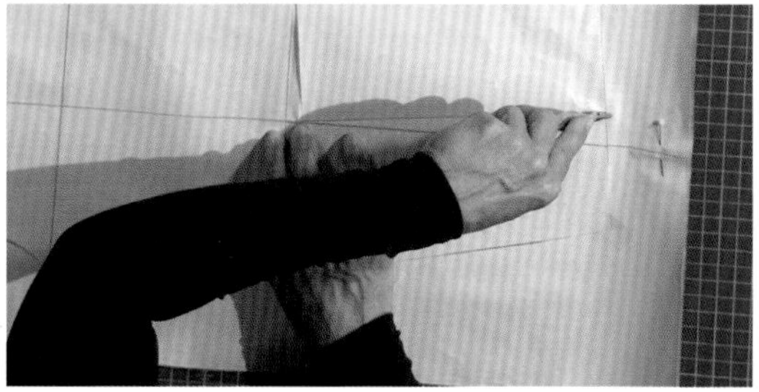

步骤2C

从肘围线至腕围线，拷贝新的袖中线。

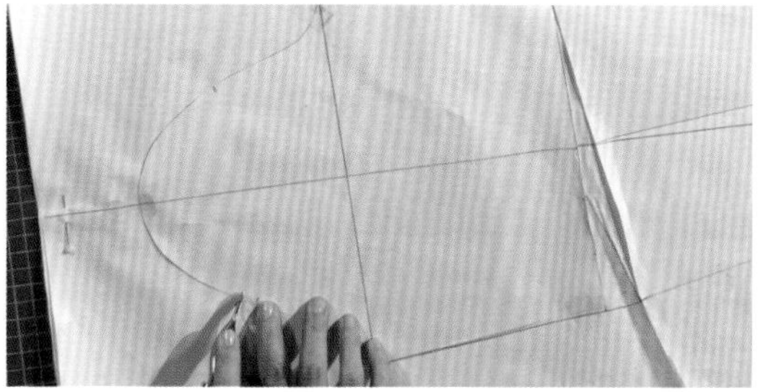

步骤3

拷贝所有的刀眼记号。先拷贝前袖片的刀眼，然后拷贝袖山中心点的刀眼，最后拷贝后袖片的刀眼。

小技巧：

一个单独肘省的省量为2 ~ 2.5cm。

步骤1

去除袖中心线处的大头针，将上层两张纸样与下层打版纸分开，准备修正合体袖原型纸样。

步骤2

如上图所示，连接滚轮标记出的所有袖子辅助线和刀眼记号。先使用透明塑料尺，沿着描线痕迹画出袖子的肘围线，然后从肘围线至腕围线画出新的袖中线。

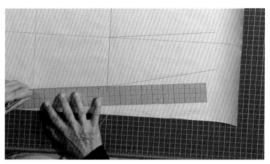

步骤3

沿着描线痕迹，先连接腕围线至肘省之间的后片袖缝，再连接肘省至袖肥线之间的袖缝。

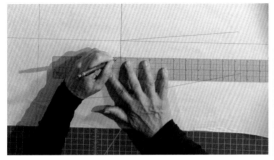

步骤4

接下来，画出下侧省道边和省尖点。请注意，肘围线就是上侧省道边。

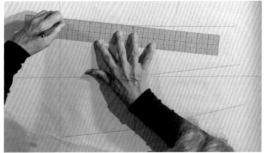

步骤5

开始绘制前袖缝，根据描线痕迹，先连接前片腕围线与肘围线，然后连接肘围线与袖肥线。

步骤6A

使用造型曲线尺，根据描线痕迹，修正后片下段袖山弧线，调整曲线尺位置，修正上段袖山弧线。

步骤6B

翻转曲线尺，根据描线痕迹，先修正前片的上段袖山弧线，再修正其下段袖山弧线。

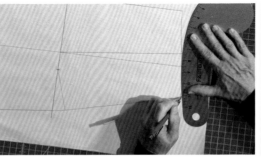

步骤7

将造型曲线尺移动到腕围线处，根据描线痕迹修正前片腕围线。翻转曲线尺，修正后片腕围线。

步骤8

接下来，标记刀眼：肘省处的刀眼包括后片袖山弧线的两个刀眼，袖中线处的刀眼以及前片袖山弧线的刀眼。刀眼记号要始终垂直于净线且长度小于等于6mm。

步骤9

标注合体袖原型纸样，在后片袖山的地方，写上"合体袖原型"和"尺码6"，或者绘制的其他尺码。

步骤10

在袖中线的位置，添加丝缕方向线。起点在袖山顶点下方5cm处，终点在腕围线上方5cm处。

步骤11A

请注意，虽然肘围线以下的袖中心线，在缝合肘省后会发生偏移，但裁剪袖片的时候，必须按照标记的丝缕线进行裁剪。

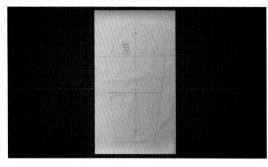

步骤11B

目前为止，已经使用直筒袖原型纸样来绘制完成合体袖原型纸样。

小技巧：

请注意，沿着丝缕线或者袖中线来裁剪袖片时，如果闭合省道，则袖子的袖中线将发生偏移。

自我检查

☐ 是否精确地拷贝了直筒袖原型纸样？

☐ 是否剪开肘围线，且省道展开量不超过 1.3cm？

☐ 是否正确计算肘省长度？

☐ 是否修正袖缝处的肘省？

如克里斯汀·迪奥的服装一样，使用合体袖原型来设计一个七分袖，2015春夏高级定制

拷贝合体袖纸样到样版

学习内容

☐ 拷贝合体袖原型纸样——准备样版纸，对齐袖子纸样与样版上的辅助线，使用滚轮来描摹纸样上的线条；

☐ 修正原型——添加标记点，修顺曲线；

☐ 添加最终标记——裁剪纸样，在线条和关键点处添加刀眼记号，在关键线条交叉点和省尖点打孔。

工具和用品：

• 合体袖原型（参考1.2课程）

• 一张41cm×71cm的样版纸（卡片）

模块1：
课程准备

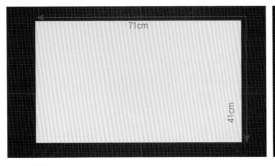

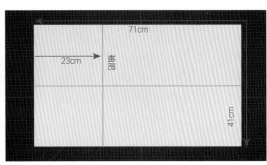

步骤1
裁剪出一张宽41cm，长71cm的样版纸。

步骤2
平行于样版纸的长边，经过样版纸中心画一条直线，这条线就是袖中线。

步骤3
从样版纸左端向右23cm，使用L形方尺，画一条平行于样版纸宽边的直线，这条线就是袖子的袖肥线。

模块2：
拷贝原型纸样

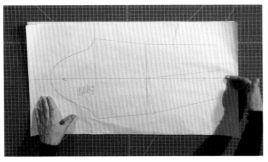

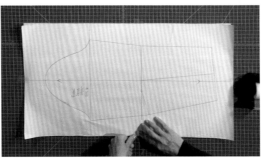

步骤1
将合体袖原型纸样放于样版纸之上，对齐两者的袖中线与袖肥线。

步骤2
对齐袖中线和袖肥线之后，使用胶带将原型纸样的袖山顶点、袖子底摆和肘围线两端粘贴在切割垫上。

步骤3A
使用滚轮，将原型纸样的边缘轮廓线描摹到样版纸上，从腕围线处开始，用力压迫滚轮，以便拷贝纸样的标记线到样版纸上。沿着前片袖缝进行拷贝，经过前、后片袖山弧线至后片袖缝。

步骤3B
接下来，先拷贝肘围线、肘省的下侧省道边和省尖点，然后描摹肘围线至腕围线之间的新袖中线，最后标记出后片袖山弧线的两个刀眼、袖中心线的刀眼和前袖片的刀眼。

步骤4
移开样版纸上方的原型纸样。

小技巧：
修正样版是拷贝纸样过程中的一个重要步骤，在最后一步确定左、右袖缝是否对齐，袖山弧线是否平滑圆顺。

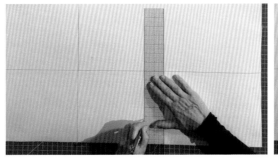

步骤1

根据滚轮的描线痕迹，开始修正原型样版。先使用透明塑料尺，从前片袖缝至后片袖缝，画出袖子的肘围线。

步骤2

修正肘省的下侧省道边。

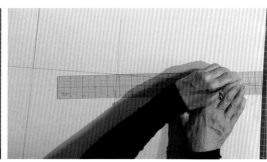

步骤3

沿着滚轮的描线痕迹，修正肘围线至腕围线之间的新袖中线。

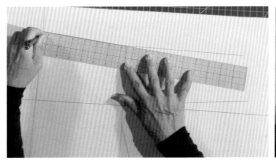

步骤4

先修正腕围线至肘围线之间的前片袖缝，再修正肘围线至袖肥线之间的前片袖缝。

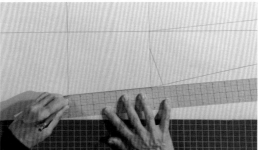

步骤5

先修正腕围线至省道之间的后片袖缝，然后在下侧省道边顶点处转动尺子，修正该点至袖肥线之间的袖缝。

步骤6

利用造型曲线尺，修正后片的上、下段袖山弧线。调整曲线尺的位置，连接滚轮的描线痕迹，得到圆顺曲线。参照上述步骤，绘制前片的上、下段袖山弧线。

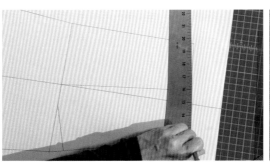

步骤7

利用大弯尺，先修正前片袖缝至袖中线之间的腕围线，然后翻转曲线尺，修正袖中线至后片袖缝之间的腕围线。

步骤8

标记出后片袖山弧线的刀眼，袖中线的刀眼和前片袖山弧线的刀眼。

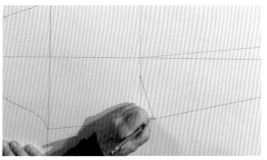

步骤9

标记出肘省的省尖点和两个省道起始点刀眼。

步骤10

在袖中线上添加两个箭头：一个距离袖山顶点5cm，另一个距离腕围线5cm。

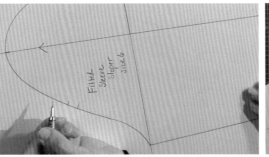

步骤11

在后片袖山的地方，添加标注"合体袖原型"和"尺码6"或者绘制的其他尺码。

步骤12

使用剪纸剪刀，沿着铅笔画出的轮廓线，小心准确地裁剪样版纸。整个过程中，都要用一只手按压住样版纸，确保其平铺在工作台上。不要将样版纸举于空中进行裁剪，以防样版纸失控。为方便操作，在裁剪过程中要及时去除剪下的多余纸样。

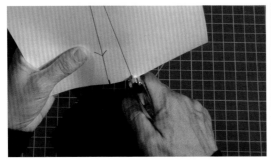

步骤13

使用刀眼钳，标记出前片袖山弧线的刀眼、袖中线的刀眼和两个后片袖山弧线的刀眼。同时，还要标记出腕围线两端的刀眼，腕围线中心点的刀眼和新袖中线的刀眼。最后，标记出前片袖缝上的肘围线位置。

步骤14A

利用锥子，在袖肥线、袖中线交点，腕围线、袖中线交点，以及肘省省尖点处打孔。

步骤14B

目前为止，已经将合体袖的纸样拷贝到样版纸上。

自我检查

☐ 是否准确地拷贝了原型纸样上的线条、刀眼记号和丝缕线？

☐ 是否修正合体袖样版，使其所有的曲线均平滑圆顺、所有的直线都顺直？

☐ 是否使用刀眼钳，标记出合体袖纸样上的所有刀眼？

如上图所示，乔西·纳塔利采用灯笼袖设计了一件现代罗马尼亚式上衣，2014年秋季

灯笼袖

学习内容

☐ 准备打版纸，拷贝直筒袖原型纸样，绘制灯笼袖——增加辅助线，设计袖口造型，并运用"剪切与展开"的技巧来增加袖子的丰满感；

☐ 修正纸样——使用胶带将纸样粘贴到一张新的打版纸上，利用相关绘制工具，修正纸样的标记线，使其平滑圆顺；

☐ 绘制最终纸样——拷贝纸样到一张新的打版纸上，裁剪出纸样，标记刀眼并标注纸样；

☐ 绘制袖衩和袖克夫——根据袖衩长度绘制袖衩贴边，绘制带扣袖克夫。

工具和用品：

- 直筒袖原型（参考1.1课程）
- 三张51cm×71cm的纯白色打版纸
- 一张边长35.5 cm的正方形纯白色打版纸

模块1:
课程准备

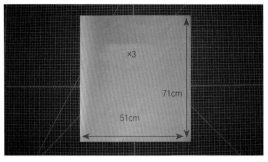

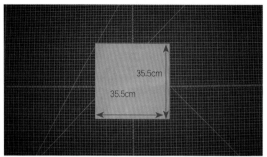

步骤1
准备两张宽51cm，长71cm的打版纸。

步骤2
除此之外，还需要准备一张边长35.5cm的正方形打版纸。

42

模块2:
拷贝直筒袖原型纸样

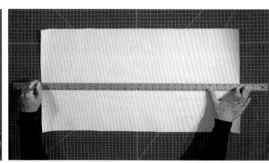

步骤1
取出一张51cm×71cm的打版纸，在打版纸右端位置，从下侧长边向上25.5cm，画出标记点。

接下来，在打版纸左端位置，从下侧长边向上25.5cm，画出标记点。

步骤2
经过打版纸的中心点，连接两个标记点画一条直线，这条线就是袖中线。

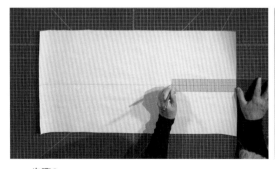

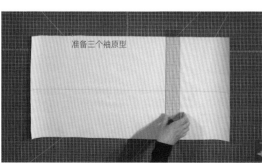

步骤3
在袖中线上，距离打版纸右端23cm，画出标记点。

步骤4
经过该点，使用透明塑料尺，画一条垂直于袖中线的直线，这条线就是袖肥线。

重复上述步骤，绘制其余两张51cm×71cm的打版纸。

步骤5

将直筒袖原型样版放于51cm×71cm的打版纸之上，对齐两者的袖中线和袖肥线。

步骤6

先使用压铁固定住直筒袖原型，然后使用滚轮拷贝原型纸样到打版纸上。请注意，标记出袖山的刀眼之后，才可以将原型从打版纸上拿开。

模块3：
准备绘制灯笼袖

步骤1

将腕围线的两端分别从袖缝处，向外水平延伸7.5cm。

步骤2

利用L形方尺，在腕围线至袖肥线之间，经过腕围线上7.5cm的标记点，画一条垂直于袖肥线的直线，这条线就是新的袖缝，重复上述步骤画出另一侧袖缝。

步骤3A

在后袖片，沿着袖肥线，使用卷尺测量出袖中线与袖缝之间的距离。

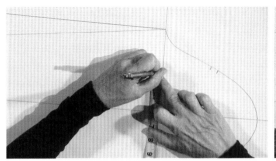

步骤3B

标记出袖中线与袖缝的中点。

步骤3C

重复上述步骤，画出前袖片上的标记点。

步骤4A

在后袖片，使用L形方尺经过上述中点标记，画一条垂直于袖肥线的直线至腕围线。

步骤4B

延长该线至袖山弧线。

步骤4C

重复上述后片标记线的绘制步骤，从前片袖肥线至腕围线，画一条垂线。

步骤4D

同后袖片一样，延长该线至袖山弧线。

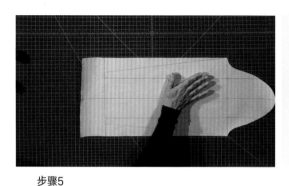

步骤5

裁剪出袖子纸样：从袖山弧线开始裁剪，保留腕围线下侧的纸张。

小技巧：

袖口的丰满度取决于织物的厚度与类型，织物越轻薄，则袖口的抽褶量就越大。

模块4：

绘制灯笼袖

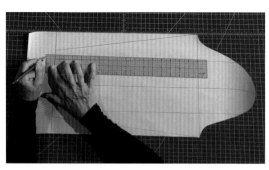

步骤1

接下来，重新设计袖口的造型，使其能够满足肘部的弯曲，并呈现出收束的效果。从后片腕围线的中点位置，将袖长向下延伸2.5cm，作标记。

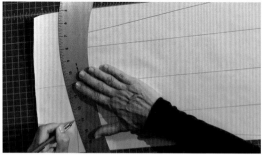

步骤2

使用大弯尺，从下落的后片中点处，修正袖口线至前片袖缝/腕围线交点。

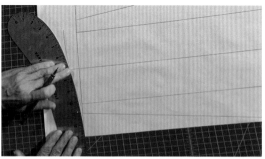

修正过程中，不断转动大弯尺，以便绘制出一条平滑圆顺的曲线。

步骤3

使用大弯尺，从后片袖缝、腕围线的交点至下落的2.5cm后片中点，修正后片袖口线。

步骤4A

使用直尺延长后片袖中线至下落的袖口线。

步骤4B

沿着新袖口弧线进行裁剪。

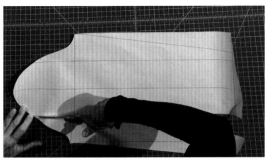

步骤5

从袖口线处，剪开后片袖中线至距离袖山弧线大约2mm处。

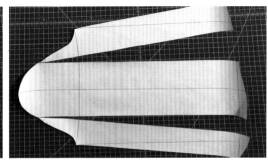

步骤6

从袖口线处，剪开前片袖中线至距离袖山弧线大约2mm处。

模块5：

绘制灯笼袖纸样

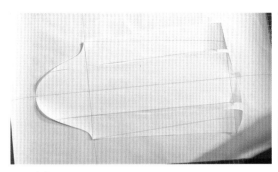

步骤1

取出第二张51cm×71cm的打版纸，放于袖子纸样的下侧，对齐两者的袖中线和袖肥线。使用大头针或者胶带，固定住袖中线的起点和终点。

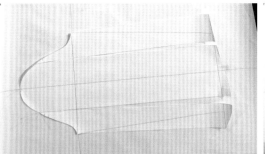

步骤2

在后片袖山弧线和后袖中线交点即旋转点位置，使用一个大头针将打版纸和切割垫固定在一起。

步骤3

再使用一个大头针，固定住前片袖山弧线和前袖中线交点即旋转点。

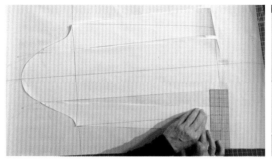

步骤4A

以剪开线与后片袖山弧线的交点为旋转点，展开后片袖口。展开量大于等于5cm，这取决于袖子设计所需的丰满度，使用胶带粘贴住袖口的两端。

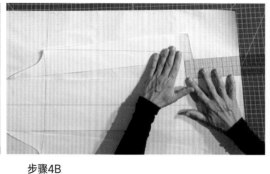

步骤4B

同样的方法展开前片袖口。展开量大于等于5cm，与后片袖口展开量保持一致，使用胶带粘贴住袖口的两端。

步骤5

移开袖山弧线处的大头针，使用胶带来代替大头针将纸样粘贴在打版纸上。

步骤6

使用胶带固定住袖肥线处的袖缝，请注意观察，剪切展开袖子纸样之后，袖肥线是如何变高的。

步骤7A

测量袖口处，后片袖中线至袖底缝之间的距离，取其中点，画一个标记点。

步骤7B

使用放码尺，连接该点与后片袖山弧线上的标记点，画一条直线。

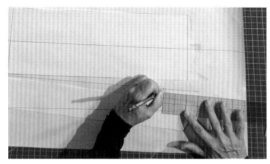

步骤7C

沿着这条线，从袖口向上测量7.5cm作为袖衩，作标记。

步骤8

修正前、后片的袖口线。在袖口展开处，通过转动尺子来修正弧线，使其平滑圆顺。

步骤9

使用造型曲线尺来修正前、后片袖山弧线。

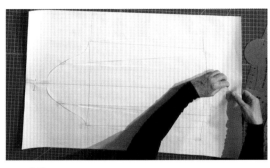

步骤1

将袖子纸样放在第三张51cm×71cm的打版纸上，对齐两者的袖肥线和袖中线。使用大头针在袖中线的两端，将两张打版纸固定在一起。

步骤2A

利用滚轮，拷贝袖子纸样到新的打版纸上。先从后片袖口处向上拷贝袖缝，然后沿着袖子纸样的轮廓，逐渐描摹完纸样。

步骤2B

拷贝纸样的袖衩和袖衩终点标记点。

步骤2C

拷贝袖口线上的袖中点。

步骤2D

拷贝袖山弧线上的刀眼记号——后片、袖中线及前片。

步骤2E

从打版纸上方取走袖子纸样。

步骤3A

接下来，使用铅笔绘制出所有的滚轮描线痕迹，先从袖口处的袖缝开始。

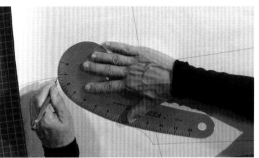

步骤3B

使用造型曲线尺来绘制袖山弧线，绘制过程中不断转动曲线尺，使曲线保持平滑圆顺。

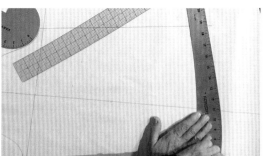

步骤3C

使用大弯尺来绘制袖口线，绘制过程中不断转动曲线尺，使曲线保持平滑圆顺。

步骤3D

绘制袖衩至袖口处的十字记号。

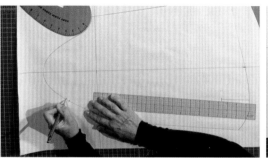

步骤4

先标记出袖口处的袖中点,然后标记出后片袖山弧线的刀眼、袖中线的刀眼和前片袖山弧线的刀眼。

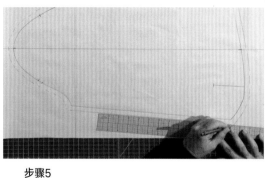

步骤5

沿着纸样轮廓线,增加1.3cm的缝份,先从后片袖口处的袖缝开始,经过后、前片袖山弧线,然后沿着前片袖缝向下至袖口线。

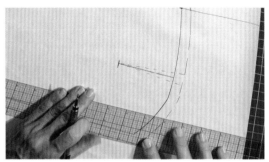

步骤6

在袖衩底端处,增加6mm的缝份,使其从袖口至袖衩顶点逐渐减少到0mm。

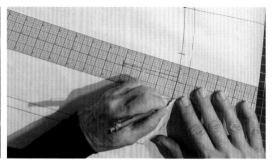

步骤7

接下来,在距离袖衩两侧6mm缝合线的2.5cm处,分别添加一个刀眼记号,来代表袖子抽褶结束的位置。

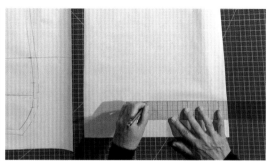

步骤8A

绘制袖衩,取出一张边长35.5cm的正方形打版纸,在距离其边缘10cm处,画一条长15cm的直线。

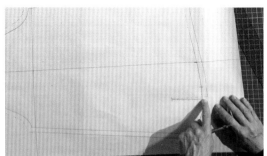

步骤8B

对齐该线与袖子纸样上的袖衩线。

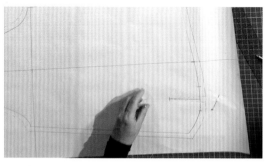

步骤8C

在袖衩的两端,分别使用大头针将袖子纸样和打版纸固定在一起。

步骤8D

利用滚轮,拷贝袖口线上刀眼间的净线。

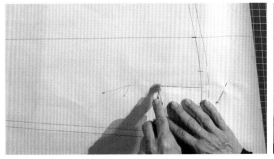

步骤8E

拷贝袖衩的中心线和袖衩顶点的十字记号。

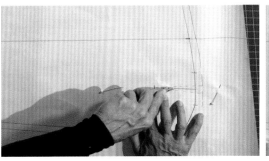

步骤8F

拷贝袖衩两侧的净线。

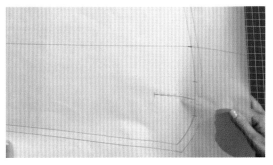

步骤8G

拿掉大头针，从打版纸上方移走袖子纸样。

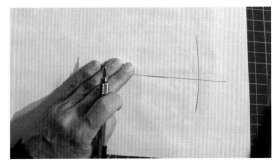

步骤8H

使用铅笔沿着滚轮描线痕迹，画出袖口处的曲形净线。

步骤8I

使用铅笔沿着滚轮描线痕迹，画出袖衩十字记号和袖衩两侧6mm的净线。

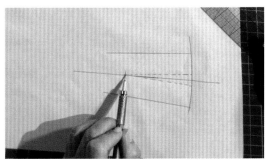

步骤8J

在袖衩两侧的净线处，增加2.5cm的贴边。如上图所示，定位到袖衩中心线的顶点部位。

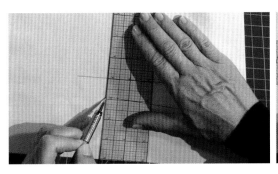

从袖衩中心线顶点向上测量2.5cm，经过该点垂直于袖衩中心线画一条直线，并于贴边底端增加1.3cm的缝份。

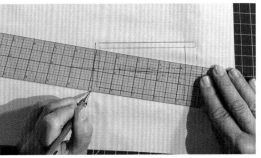

步骤8K

擦掉多余的铅笔线，在袖衩贴边的周围增加6mm的缝份。

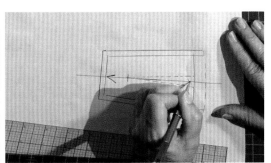

步骤8L

在袖衩中心线上添加箭头记号，来表示丝缕方向。

步骤1

重新取出边长为35.5cm的正方形打版纸，从打版纸顶端向下5cm，画一条横向直线。

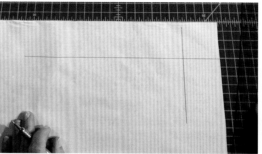

步骤2

从打版纸的右侧边缘向左5cm，画一条纵向直线。

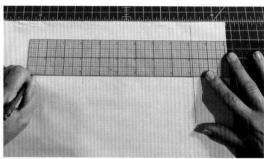

步骤3

本节课程中，绘制的袖克夫宽度为2.5cm。先平行于横向直线向下测量2.5cm，画一条长23cm的线段，这条线就是袖口折线。

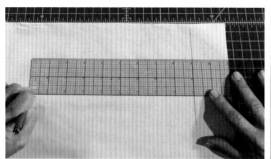

步骤4

从袖口折线向下测量2.5cm，再画一条横向直线。

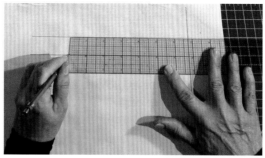

步骤5

沿着袖口折线，测量出腕围长度再加上1.3cm的放松量，画出标记点，这就是袖口周长。例如：美码6号（英码10号）的腕围尺寸为15.9cm，加上1.3cm放松量，得到袖口周长为17.2cm。

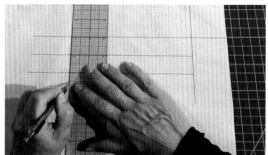

步骤6

经过袖口周长标记点，垂直于袖口折线，画一条直线。

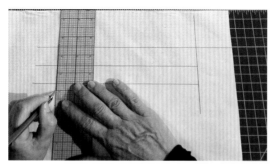

步骤7

在袖口周长线左侧，增加2.5cm的纽扣长度延长线。

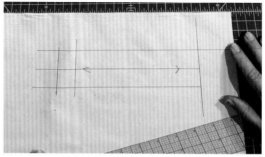

步骤8

在袖口折线的两端，添加箭头记号。

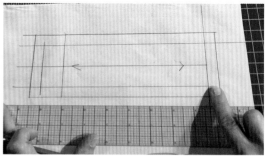

步骤9

沿着袖克夫的轮廓线，添加1.3cm的缝份。如果想增加袖克夫的宽度，则必须同时缩短袖长。例如：如果袖克夫宽度为5cm，则袖长需要缩短2.5cm，留出这2.5cm的长度在袖口处收束袖子。

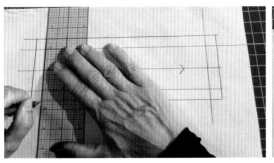

步骤10

利用塑料直尺，延长所有的净线至袖克夫的缝份边缘线。

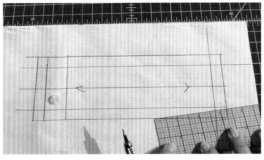

步骤11A

纽扣延长线是纽扣宽度的两倍，该长度取决于所选纽扣的宽度。本课程中的纽扣宽度为1.3cm，因此上图中的纽扣延长线为2.6cm。

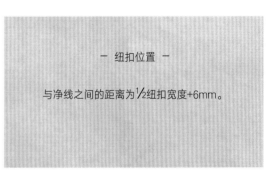

－ 纽扣位置 －

与净线之间的距离为1/2纽扣宽度+6mm。

步骤11B

纽扣位置：与净线之间的距离为1/2纽扣宽度+6mm。

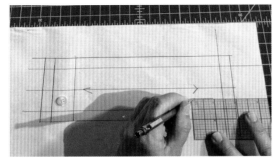

步骤12A

上图中的纽扣宽度为1.3cm，将直尺放于袖克夫中线上，从净线向里1.3cm左右，画出1.3cm的纽扣宽度再加上3mm的放松量。

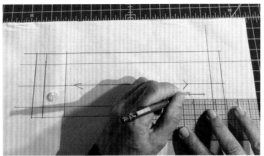

步骤12B

在扣眼两端都标记出十字记号，擦掉多余的线条。

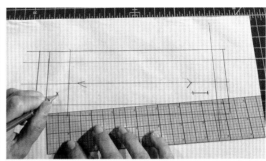

步骤13

在袖克夫的延伸部位，距离净线1.3cm处，标记出纽扣的位置。

模块8：
裁剪、标记、标注纸样

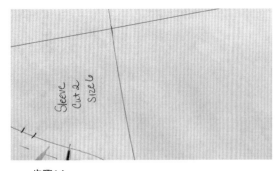

步骤1A

在纸样上标注出"袖子""裁片2""尺码6"或者绘制的其他尺码。

步骤1B

在袖中线上添加箭头记号，表示丝缕方向。

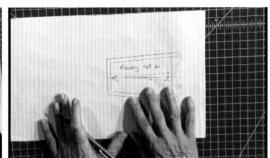

步骤2

在袖衩贴边上标注"袖衩"和"裁片2"。

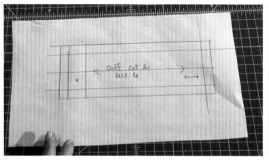

步骤3A

在袖克夫上标注"袖克夫""裁片2""尺码6",或者绘制的其他尺码。

步骤3B

裁剪出袖克夫纸样。

步骤3C

使用刀眼钳,标记出袖克夫折线处的刀眼,以及袖克夫延长量两端的刀眼。

步骤4A

裁剪出袖衩贴边纸样。

步骤4B

使用刀眼钳,标记出袖衩贴边的净线和袖衩中线。

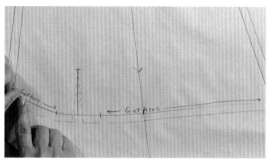

步骤5A

还要标记出袖口处抽褶的部分,标注"抽褶"和箭头记号,来表示袖衩两侧袖口抽褶的端点。

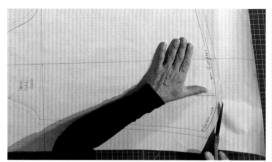

步骤5B

裁剪出灯笼袖纸样,并标记出袖子上所有的刀眼。

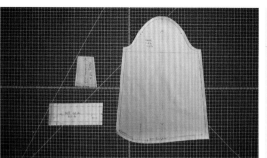

步骤6

目前为止,已经绘制完成灯笼袖纸样。

自我检查

☐ 是否在袖子腕围线处,增加相同的袖缝量?

☐ 是否沿着袖肥线平均分割袖子?

☐ 是否在后袖片上画了袖衩?

☐ 袖克夫上的纽扣位置和扣眼是否准确?

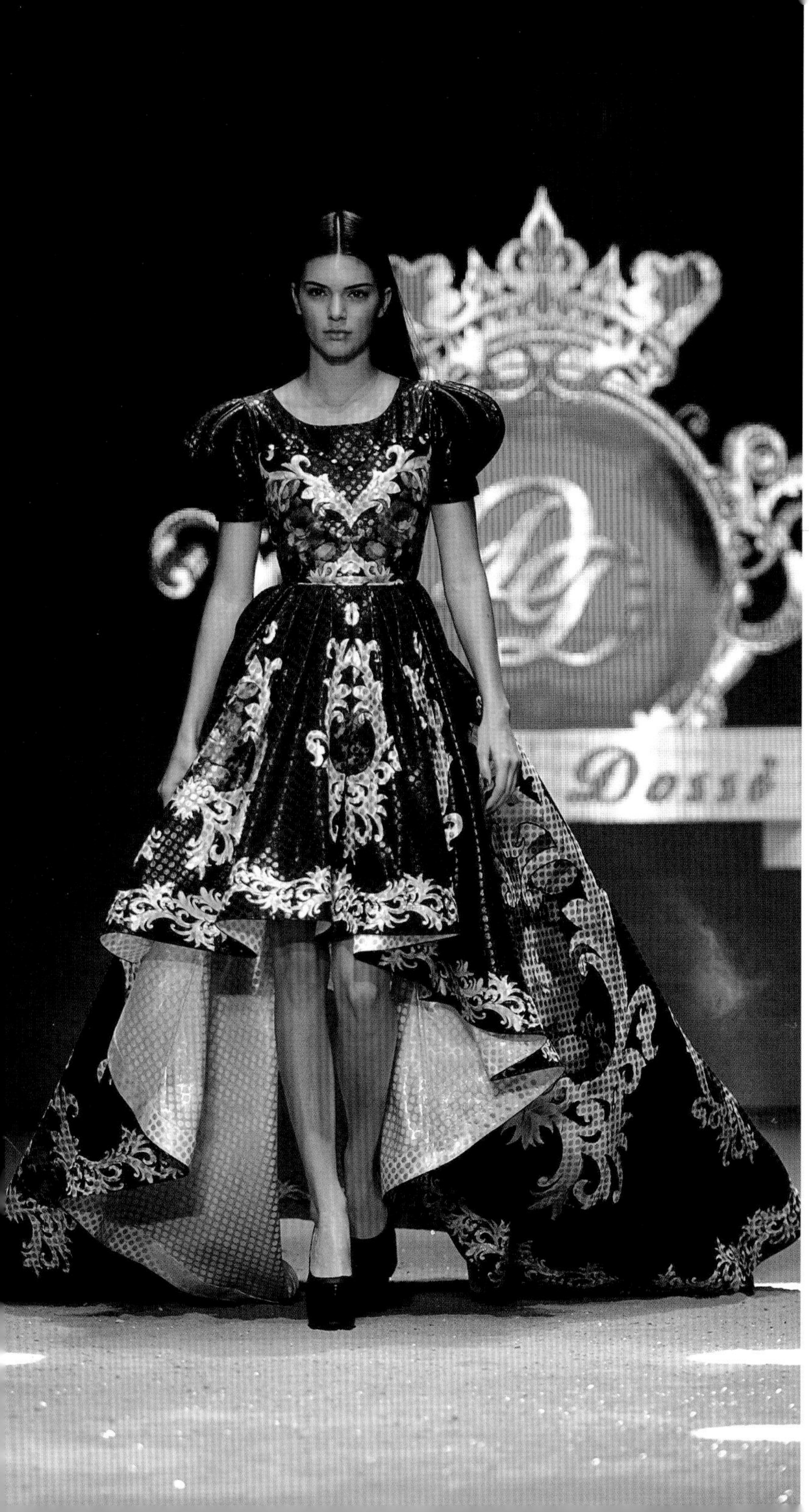

多索·多西采用泡泡袖设计的晚礼服，呈现出一种豪华宫廷的视觉效果，2015年6月

1.5

泡泡袖

学习内容

- ☐ 准备打版纸，拷贝直筒袖原型纸样到打版纸上；
- ☐ 绘制泡泡袖——确定袖长，测量袖肥线来分割袖子，剪切展开袖子，使用胶带将其粘贴在一张新的打版纸上，修正袖子的标记线，使其平滑圆顺；
- ☐ 绘制最终纸样——拷贝纸样到一张新的打版纸上，裁剪纸样，标记刀眼并标注纸样；
- ☐ 绘制带状袖克夫——根据袖口造型绘制袖克夫。

工具和用品：

- 直筒袖原型（参考1.1课程）
- 三张41cm×46cm的纯白色打版纸

模块1:
课程准备

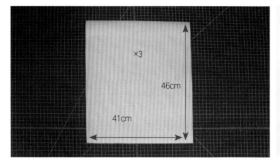

小技巧:

在设计和估算泡泡袖的抽褶量时,要考虑到面料的厚度,面料越轻薄,则抽褶量越大。

步骤1
准备三张宽41cm,长46cm的纯白色打版纸。

模块2:
测量与拷贝袖子纸样

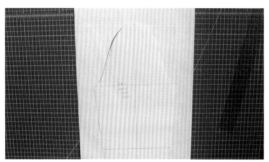

步骤1
平行于一张打版纸的46cm长边,将直筒袖原型纸样放于打版纸的中心位置。

步骤2
在打版纸上,标记出袖中线与袖肥线和肘围线的交点,以及袖山顶点。

步骤3
经过上述标记点,在打版纸中间画一条垂直于打版纸宽边的垂线。

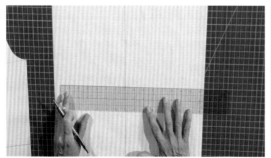

步骤4
垂直于该线,经过袖肥线标记点画一条水平线。

步骤5
对齐直筒袖原型和打版纸的袖中线和袖肥线,先使用滚轮,从肘围线向上,经过袖山弧线向下至另一侧肘围线,拷贝纸样到打版纸上,同时标记出袖山弧线上的刀眼,然后,移走直筒袖原型。

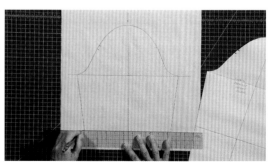

步骤6
连接两个肘围线标记点,画一条水平线。

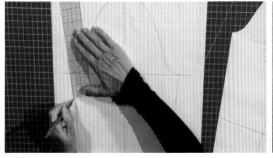

步骤7A

确定理想的袖缝长度——通常低于袖肥线5~12.5cm作标记。

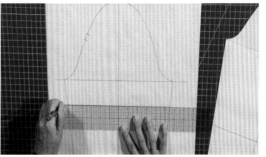

步骤7B

连接袖缝标记点，垂直于袖中线，画一条水平线，泡泡袖的袖长如上图所示。

模块3：

准备绘制泡泡袖

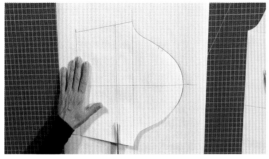

步骤1

使用剪纸剪刀，沿着新的袖长线来裁剪纸样。

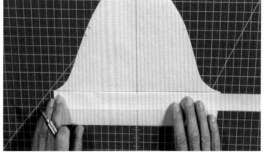

步骤2A

取出一条宽2.5cm，长度稍长于袖肥线的纸条。

在这张纸条上测量出袖肥线的长度，然后剪掉多余的纸条。

步骤2B

对折纸条，再对折纸条，再一次对折纸条，直到将纸条平均分成8份。

步骤2C

展开纸条，将其与袖肥线对齐。

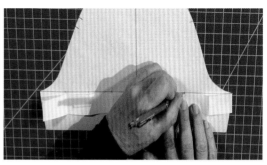

步骤2D

在袖肥线上标记出8等分点。

步骤2E

经过等分点，使用垂直于袖肥线的直线连接袖口与袖山弧线。

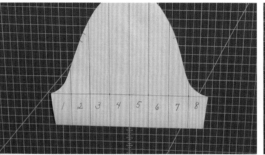

步骤3

从后袖片开始，由1到8号依次对袖片进行编号。

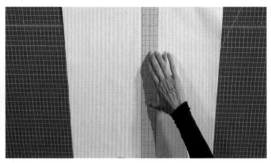

步骤4

取出第二张41cm×46cm的打版纸放于工作台上，经过打版纸中心点，画一条垂线，这条线就是袖中线。

步骤5

从打版纸顶端向下23cm，垂直于袖中线，画一条直线，这条线就是袖肥线。重复上述步骤，绘制第三张打版纸。

小技巧：

切记要对袖片进行编号，以防在设计袖子丰满度时，混淆袖片。

模块4：

绘制泡泡袖

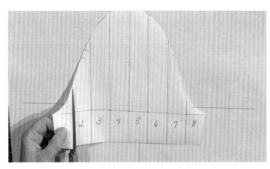

步骤1

将袖子纸样放在第二张打版纸的上方，沿着第一条分割线，剪切袖子纸样至袖山弧线向下2mm处。

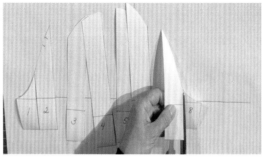

步骤2

沿着第2、3、4、5、6条分割线剪切袖子纸样，参照第一条分割线，沿着第7条分割线，剪切袖子纸样至袖山弧线向下2mm处。

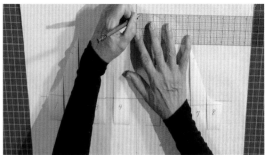

步骤3

在打版纸的袖山顶端，距离袖中线1.3cm的两侧，分别画一个标记点。重复上述步骤，在袖肥线上也作标记。

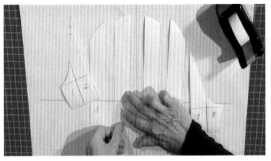

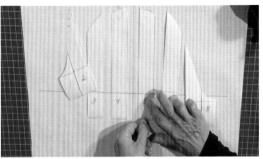

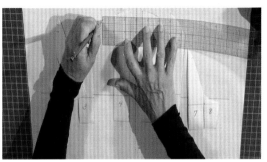

步骤4

将4号袖片与后片袖山顶端和袖肥线上的1.3cm标记点对齐，使用胶带将4号袖片的上下端，粘贴在新的打版纸上。

重复上述步骤，粘贴5号袖片。

步骤5

从4号袖片的袖山顶端，向左测量2.5cm，画一个标记点。将3号袖片放在该点，并确保其袖肥线与4号袖片保持水平。

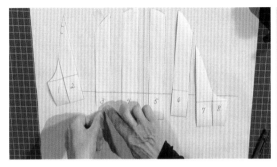

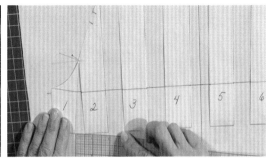

使用胶带将3号袖片的上、下端都粘贴在新的打版纸上。

步骤6

重复上述步骤，粘贴6号、2号、7号袖片。在粘贴过程中，确保袖片的袖肥线都保持在同一水平线上。如果想得到更加丰满的袖子，则可以调整袖片展开量，使其大于2.5cm，这取决于所需袖子丰满度和面料厚度。面料越轻薄，则袖子的丰满度越大。

步骤7

将1枚大头针插入1号袖片的袖山顶端，转动1号袖片，使其在袖口处距离2号袖片1.3cm，袖肥线随着1号袖片的转动而向上弯曲。

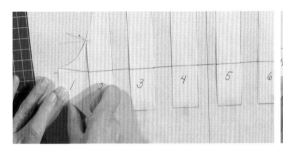

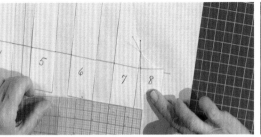

步骤8

先使用胶带来粘贴住1号袖片的边缘，然后拿掉大头针，使用胶带粘贴住袖山顶端的旋转点。

步骤9

重复上述步骤，粘贴8号袖片，转动8号袖片，使其在袖口处展开1.3cm。

步骤10

接下来，修正袖山弧线。先沿着袖中线将袖山顶点升高1.3cm。

小技巧：

抽褶比例是指面料的抽褶量与缝制后的褶皱长度之比。例如，抽褶比，面料的抽褶量是褶皱长度的2倍。其他一些常用的抽褶比例为1½∶1（厚面料）和3∶1、4∶1（薄面料）。

步骤11

使用造型曲线尺来修正新的袖山弧线，先从升高1.3cm的袖山顶点开始，向下修正袖山弧线至前袖缝处。修正过程中，会发现2号袖片在袖山弧线之外，这是正常现象。

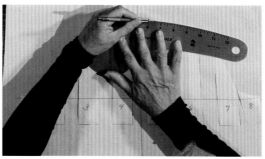

步骤12

确保袖山弧线的中心位置与袖中线形成一个直角，保持弧线的平滑圆顺。

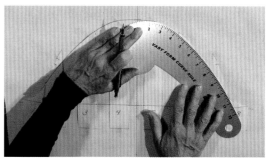

步骤13

接下来，重复上述步骤，修正后片袖山弧线。修正过程中，会发现5号袖片也在袖山弧线之外。

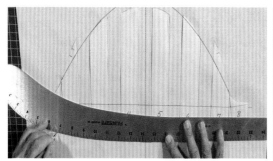

步骤14

使用大弯尺，将袖口的中心线向下降低1.3cm，先从中心线处修正袖口至一侧袖缝，再从中心线处修正袖口至另一侧袖缝。

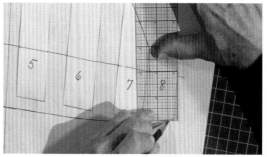

步骤15

使用红色铅笔，在前片袖肥线和袖缝交点处，修正前袖缝，使其呈直角。

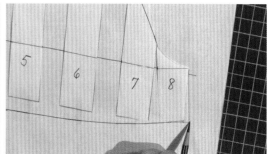

请注意延伸袖缝后底边要做成直角。

步骤16

在距离袖缝与袖口线交点2.5cm处，标记一个刀眼记号。

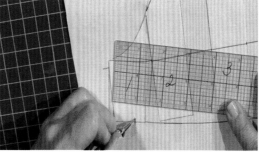

步骤17

重复上述步骤，修正后片袖缝交点呈直角，同时标记刀眼。

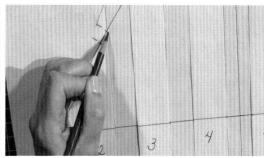

步骤18

使用红色铅笔，根据上层后片袖子的刀眼记号，在新纸样的后片袖山弧线上标记出刀眼。

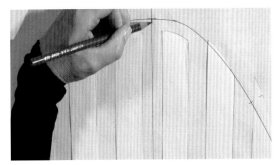

步骤19

重复上述步骤，标记出前片袖山弧线及袖中线上的刀眼。

模块5：

绘制泡泡袖纸样

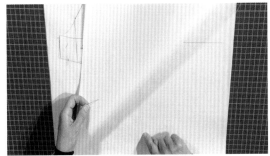

步骤1

将袖子纸样放在第两张打版纸上，对齐两者的袖中线和袖肥线，使用大头针将纸样的上、下端固定在一起。

步骤2

将袖子纸样与打版纸对齐并固定在一起之后，使用滚轮将袖子纸样的轮廓线——袖缝，前、后片袖山弧线和袖口线，拷贝到新的打版纸上。

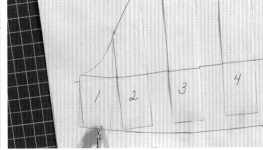

步骤3

拷贝袖口线、后片袖山弧线、袖中线、前片袖山弧线上的刀眼。

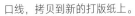

步骤4A

拿掉大头针，从打版纸上移走袖子纸样。

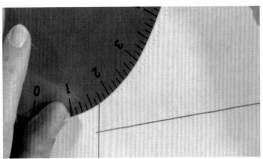

步骤4B

使用直尺和造型曲线尺，来绘制出所有的滚轮描线痕迹。

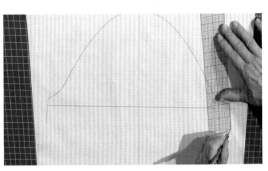

步骤5

确保袖缝交点处都保持直角。

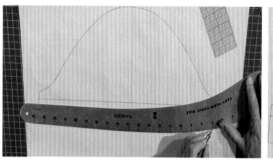

使用大弯尺，来修正袖口线。

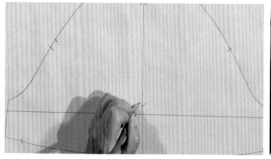

步骤6

重新标记出袖口线，前、后片袖山弧线上的刀眼，在袖中线上添加一个箭头记号，来表示丝缕方向。

步骤7

重新修正袖山弧线，以及其他需要修正的纸样部分。

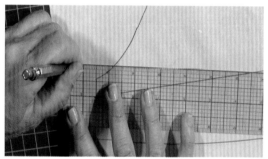

步骤8

先从后片袖缝处开始，沿着纸样轮廓线添加1.3cm的缝份，确保后片袖缝交点呈直角。

步骤9

沿着袖山弧线，从后向前添加1.3cm的缝份，在添加袖口的缝份之前，确保前片袖缝交点处呈直角。

模块6：
绘制带状袖克夫

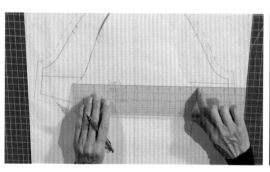

步骤1

绘制带状袖克夫之前，先测量出直筒袖原型的袖肥线长度。

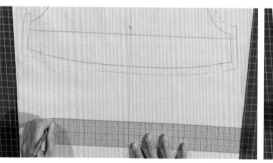

步骤2

在泡泡袖纸样的下方，垂直于袖中线，画一条水平线。

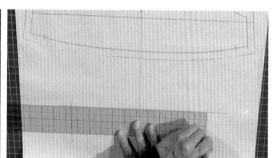

步骤3

在水平线的末端，垂直于该线画一条水平线。从水平线段末端向前测量出袖肥线的长度，再垂直于该线画一条水平线。演示中的纸样尺码为美码6号（英码10号），其袖肥线长度为29.2cm。

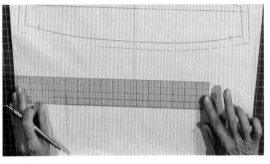

步骤4

先从水平线的两端向下，测量出所需的袖克夫宽度——此处为1.3cm。然后连接袖克夫的两端画一条直线，这就是带状袖克夫的边缘。

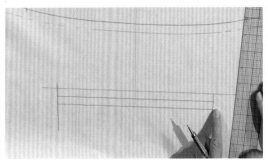

步骤5

再向下测量1.3cm，平行于水平线，再画一条直线，这就是带状袖克夫的贴边。

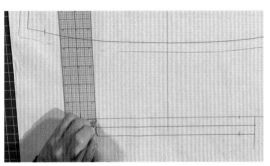

步骤6

从袖克夫的两端向里测量2.5cm，在袖克夫边缘线上标记出刀眼。这些刀眼与袖口线上的刀眼相匹配，代表抽褶部位的两个端点。

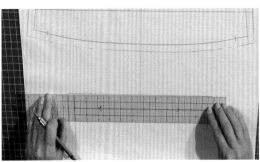

步骤7

在第二条水平线上画出丝缕方向的箭头记号。

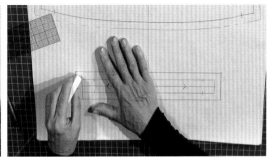

步骤8

沿着袖克夫四周，添加1.3cm的缝份——上侧水平线、袖缝、下侧水平线和另一侧袖缝。

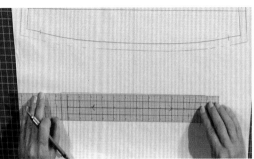

步骤9

在擦掉多余的线条之前，确保袖克夫的4个角都呈直角。

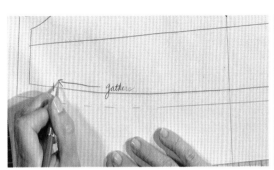

步骤10

在袖口刀眼之间的净线上方标注"抽褶"，并添加箭头记号来表示抽褶方向。

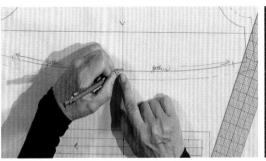

步骤11

在袖克夫和袖口的中线位置，添加刀眼记号。

步骤12A

在袖克夫纸样上标注"袖克夫""裁片2"和"尺码6"或者绘制的其他尺码。

步骤12B

在袖子纸样上标注"袖子""裁片2"和"尺码6"或者绘制的其他尺码。

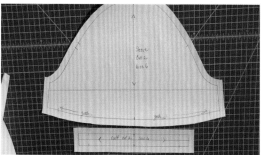

步骤13

使用剪纸剪刀裁剪出袖子纸样和袖克夫纸样。

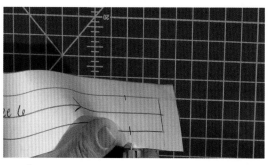

步骤14

使用刀眼钳在带状袖克夫上，标记出抽褶部位两端的刀眼。

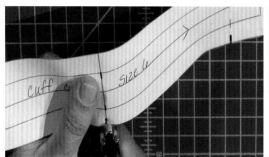

步骤15A

然后，沿着袖克夫的中线，在袖克夫的上下侧，标记出刀眼。

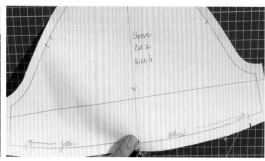

步骤15B

接下来，标记出袖子上的刀眼。沿着袖口线，先标记出抽褶的起点，然后标记出袖中线位置，最后标记出抽褶的终点。

步骤15C

最后一步，标记出袖山弧线上的刀眼：后片、袖中线、前片。

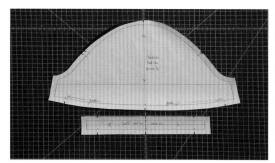

步骤16

目前为止，已经绘制完成包含带状袖克夫的泡泡袖纸样。

自我检查

☐ 是否将袖口平均分成 8 份？

☐ 剪切袖片之前，是否对每个袖片进行编号？

☐ 袖片是否与打版纸上的袖中线和袖肥线对齐？

☐ 是否修正袖山弧线，使其平滑圆顺？

☐ 绘制带状袖克夫时，是否准确地测量出袖肥线的长度？

花瓣袖

学习内容

☐ 准备打版纸，拷贝直筒袖原型纸样到打版纸上；

☐ 绘制花瓣袖——确定袖长，标记出花瓣造型线并标注
纸样；

☐ 绘制最终纸样——拷贝前、后片袖子纸样到一张新的
打版纸上，修正花瓣袖纸样，标注纸样，裁剪出纸
样，标记出纸样上的刀眼。

工具和用品：

- 直筒袖原型（参考1.1课程）
- 一张41cm×46cm的纯白色打版纸，一张56cm×56cm的纯白色打版纸

虽然花瓣袖裙常用于童装，但阿尔伯塔·费雷蒂通过在花瓣袖上增加一些柔软的褶裥，设计出一套端庄的及地长裙，2015年
春夏

模块1:
课程准备

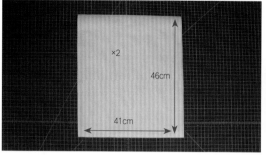

步骤1

准备两张纯白色打版纸，一张打版纸的宽为41cm，长为46cm。

步骤2

另一张是边长56cm的正方形打版纸。

模块2:
测量与拷贝袖子纸样

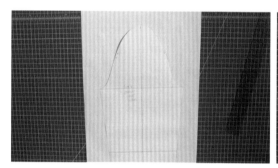

步骤1

平行于打版纸的46cm长边，将直筒袖原型纸样放于打版纸的中心位置。

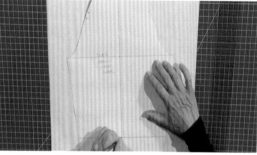

步骤2

在打版纸上，标记出袖中线与袖肥线、肘围线的交点，以及袖山顶点。

步骤3

垂直于打版纸的宽边，经过上述标记点，在打版纸中间画一条垂线。

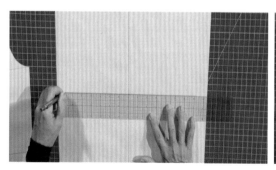

步骤4

垂直于该线，经过袖肥线标记点画一条水平线。

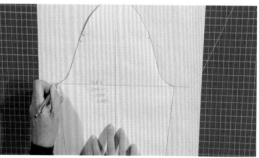

步骤5

对齐直筒袖原型和打版纸的袖中线和袖肥线，先使用滚轮，从肘围线向上，经过袖山弧线向下至另一侧肘围线，拷贝纸样到打版纸上，同时标记出袖山弧线上的刀眼。然后，移走直筒袖原型。

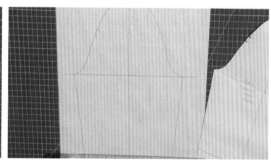

步骤6

连接两个肘围线标记点，画一条水平线。

模块3：
准备绘制花瓣袖

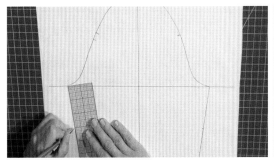

步骤1

确定所需袖子长度。本课程中，从袖子的腋下点向下测量7.5cm，在前、后袖片上的腋下7.5cm处均画一个标记点。

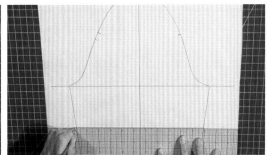

步骤2

连接这两个腋下标记点，垂直于袖中线画一条直线。

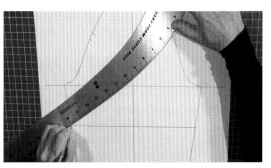

步骤3

花瓣袖的两条造型线，从袖山刀眼向下至袖口线，交叉于袖中线上。使用大弯尺，从前片袖山弧线刀眼向下至后袖缝/袖口线的交点，画一条曲线。

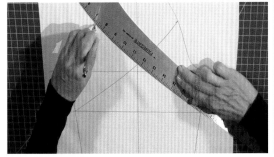

步骤4

翻转曲线尺，从后片袖山弧线的两个刀眼中间，向下至前袖缝、袖口线的交点，画一条曲线。花瓣袖的前、后片袖山弧线的长度要保持一致，且两条造型线要交于袖中线上。

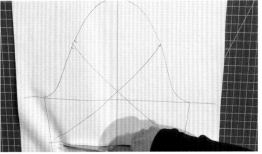

步骤5

沿着袖口线来裁剪袖子，准备绘制花瓣袖。

小技巧：

花瓣袖的袖缝长度不要超过肘围线。

模块4：
绘制花瓣袖

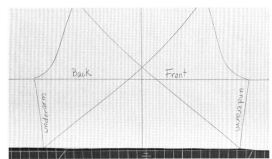

步骤1

接下来，标注纸样，在袖肥线处标注"前片"和"后片"，在两侧袖缝处标注"袖缝"。

步骤2

取出边长56cm的正方形打版纸，放在工作台上。经过打版纸的中心画一条垂线，这条线就是袖中线。

步骤3

从打版纸顶端向下测量23cm，垂直于袖中线，画一条水平线，这条线就是袖肥线。

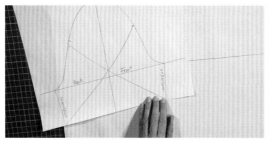

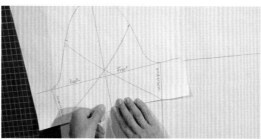

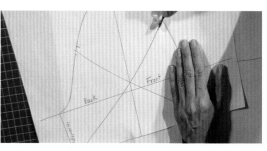

步骤3

将袖子纸样放于新的打版纸上方，让前片袖缝对齐打版纸中心垂线的左侧。同时，将袖片的袖肥线顶点与打版纸的袖肥线对齐。

步骤4

使用胶带粘贴住袖片的上、下端，确保袖子纸样与打版纸固定在一起。

步骤5

利用滚轮，拷贝前片花瓣袖。先从前片袖山弧线开始，经过袖山顶点至后片袖山弧线。然后，拷贝花瓣袖的前片造型线至袖缝，最后标记出刀眼——后片、中线、前片。

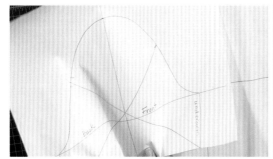

步骤6

拿掉胶带，从打版纸上方移走袖子纸样。

步骤7

接下来，将后片花瓣袖放于打版纸上方。让后片袖缝对齐打版纸中心垂线的右侧，确保袖片的袖肥线顶点与打版纸的袖肥线对齐，使用胶带将袖子纸样与打版纸固定在一起。

步骤8

拷贝后片花瓣袖，先从前片袖山弧线开始，经过袖山顶点至后片袖山弧线。然后，拷贝花瓣袖的后片造型线至袖缝，最后标记出袖中线、后片袖山弧线上的刀眼。拿掉胶带，从打版纸上方移走袖子纸样。

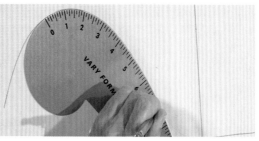

步骤9

接下来，使用铅笔绘制出滚轮描线痕迹。首先，在袖中线上画出箭头记号，来表示袖片的丝缕方向。

步骤10

然后，使用造型曲线尺，修正后片袖山弧线。转动曲线尺，修正另一侧袖山弧线和袖缝。

步骤11

翻转曲线尺，修正前片袖缝和袖山弧线。

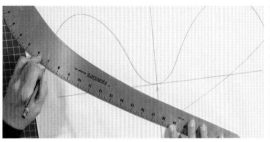

步骤12

利用大弯尺，从袖山弧线向下至袖缝，修正前片花瓣造型线。翻转曲线尺，从袖山弧线向下至袖缝，修正后片花瓣造型线。

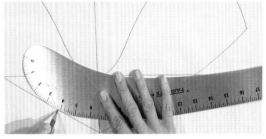

步骤13

修正袖口处的袖缝，使其不是一个尖点。使用红色铅笔和大弯尺，将其修正成一个平滑圆顺的曲线。翻转曲线尺，再次修正袖缝线。请注意，经过该步骤，袖缝的长度会变短。

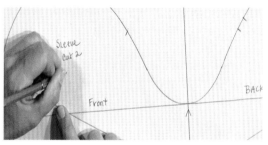

步骤14

用铅笔标记出前、后片袖山弧线上的刀眼。在花瓣袖纸样上，标记出"后片"袖片和"前片"袖片，并标注"袖子""裁片2""尺码6"或者绘制的其他尺码。

模块5：

最后一步

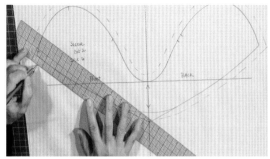

步骤1

将放码尺放于含有1.3cm标记点的袖片净线处，开始添加1.3cm的缝份。首先，从前片袖山弧线开始，沿着前片袖山弧线、腋下点、后片花瓣造型线、新的袖口线和前片花瓣造型线，不断转动放码尺来绘制缝份。

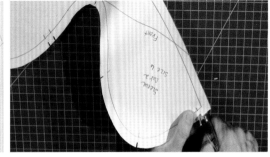

步骤2

花瓣袖的袖口既可以使用平纹贴边，也可以使用斜纹贴边。沿着花瓣袖纸样的四周轮廓线，绘制完成缝份后，就将纸样裁剪下来。使用刀眼钳，标记出后片袖、袖缝及前片袖的刀眼。

步骤3

把纸样从桌子上拿起来，重叠袖子，对合刀眼记号，检查花瓣袖。

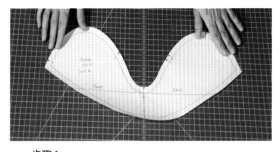

步骤4

目前为止，已经绘制完成花瓣袖纸样。

自我检查

☐ 绘制的花瓣造型线是否准确？

☐ 在拷贝袖子造型线之前，是否对前、后片袖子进行标记？

☐ 是否修正袖缝处的袖口线，使其平滑顺直，而不是呈尖角形？

☐ 是否准确地标记出所有刀眼？

第2章

裙装

　　直筒裙是裙装设计的基础。我们将学习：如何根据人体尺寸绘制基础款的直筒裙；如何提取人体关键部位尺寸或者是人台的尺寸，得到包括穿着松量在内的裙装尺寸，并记录数据，然后开始制作样衣；如何确定前腰和后腰省道的位置，并计算省量，可设计出具有前后各两条省道的裙子。

　　之后将学习如何设计4种不同类型的圆裙：全圆裙（常见于晚礼服和特殊场合的裙装设计），四分之三圆裙，半圆裙和四分之一圆裙（常见于休闲运动服和童装设计）。通过半径记录表和裙子尺寸表来测量和记录数据，使这类裙子绘制更轻松。由于这类裙子弧度较大，将讲解如何对其进行折边处理，并给出如何确定丝缕方向线和如何缝合的相关建议。

直筒裙

学习内容

☐ 使用人台或真人来测量关键部位并记录其尺寸；

☐ 裙子制图——准备样版纸，增加松量，画出侧缝，规划省道；

☐ 添加标记点——裁剪裙子原型，修整腰围，标记拉链和省道的剪口，标注和添加丝缕方向线；

☐ 检查是否合体——用平纹细布裁剪样衣，留有适当的缝份，固定缝份，并根据需要对省道进行调整。

工具和用品：

• 肩省紧身上衣（见第3.1课）或侧胸省紧身上衣（见第3.2课）

• 标记带

• 一张71cm×59cm的白色打版纸

• 用于样衣合体测试的平纹棉布

直筒裙测量表

人体测量		尺寸		穿着松量		尺寸	
		英寸	厘米	英寸	厘米	英寸	厘米
裙长							
前腰大							
前臀大							
后腰大							
后臀大							
省道测量						尺寸	
						英寸	厘米
前腰样版尺寸							
前腰人体尺寸（包括6mm松量）							
前省量							
前省量÷2							
后腰样版尺寸							
后腰人体尺寸（包括6mm松量）							
后省量							
后省量÷2							

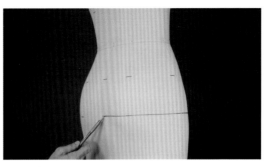

步骤1A

设计直筒裙前，从人台腰围线向下量取18cm，确定臀围线的位置，在人台右侧用标记带从前中到后中作臀围标记线，标记线平行于地面。

步骤1B

最简单的方法是，把L形方尺放在桌子上在距离腰围线18cm处作标记，然后转动人台，这样可以确保臀部水平标记带在同一水平位置。

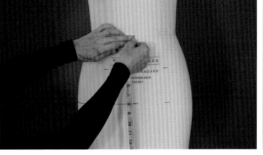

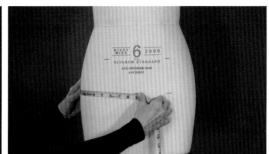

步骤2

在直筒裙测量表上记录各部位测量值。

步骤3A

开始确定裙长。该款裙长61cm，在测量表上记录裙长，将卷尺从腰围标记线上量至底边位置。

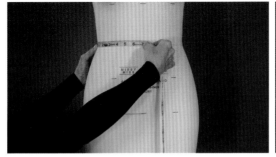

步骤3B

测量从侧缝到前中的腰围线的水平距离，记为前腰尺寸。

步骤3C

测量的前腰尺寸为17.2cm，在直筒裙测量表上记录下来。增加8mm的穿着松量，并将总前腰尺寸记录为约18cm。

步骤3D

之后，测量从侧缝到前中的臀围线水平距离，以确定前臀尺寸，并记录该测量值。

步骤3E

前臀大21.5cm，增加1.5cm的穿着松量，并将总前臀尺寸记录为 23cm 。

步骤4A

接下来，测量腰围线从后中到侧缝的水平距离，以确定后腰尺寸，并记录该测量值。

步骤4B

后腰大15.2cm，增加8mm的穿着松量，并将总后腰尺寸记录为约16cm。

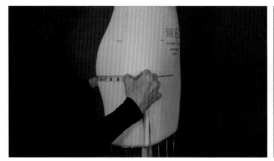

步骤4C

接下来测量从后中到侧缝的臀围的水平距离，以确定后臀长，并记录测量值。

步骤4D

后臀长24.7cm，增加1.3cm的穿着松量，并将总后臀尺寸记录为 26cm 。

模块2：

裙子制版

步骤1

准备一张无褶皱白色打版纸，量取长：裙长加10cm，宽：前后臀部尺寸加10cm宽，将纸张裁剪成长71cm，宽59cm。

步骤2A

从打版纸的长边两端各量取5cm，并画一条线作为前中线。

步骤2B

在纸中央标注即前中线（CF）。

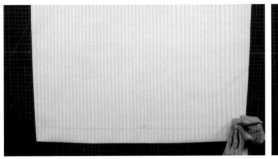

步骤3A

从打版纸的右侧沿前中线量取5cm，并作标记。

步骤3B

在标记处，画一条垂直前中的线，这就是腰围线。

步骤3C

在纸边中央标记腰围线（WL）。

步骤4A

从腰围处向下量取裙子的长度，并作标记。

在标记处画一条垂线，作为裙子的底边。

步骤4B

在底边上方标记"HL"（Hemline，译者注：这种标记不好，与臀围线（HL）容易混淆）。

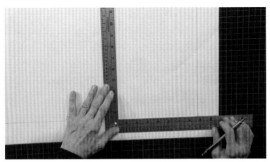

步骤5A

从腰围线向下量取18cm，画一条垂直于前中的线，这代表臀围线。

步骤5B

标记臀围线（HL）。

步骤6A

在前中线与臀围线的交点处开始量取前臀长尺寸，包括穿着松量，并作标记。这是臀大点，过该点画侧缝线。

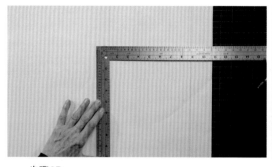
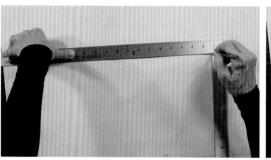

步骤6B

用L形方尺过臀大点画一条直线垂直于臀围线，上至腰围，下至纸的边缘。

步骤6C

沿着侧缝在臀围线下标注侧缝线（SS）。

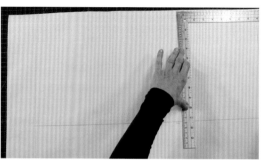

步骤7A

在臀大点开始量取后臀尺寸+穿着松量，并作标记，代表后中。

步骤7B

在后中标记处画后中线，用L形方尺画一条直线垂直于臀围线，上至腰围，下至纸的边缘。

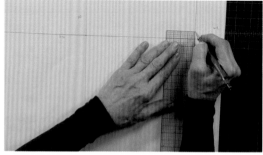
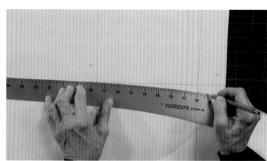

步骤7C

在后中线中央部位标注后中线（CB）。

步骤8A

找到侧缝线与腰围线交点，在侧缝线两侧量取约1.3cm，并作标记，这将是前片和后片的新侧缝位置。

步骤8B

从腰围线到臀围线以上约2cm处，用曲线板画一条线形成前侧缝线。

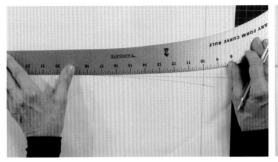

步骤8C

现在将前侧缝曲线对称画后侧缝曲线，形成从腰部到臀部的后侧缝线。确保线条延伸到腰围以上。

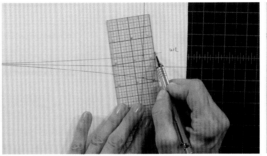

步骤9A

在前片新的侧缝线与腰围线交叉处，将腰围线抬高1.3cm起翘量，并作标记，在后片腰围处重复此步骤。

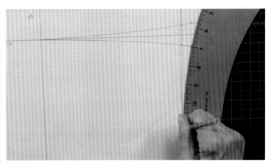

步骤9B

为了塑造前腰围线，用曲线板和红色铅笔从前片侧缝起翘点向前中线处画顺。

75

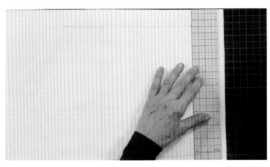

步骤9C

在画顺后腰围线之前，首先将后中处腰线降低1.3cm，并在后中腰线处做一个6mm的垂直标记。

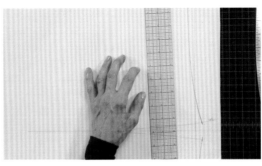

步骤9D

从后中腰线的垂直标记处到后片侧缝起翘点用尺子画顺，形成后腰围。

模块3：

标记前腰省

步骤1A

计算前腰省道量，必须先测量从前中到侧缝的前腰样版尺寸。

步骤1B

在"省道测量"部分记录前腰样版尺寸：21.5cm。

步骤2

测量包括放松量在内的前腰尺寸，并在省道测量部分、前腰人体尺寸一栏记录。此处前腰人体尺寸为18cm。

步骤3A

将前腰样版尺寸减去前腰人体尺寸，并在表格上"前省量"处记录该数值。此处前腰省量是3.8cm。

步骤3B

由于裙子前片设计了两条省道，故需要把省道量分成两份，并在表格上记录下来——前省道量(÷2)。此处每个前省道量约为2cm。

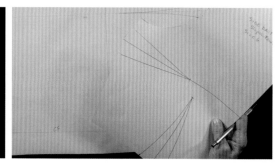

步骤4A

第一个前腰省道的位置将与上衣的侧胸省、前肩省或公主缝对齐。

步骤4B

将前衣片斜向一侧，并使其前中线与腰围线的交点与裙子上的交点对齐，并在裙子的腰线上作标记，以表示最靠近前中线的省道打剪口。拿走前衣片。

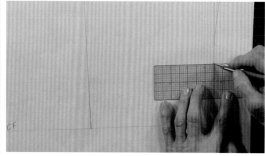

步骤4C

接下来，测量前片省量÷2——此处为2cm，并标记，形成第一个省。

步骤5A

现在找到第一个省的中点，并作标记。一个快速简单的方法是测量整个省，然后将卷尺折叠起来定位中点。

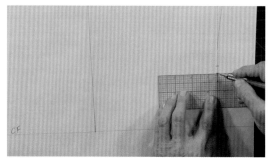

步骤5B

从腰部开始，在省中心线以下14cm处标记省尖点。

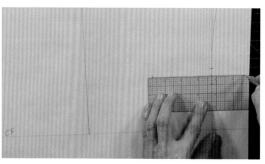

步骤5C

画出省道中心线，使它延伸到腰围线以上。

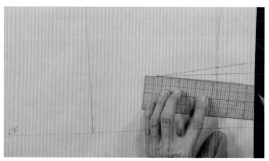

步骤5D

连接省道的省尖点与腰部省道点并标记，将线条延伸到腰围线之外，从而完成省道。

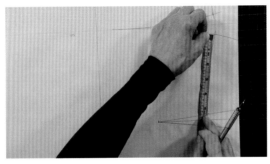

步骤6A

确定第二个前腰省道的位置，首先用卷尺测量侧缝到第一个省道之间的距离，以确定中点。

步骤6B

同样，可以通过将卷尺对折来实现，如图所示。在这一点上作标记，这是第二个省的中心。

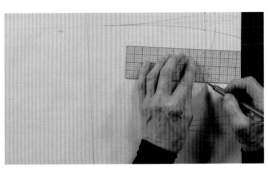

步骤6C

用尺子测量并标记第二个省的位置。由于此处省道量÷2为2cm，故在省道中心线两侧各测量一半。连接省尖点与腰部省道标记点，并将线条延伸到腰围线以上，从而完成省道。

77

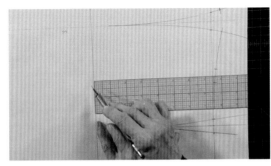

步骤6D

从臀围线开始画第二个省道的中心线。

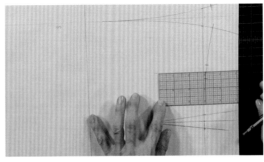

步骤6E

省道在腰围线以下7.5cm处。将中心线向上延伸，穿过腰部，到达纸张边缘。

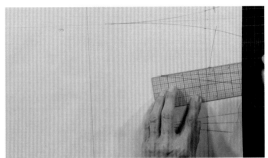

完成从省尖点到腰部的省道。

模块4：

标记后腰省

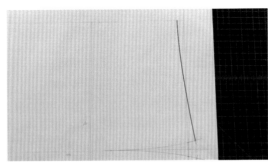

步骤1A

计算后腰省道量，必须先测量从后中到侧缝的后腰样版尺寸。

步骤1B

在"省道测量"部分记录后腰样版尺寸：21.5cm。

步骤2

测量包括放松量在内的后腰尺寸，并在省道测量部分、后腰人体尺寸一栏记录。此处后腰人体尺寸为16cm。

步骤3A

将后腰样版尺寸减去后腰人体尺寸，并在表格上"后省量"处记录该数值。此处后腰省量是5.5cm。

步骤3B

裙子后片像前片一样设计了两条省道，故需要把省道量分成两份，并在表格上记录下来——后省道量÷2。此处每个后省道量约为2.8cm。

步骤4A

第一个最靠近后中线的省道，将与第3.1节样衣中的后腰省道对齐。对于美国6码(英国10码)的连衣裙来说，它距后中线大约7cm，尺码越大，距后中线越远。

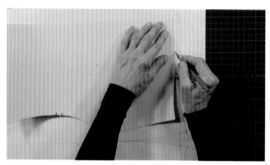

步骤4B

将样衣后片斜向另一侧，并将样衣后中线与腰围线的交点与裙子上相应的交叉点对齐。在裙子的腰线上作标记，以表示最靠近后中线的省道。

步骤4C

接下来，量取后片省量÷2，此处为2.8cm，并标记，作为第一个省。

步骤5A

找到第一个后省的中点，并作标记。

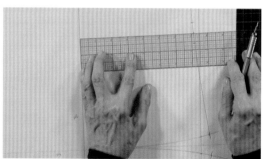

步骤5B

从臀围线开始，用尺子确定省道的中心线。

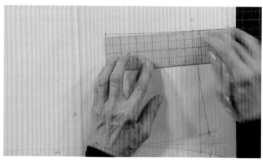

画出省道的中心线，并将线延伸至腰围线以上，在腰围线以下14cm处标记省尖点。

步骤6A

确定第二个省道的位置，用卷尺量取第一个省的省边和后中缝之间的中点。

步骤6B

将卷尺对折，并在腰围线作标记。这是第二个后腰省的中心线。

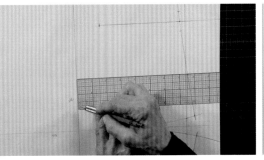

步骤6C

将尺子和省道中心线对齐，从腰部开始画线。

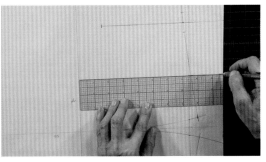

画一条延伸到腰部以上的线，在腰部以下12.5cm处标记省尖点。

79

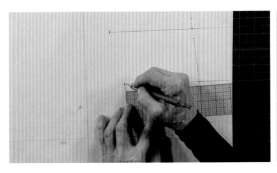

根据臀部的丰满度，后片省尖点应该在臀围线以上至少2.5cm。

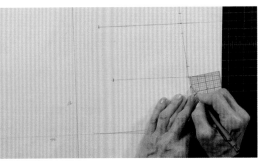

步骤6D

在第二个省中心线的两侧标记省量，此处为8mm。

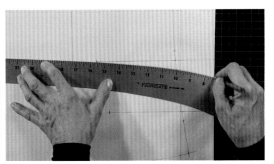

步骤7A

现在用大弯尺画后中省。连接省尖点与腰围处的省道标记点。

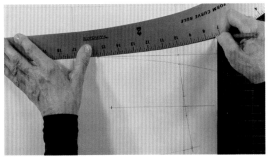

步骤7B

翻转大弯尺，然后对称画出后中线的另一侧省线。

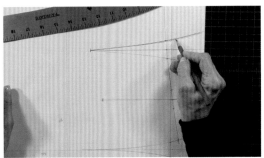

步骤7C

如果需要更正，请使用不同颜色的铅笔重新标记线条。

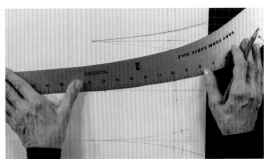

步骤7D

现在看第二个后省。用大弯尺画省道，先画一边，再画另一边。

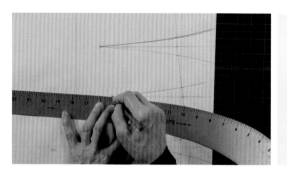

小技巧：

第一个省道，最靠近前中线和后中线，位于前中线和后中线的中间。第二个省道在第一个省道和侧缝的中间。

注意在大弯尺上使用相同曲线段，使两个省道形状相同。

80

模块5：

修正腰围线

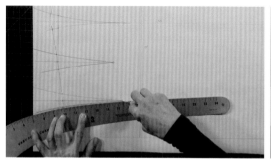

步骤1A

首先从腰部到省尖点用大弯尺，在最靠近后中线的省边上画一条线。

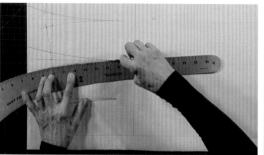

步骤1B

在第二个省道重复这个步骤。

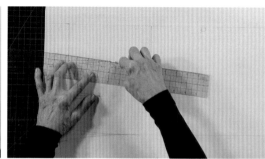

步骤2A

在前片的省道重复这个过程。用尺子在最靠近前腰的省边画线。

步骤2B

完成第二个前腰省的画线。

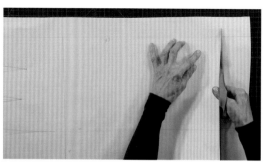

步骤3A

现在沿着底边把裙子剪开。

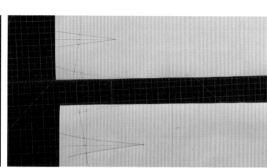

步骤3B

沿着原来的侧缝裁剪，将前后裙片分开。腰部、前中、后中多余的纸不要剪。

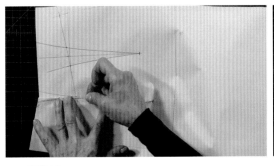

步骤4A

闭合后片中间的省道，多余的省量朝后中方向压平。注意腰线没有完全对齐，用胶带将腰围线以下省道固定。

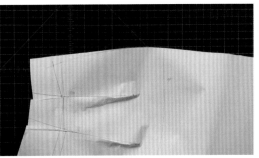

步骤4B

对前片省重复这个过程，沿着省道边缘折起省道并将腰围线以下省道固定。再次注意，腰线没有完全对齐。

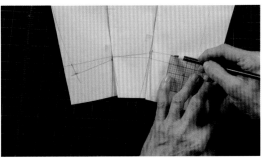

步骤5A

用直尺和笔从裙子的后中画一条约3.8cm的直线。

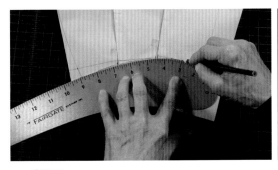

步骤5B

用大弯尺将后腰围从侧缝画顺。

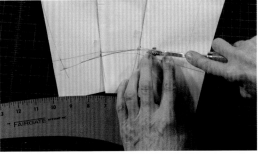

步骤5C

在新画的后腰围线上沿着省道标记省道口朝向。

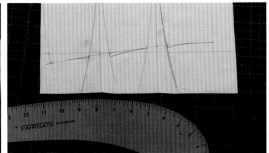

步骤5D

拿掉胶带，并把省道展开平放在桌子上。

步骤5E

根据标记的痕迹，用尺子和铅笔在腰围处标出省道口。

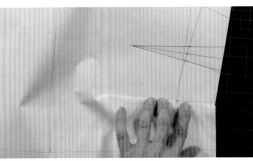

步骤6A

现在前片的省重复上述过程，折叠和闭合最靠近前中的省，省道朝向前中。用胶带把腰部以下省道固定。

步骤6B

闭合第二个省，再次使省道朝向前中。用胶带把腰部以下省道固定。请注意，前片的腰围线也可能在省口处对不齐。

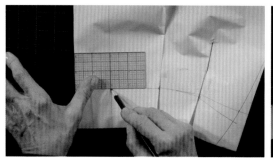

步骤6C

像后片一样，在腰围线前中画一条线。

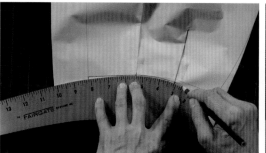

步骤6D

用铅笔沿着前腰围画顺曲线。

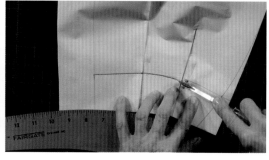

步骤6E

在新画的前腰围线上沿着省道标记省道的朝向，用滚轮描摹。

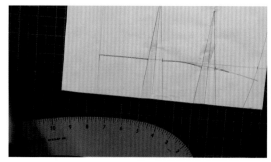

步骤6F

移走胶带，将省道展开平放在桌子上。

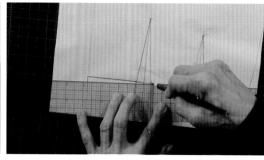

步骤6G

根据标记的痕迹，用尺子和铅笔在腰围处标出省道。

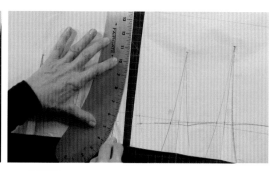

步骤7A

接下来，用曲线板在臀部上方的前侧缝上画线。

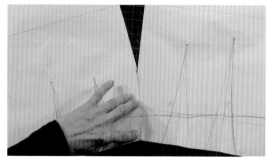

步骤7B

将多余的省量在前侧缝处折叠，并将前后腰围对齐。用胶带将腰线以下固定。

步骤7C

调整侧缝处腰围，用大弯尺使其形成一条平滑的曲线，然后取下胶带。

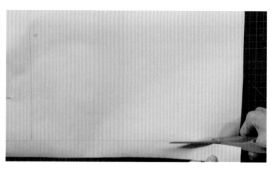

步骤8A

沿着裙子的前中线和后中线，剪下裙子的前后片。

确保沿着新腰围线剪开。

步骤8B

修剪掉后片和前片接缝处多余的纸。

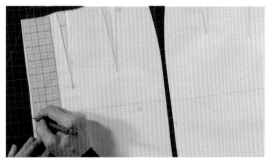

步骤9

从后中心线向下量取18cm，并作标记。在距离第一个标记1.3cm处添加第二个标记，表示拉链剪口。

步骤10A

用"直筒裙后片""尺码6"或任何编码来标注裙子后片。

步骤10B

在前片标注"直筒裙前片"，以及具体尺寸。

步骤10C

在后中线标注CB。

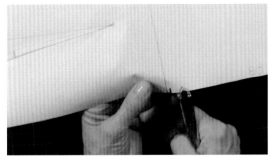

步骤11A

然后，在后中拉链位置打双剪口。

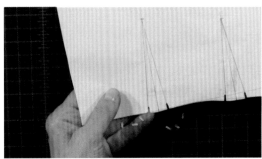

步骤11B

在后片的省道和前片的省道打剪口。

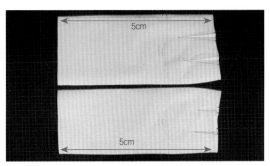

步骤11C

距离裙边的前中和后中5cm处分别添加前后经向线。

步骤11D

用布料将裙子剪裁出来，将各部分用别针别在一起，然后检查合体程度。在转移到硬纸板之前，对样衣进行修正。

步骤12

现在，直筒连衣裙的设计已经完成了。

小技巧:

裁剪布料时，一定要增加缝份——在侧缝和腰围处增加2.5cm，在卜摆处增加3.8cm。

自我检查

☐ 是否完整地提取并记录了裙子所有必要的尺寸？

☐ 是否在曲线板上使用了相同的弧度来绘制侧缝线和省道？

☐ 有没有计算出前后省道的正确位置？

☐ 在校正腰围之前，省道方向是否正确？

☐ 把所有的剪口都加了吗？

四分之一圆裙

学习内容

☐ 确定关键尺寸并记录，准备样版纸；

☐ 画出裙子样版——标记后中线，根据图表确定腰围半径，确定臀围，画出腰围、前中线，增加松量，标记下摆、增加侧缝；

☐ 增加最后标记——增加缝份、标记拉链槽口，绘制下摆，裁剪样版，画出经向线以获得所需外观，标注图案。

工具和用品:

• 白色纯棉布48cm ×102cm

• 四分之一圆裙测量表

• 分数值到小数值转换表

出自 Delpozo 2015 秋季的装饰性四分之一圆裙

步骤1A

在本课中，将使用四分之一圆裙测量表和四分之一圆裙半径计算表，如下图所示。

四分之一圆裙测量表

测量部位	尺寸	
	英寸	厘米
裙长		
腰围		
腰围减去1.3cm		
半径		
臀围（距离腰围18cm）		

*图表中所列的分数精确到0.16cm

四分之一圆裙半径计算表

周长 英寸	厘米	半径 英寸	厘米	周长 英寸	厘米	半径 英寸	厘米	周长 英寸	厘米	半径 英寸	厘米
10	25.4	$6\,^3/_8''$	16.2	24	61.0	$15\,^1/_4''$	38.8	38	96.5	$24\,^1/_4''$	61.4
$10\,^1/_2$	26.7	$6\,^5/_8''$	17.0	$24\,^1/_2$	62.2	$15\,^5/_8''$	39.6	$38\,^1/_2$	97.8	$24\,^1/_2''$	62.3
11	27.9	$7''$	17.8	25	63.5	$15\,^7/_8''$	40.4	39	99.1	$24\,^7/_8''$	63.1
$11\,^1/_2$	29.2	$7\,^3/_8''$	18.6	$25\,^1/_2$	64.8	$16\,^1/_4''$	41.2	$39\,^1/_2$	100.3	$25\,^1/_8''$	63.9
12	30.5	$7\,^5/_8''$	19.4	26	66.0	$16\,^1/_2''$	42.0	40	101.6	$25\,^1/_2''$	64.7
$12\,^1/_2$	31.8	$8''$	20.2	$26\,^1/_2$	67.3	$16\,^1/_2''$	42.0	$40\,^1/_2$	102.9	$25\,^3/_4''$	65.5
13	33.0	$8\,^1/_4''$	21.0	27	68.6	$17\,^1/_4''$	43.7	41	104.1	$26\,^1/_8''$	66.3
$13\,^1/_2$	34.3	$8\,^5/_8''$	21.8	$27\,^1/_2$	69.9	$17\,^1/_2''$	44.5	$41\,^1/_2$	105.4	$26\,^3/_8''$	67.1
14	35.6	$8\,^7/_8''$	22.6	28	71.1	$17\,^7/_8''$	45.3	42	106.7	$26\,^3/_4''$	67.9
$14\,^1/_2$	36.8	$9\,^1/_4''$	23.4	$28\,^1/_2$	72.4	$18\,^1/_8''$	46.1	$42\,^1/_2$	108.0	$27''$	68.7
15	38.1	$9\,^1/_2''$	24.3	29	73.7	$18\,^1/_2''$	46.9	43	109.2	$27\,^3/_8''$	69.5
$15\,^1/_2$	39.4	$9\,^7/_8''$	25.1	$29\,^1/_2$	74.9	$18\,^3/_4''$	47.7	$43\,^1/_2$	110.5	$27\,^3/_4''$	70.3
16	40.6	$10\,^1/_8''$	25.9	30	76.2	$19\,^1/_8''$	48.5	44	111.8	$28''$	71.1
$16\,^1/_2$	41.9	$10\,^1/_2''$	26.7	$30\,^1/_2$	77.5	$19\,^3/_8''$	49.3	$44\,^1/_2$	113.0	$28\,^3/_8''$	72.0
17	43.2	$10\,^7/_8''$	27.5	31	78.7	$19\,^3/_4''$	50.1	45	114.3	$28\,^5/_8''$	72.8
$17\,^1/_2$	44.5	$11\,^1/_8''$	28.3	$31\,^1/_2$	80.0	$20''$	50.9	$45\,^1/_2$	115.6	$29''$	73.6
18	45.7	$11\,^1/_2''$	29.1	32	81.3	$20\,^3/_8''$	51.7	46	116.8	$29\,^1/_4''$	74.4
$18\,^1/_2$	47.0	$11\,^3/_4''$	29.9	$32\,^1/_2$	82.6	$20\,^3/_4''$	52.6	$46\,^1/_2$	118.1	$29\,^5/_8''$	75.2
19	48.3	$12\,^1/_8''$	30.7	33	83.8	$21''$	53.4	47	119.4	$29\,^7/_8''$	76.0
$19\,^1/_2$	49.5	$12\,^3/_8''$	31.5	$33\,^1/_2$	85.1	$21\,^3/_8''$	54.2	$47\,^1/_2$	120.7	$30\,^1/_4''$	76.8
20	50.8	$12\,^3/_4''$	32.3	34	86.4	$21\,^5/_8''$	55.0	48	121.9	$30\,^1/_2''$	77.6
$20\,^1/_2$	52.1	$13''$	33.1	$34\,^1/_2$	87.6	$22''$	55.8	$48\,^1/_2$	123.2	$30\,^7/_8''$	78.4
21	53.3	$13\,^3/_8''$	34.0	35	88.9	$22\,^1/_4''$	56.6	49	124.5	$31\,^1/_4''$	79.2
$21\,^1/_2$	54.6	$13\,^5/_8''$	34.8	$35\,^1/_2$	90.2	$22\,^5/_8''$	57.4	$49\,^1/_2$	125.7	$31\,^1/_2''$	80.0
22	55.9	$14''$	35.6	36	91.4	$22\,^7/_8''$	58.2	50	127.0	$31\,^7/_8''$	80.9
$22\,^1/_2$	57.2	$14\,^3/_8''$	36.4	$36\,^1/_2$	92.7	$23\,^1/_4''$	59.0	$50\,^1/_2$	128.3	$32\,^1/_8''$	81.7
23	58.4	$14\,^5/_8''$	37.2	37	94.0	$23\,^1/_2''$	59.8	51	129.5	$32\,^1/_2''$	82.5
$23\,^1/_2$	59.7	$15''$	38.0	$37\,^1/_2$	95.3	$23\,^7/_8''$	60.6	$51\,^1/_2$	130.8	$32\,^3/_4''$	83.3

分数值到小数值的转换

$1/64$	0.0156	0.0		$33/64$	0.5156	0.5
$1/32$	0.0312	0.0		$17/32$	0.5312	0.5
$3/64$	0.0469	0.0		$35/64$	0.5469	0.5
$1/16$	0.0625	0.1		$9/16$	0.5625	0.6
$5/64$	0.0781	0.1		$37/64$	0.5781	0.6
$3/32$	0.0938	0.1		$19/32$	0.5938	0.6
$7/64$	0.1094	0.1		$39/64$	0.6094	0.6
$1/8$	0.1250	0.1		$5/8$	0.6250	0.6
$9/64$	0.1406	0.1		$41/64$	0.6406	0.6
$5/32$	0.1562	0.2		$21/32$	0.6562	0.7
$11/64$	0.1719	0.2		$43/64$	0.6719	0.7
$3/16$	0.1875	0.2		$11/16$	0.6875	0.7
$13/64$	0.2031	0.2		$45/64$	0.7031	0.7
$7/32$	0.2188	0.2		$23/32$	0.7188	0.7
$15/64$	0.2344	0.2		$47/64$	0.7344	0.7
$1/4$	0.2500	0.2		$3/4$	0.7500	0.8
$17/64$	0.2656	0.3		$49/64$	0.7656	0.8
$9/32$	0.2812	0.3		$25/32$	0.7812	0.8
$19/64$	0.2969	0.3		$51/64$	0.7969	0.8
$5/16$	0.3125	0.3		$13/16$	0.8125	0.8
$21/64$	0.3281	0.3		$53/64$	0.8281	0.8
$11/32$	0.3438	0.3		$27/32$	0.8438	0.8
$23/64$	0.3594	0.4		$55/64$	0.8594	0.9
$3/8$	0.3750	0.4		$7/8$	0.8750	0.9
$25/64$	0.3906	0.4		$57/64$	0.8906	0.9
$13/32$	0.4062	0.4		$29/32$	0.9062	0.9
$27/64$	0.4219	0.4		$59/64$	0.9219	0.9
$7/16$	0.4375	0.4		$15/16$	0.9375	0.9
$29/64$	0.4531	0.5		$61/64$	0.9531	1.0
$15/32$	0.4688	0.5		$31/32$	0.9688	1.0
$31/64$	0.4844	0.5		$63/64$	0.9844	1.0
$1/2$	0.5000	0.5		1	1.0000	1.0

公制转换表

英寸	1/64	1/8	1/4	3/8	1/2	5/8	3/4	7/8
	0.16	0.32	0.64	0.95	1.27	1.59	1.91	2.22
1	2.54	2.70	2.86	3.18	3.49	3.81	4.13	4.45	4.76
2	5.08	5.24	5.40	5.72	6.03	6.35	6.67	6.99	7.30
3	7.62	7.78	7.94	8.26	8.57	8.89	9.21	9.53	9.84
4	10.16	10.32	10.48	10.80	11.11	11.43	11.75	12.07	12.38
5	12.70	12.86	13.02	13.34	13.65	13.97	14.29	14.61	14.92
6	15.24	15.40	15.56	15.88	16.19	16.51	16.83	17.15	17.46
7	18	17.94	18.10	18.42	18.73	19.05	19.37	19.69	20.00
8	20.32	20.48	20.64	20.96	21.27	21.59	21.91	22.23	22.54
9	22.86	23.02	23.18	23.50	23.81	24.13	24.45	24.77	25.08
10	25.40	25.56	25.72	26.04	26.35	26.67	26.99	27.31	27.62
11	27.94	27.94	28.10	28.26	28.58	28.89	29.21	29.53	29.85
12	30.48	30.64	30.80	31.12	31.43	31.75	32.02	32.39	32.70
13	33.02	33.18	33.34	33.66	33.97	34.29	34.61	34.93	35.24
14	35.56	35.72	35.88	36.20	36.51	36.83	37.15	37.47	37.78
15	38.10	38.26	38.42	38.74	39.05	39.37	36.69	40.01	40.32
16	40.64	40.80	40.96	41.28	41.59	41.92	42.23	42.55	42.86
17	43.18	43.34	43.50	43.82	44.13	44.45	44.77	45.09	45.40
18	45.72	45.88	46.04	46.36	46.67	46.99	47.31	47.63	47.94
19	48.26	48.42	48.58	48.90	49.21	49.53	49.85	50.17	50.48
20	50.80	50.96	51.12	51.44	51.75	52.07	52.39	52.71	53.02
21	53.34	53.50	53.66	53.98	54.29	54.61	54.93	55.25	55.56
22	55.88	56.04	56.20	56.52	56.83	57.15	57.47	57.79	58.10
23	58.42	58.58	58.74	59.06	59.37	59.69	60.01	60.33	60.64
24	60.96	61.12	61.28	61.60	61.91	62.23	62.55	62.87	63.18
25	63.50	63.66	63.82	64.14	64.45	64.77	65.09	65.41	65.72
26	66.04	66.20	66.36	66.68	66.90	67.31	67.63	67.95	68.26
27	68.58	68.74	68.90	69.22	69.53	69.85	70.17	70.49	70.80
28	71.12	71.28	71.44	71.76	72.07	72.39	72.71	73.03	73.34
29	73.66	73.82	73.98	74.30	74.61	74.93	75.25	75.57	75.88
30	76.20	76.36	76.52	76.84	77.15	77.47	77.79	78.11	78.42

英寸	1/16	1/8	1/4	3/8	1/2	5/8	3/4	7/8
	0.16	0.32	0.64	0.95	1.27	1.59	1.91	2.22
31	78.74	78.90	79.06	79.38	79.69	80.01	80.33	80.65	80.96
32	81.28	81.44	81.60	81.92	82.23	82.55	82.87	83.19	83.50
33	83.82	83.98	94.14	84.46	84.77	85.09	85.41	85.73	86.04
34	86.36	86.52	86.68	87.00	87.31	87.63	87.95	88.27	88.58
35	88.90	89.06	89.22	89.54	89.85	90.17	90.49	90.81	91.12
36	91.44	91.60	91.76	92.08	92.39	92.71	93.03	93.35	93.66
37	93.98	94.14	94.30	94.602	94.93	95.25	95.57	95.89	96.20
38	96.52	96.68	96.84	97.16	97.47	97.79	98.11	98.43	98.74
39	99.06	99.22	99.38	99.70	100.01	100.33	100.65	100.97	101.28
40	101.60	101.76	101.92	102.24	102.55	102.87	103.19	103.51	103.82
41	104.14	104.30	104.46	104.78	105.09	105.41	105.73	106.05	106.36
42	106.68	106.84	107.00	107.32	107.63	107.95	108.27	108.59	108.90
43	109.22	109.38	109.54	109.86	110.17	110.49	110.81	111.13	111.44
44	111.76	111.92	112.08	112.40	112.71	113.03	113.35	113.67	113.98
45	114.30	114.46	114.62	114.94	115.25	115.57	115.89	116.21	116.52
46	116.84	117.00	117.16	117.48	117.79	118.11	118.43	118.75	119.06
47	119.38	119.54	119.70	120.02	120.33	120.65	120.97	121.29	121.60
48	121.92	122.08	122.24	122.56	122.87	123.19	123.51	123.83	124.14
49	124.46	124.62	124.78	125.10	125.41	125.73	126.05	126.37	126.68
50	127.00	127.16	127.32	127.64	127.95	128.27	128.59	128.91	129.22
51	129.54	129.70	129.86	130.18	130.49	130.81	131.13	131.45	131.76
52	132.08	132.24	132.40	132.72	133.03	133.35	133.67	133.99	134.30
53	134.62	134.78	134.94	135.26	135.57	135.89	136.21	136.53	136.84
54	137.16	137.32	137.48	137.80	138.11	138.43	138.75	139.07	139.38
55	139.70	139.86	140.02	140.34	140.65	140.97	141.29	141.61	141.92
56	142.24	142.40	142.56	142.88	143.19	143.51	143.83	144.15	144.46
57	144.78	144.94	145.10	145.42	145.73	146.05	146.37	146.69	147.00
58	147.32	147.48	147.64	147.96	148.27	148.59	148.91	149.23	149.54
59	149.86	150.02	150.18	150.50	150.81	151.13	151.45	151.77	152.08
60	152.40	152.56	152.72	153.04	153.35	153.67	153.99	154.31	154.62

四分之一圆裙测量表

测量部位	尺寸	
	英寸	厘米
裙长		
腰围	27"	
腰围减去1.3cm		
半径		
臀围（距离腰围18cm）		

*图表中所列的小数接近16英寸

四分之一圆裙测量表

测量部位	尺寸	
	英寸	厘米
裙长	19"	
腰围	27"	
腰围减去1.3cm		
半径		
臀围（距离腰围18cm）		

*图表中所列的小数接近16英寸

步骤2A

在测量表上的空白处记录腰围数值。对于美国6号(英国10号)连衣裙，腰围为68.5cm。

步骤2B

接下来，确定裙长。此处从裙子的前腰带中间开始量取裙长，也可以通过测量身体来确定裙长。

步骤2C

此处裙子长度是48cm，在表格上记录下来。

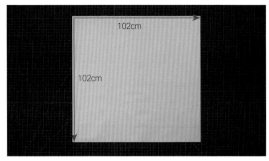

102cm

102cm

步骤3A

裙长48cm，需准备一张边长为102cm正方形打版纸。如果裙长更短或更长，则需要根据裙长调整纸的尺寸。

步骤3B

如果纸不够宽，可以在纸上再贴一张纸，如图所示。

模块2：

裙子制图

步骤1A

如图所示，从纸张的右侧垂直边缘测量7.5cm，并标记，在离纸边缘相同的距离处作几个记号。

步骤1B

用直尺连接距纸边缘7.5cm的垂直标记点。这条线代表裙子一侧的后中心线。

步骤1C

现在沿着底部水平边缘向上7.5cm处作标记。

步骤1D

用直尺连接水平标记点，这条线代表裙子另一侧的后中心线。

步骤2A

参考圆裙测量表。量取腰围，再减去1.3cm的斜向拉伸量。在表格上记录测量值。此处腰围是68.5cm，再减去1.3cm等于67.2cm。

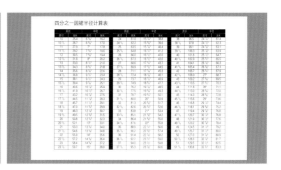

步骤2B

现在参考四分之一圆裙半径计算表，找到与裙子腰围减去1.3cm最接近的半径。此处腰围减去后测量值是67.2cm，因此相应的半径测量值是42cm。

步骤2C

现在将半径测量值42cm记录在圆裙的测量表。

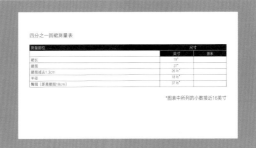

步骤2D

量取臀围，从腰部以下18cm处测量，并将测量结果记录在圆裙测量表。此处臀围为95cm。

步骤3A

在7.6cm线的交点处，作为中心点，量取半径，并在后中水平线上作标记。

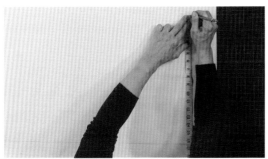

步骤3B

从后中垂直线的中心点开始，量取半径，并作标记。

步骤3C

绘制腰围，将图钉插入卷尺并将其固定在切割垫的中心点。

步骤3D

围绕中心点转动卷尺，用虚线标记腰围的形状。

步骤4A

离后中水平线约2.5cm处画一条线。

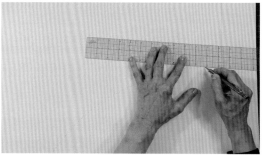

步骤4B

然后离后中垂直线约2.5cm处画一条线。

步骤4C

用曲线尺连接腰线标记点画出腰围线。

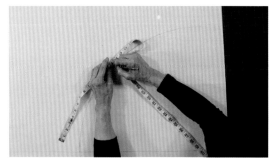

步骤5A

沿着腰围线转动卷尺，找到腰围线的中点，并标记。它将会成为裙子的前中心。

步骤5B

继续转动卷尺移至后中垂直位置，检查腰围是否等于减去后腰围。

步骤5C

用CF标记裙子的前中线，用CB标记裙子两条后中线。

步骤6A

从裙子腰部开始向下量取19cm，从后中水平接缝开始，以大约5~7.5cm的间隔作标记，直到到达后中垂直接缝，这代表臀围线。

步骤6B

把卷尺沿着腰线从一条后中线转到另一条后中线。此处臀围为97.5cm。

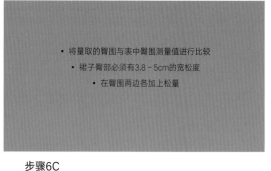

- 将量取的臀围与表中臀围测量值进行比较
- 裙子臀部必须有3.8~5cm的宽松度
- 在臀围两边各加上松量

步骤6C

将量取的臀围与表中臀围测量值进行比较。裙子臀部必须有3.8~5cm的宽松度。

步骤7A

臀围样版尺寸为97.5cm，但实际的臀部围度为95.3cm，因此需要用红笔和直尺在臀部两侧各增加1.3cm。

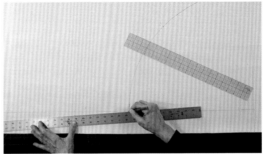

步骤7B

将后中与腰围的交叉点与臀部标记点连接，并创建一个新的后中缝。

步骤7C

用红笔标注新的后中缝。

步骤7D

在另一侧重复此过程，在臀部添加1.3cm并标记，然后连接腰部到1.3cm臀部标记点，直至下摆。

步骤7E

标注新的后中缝。

步骤8

为了标记下摆，将直尺放在后中腰线位置，量取裙长。然后沿着腰围滑动直尺，以5到7.5cm的间隔做下摆标记。

步骤9A

接下来，找到侧缝，它位于前中和后中缝线之间。

步骤9B

将尺子放在腰围线上，找到中点，并作标记。

步骤9C

在另一侧重复这一过程，沿腰围量取从前中到后中缝线距离，找到侧缝并标记。

模块3：
缝份与最后步骤

小技巧：

然而，此处下摆只是暂时的修正，因为圆裙有一定的斜向拉伸。建议先用满意的面料进行裁剪，悬挂几个小时，然后调整样版以弥补斜向拉伸。

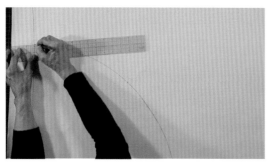

步骤10A

由于后腰低于前腰，需要将后中腰线降低6mm。先放低一边后腰，再放低另一边。确保降低后的腰围与后中缝线成1.3cm的直角。

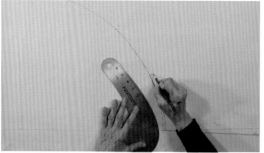

步骤10B

利用曲线尺画顺新降低的腰线，把腰线和侧缝画顺。用SS标注侧缝。

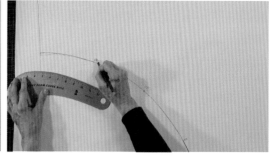

步骤10C

在另一侧后腰重复这个过程。用SS标记侧缝。

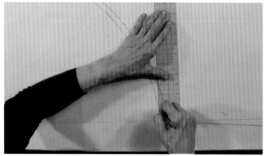

步骤1A

接下来，将在腰围上增加1.3cm的缝份，从降低的后中缝线开始，一直到另一边的后中缝线（在行业中，有些公司缝份取1cm）。

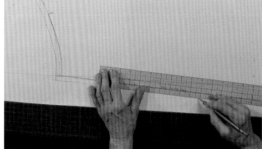

步骤2A

在后中缝线添加1.3cm的缝份。

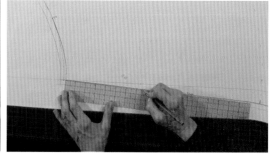

步骤2B

从腰部以下18cm处放置两个拉链槽口，间隔1.3cm。

步骤2C

在另一个后中缝上重复进行添加缝份和拉链槽口的过程。

步骤3A

描绘出下摆曲线。

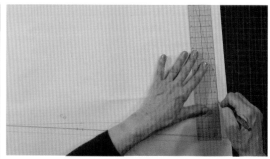

步骤3B

根据描边标记，给裙子下摆增加1.3cm的缝份，并根据最终样版的斜向拉伸进行调整。

步骤4

剪去下摆多余的纸张。

步骤5A

剪掉后中接缝处多余纸张。

步骤5B

修剪掉腰围处多余缝份。

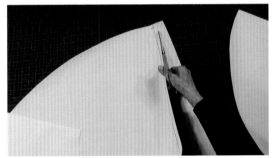

步骤5C

最后,修剪掉另一个后中接缝处多余纸张。

步骤6A

将裙子沿前中线对折,对齐后中接缝。

步骤6B

用手指按压前中折痕。

步骤7

再次打开裙子,平放在桌子上。

步骤8

确定经向线。为了正面更加平坦,将前中放在直纹上,并向后倾斜。

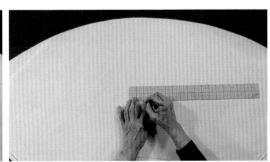

步骤9A

为了在前中部位形成喇叭状外观,可选择斜条纹。为此,在前中画一个5cm×5cm的正方形。

步骤9B

用直尺连接5cm×5cm正方形的对角线，并用红笔标出。确保裁剪面料足够宽，满足斜裁要求。

步骤10

换种做法，同样可产生一个前片平坦的外观。画一条偏离前中的经向线且与中心线成直角。将面料经向线沿着长度方向放置。

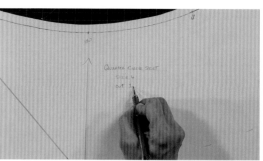

步骤11

画出满意的经向线之后，用"四分之一圆裙""裁剪1"，或者其他编码来标注裙子样版。

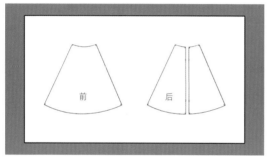

步骤12A

这种四分之一圆裙款式的其他做法是带有侧缝和后中缝。

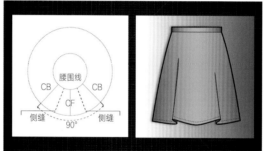

步骤12B

现在已经完成四分之一圆裙制图。

自我检查

☐ 计算裙子的半径是否准确？

☐ 是否检查过实际腰围等于减去的腰围？

☐ 是否将臀部倾斜测量值与臀部测量值进行了比较，并调整了样版？

☐ 是否确定并标记裙子的布纹线？

半圆裙

学习内容

☐ 确定关键尺寸并记录，准备一张对折的纸；

☐ 根据图表绘制裙子腰围半径，标记侧缝和裙长，标记拉链刀口；

☐ 添加最终标记——描画标记到样版的下层，修正样版并添加缝份，裁剪样版，确定经向线，标注样版。

工具和用品：

• 一张68.6cm×137cm的白色打版纸

• 绘图圆规

• 分数到小数和公制转换表(见第88、89页)

步骤1A

在本课中，将使用半圆裙测量表和半圆裙半径计算

表，如下所示。

半圆裙测量表

测量部位		尺寸	
		英寸	厘米
裙长			
腰围			
腰围减去1.3cm			
半径			

*图表中所列的分数精确到0.16cm

半圆裙计算表

周长		半径		周长		半径		周长		半径	
英寸	厘米	英寸	厘米	英寸	厘米	英寸	厘米	英寸	厘米	英寸	厘米
10	25.4	3 $\frac{1}{8}$"	8.1	24	61.0	7 $\frac{5}{8}$"	19.4	38	96.5	12 $\frac{1}{8}$"	30.7
10 $\frac{1}{2}$	26.7	3 $\frac{3}{8}$"	8.5	24 $\frac{1}{2}$	62.2	7 $\frac{3}{4}$"	19.8	38 $\frac{1}{2}$	97.8	12 $\frac{1}{4}$"	31.1
11	27.9	3 $\frac{1}{2}$"	8.9	25	63.5	8"	20.2	39	99.1	12 $\frac{3}{8}$"	31.5
11 $\frac{1}{2}$	29.2	3 $\frac{5}{8}$"	9.3	25 $\frac{1}{2}$	64.8	8 $\frac{1}{8}$"	20.6	39 $\frac{1}{2}$	100.3	12 $\frac{5}{8}$"	31.9
12	30.5	3 $\frac{7}{8}$"	9.7	26	66.0	8 $\frac{1}{4}$"	21.0	40	101.6	12 $\frac{3}{4}$"	32.3
12 $\frac{1}{2}$	31.8	4"	10.1	26 $\frac{1}{2}$	67.3	8 $\frac{1}{4}$"	21.0	40 $\frac{1}{2}$	102.9	12 $\frac{7}{8}$"	32.7
13	33.0	4 $\frac{1}{8}$"	10.5	27	68.6	8 $\frac{5}{8}$"	21.8	41	104.1	13"	33.1
13 $\frac{1}{2}$	34.3	4 $\frac{1}{4}$"	10.9	27 $\frac{1}{2}$	69.9	8 $\frac{3}{4}$"	22.2	41 $\frac{1}{2}$	105.4	13 $\frac{1}{4}$"	33.6
14	35.6	4 $\frac{1}{2}$"	11.3	28	71.1	8 $\frac{7}{8}$"	22.6	42	106.7	13 $\frac{3}{8}$"	34.0
14 $\frac{1}{2}$	36.8	4 $\frac{5}{8}$"	11.7	28 $\frac{1}{2}$	72.4	9 $\frac{1}{8}$"	23.0	42 $\frac{1}{2}$	108.0	13 $\frac{1}{2}$"	34.4
15	38.1	4 $\frac{3}{4}$"	12.1	29	73.7	9 $\frac{1}{4}$"	23.4	43	109.2	13 $\frac{5}{8}$"	34.8
15 $\frac{1}{2}$	39.4	4 $\frac{7}{8}$"	12.5	29 $\frac{1}{2}$	74.9	9 $\frac{3}{8}$"	23.9	43 $\frac{1}{2}$	110.5	13 $\frac{7}{8}$"	35.2
16	40.6	5 $\frac{1}{8}$"	12.9	30	76.2	9 $\frac{1}{2}$"	24.3	44	111.8	14"	35.6
16 $\frac{1}{2}$	41.9	5 $\frac{1}{4}$"	13.3	30 $\frac{1}{2}$	77.5	9 $\frac{3}{4}$"	24.7	44 $\frac{1}{2}$	113.0	14 $\frac{1}{8}$"	36.0
17	43.2	5 $\frac{3}{8}$"	13.7	31	78.7	9 $\frac{7}{8}$"	25.1	45	114.3	14 $\frac{3}{8}$"	36.4
17 $\frac{1}{2}$	44.5	5 $\frac{5}{8}$"	14.1	31 $\frac{1}{2}$	80.0	10"	25.5	45 $\frac{1}{2}$	115.6	14 $\frac{1}{2}$"	36.8
18	45.7	5 $\frac{3}{4}$"	14.6	32	81.3	10 $\frac{1}{8}$"	25.9	46	116.8	14 $\frac{5}{8}$"	37.2
18 $\frac{1}{2}$	47.0	5 $\frac{7}{8}$"	15.0	32 $\frac{1}{2}$	82.6	10 $\frac{3}{8}$"	26.3	46 $\frac{1}{2}$	118.1	14 $\frac{3}{4}$"	37.6
19	48.3	6"	15.4	33	83.8	10 $\frac{1}{2}$"	26.7	47	119.4	15"	38.0
19 $\frac{1}{2}$	49.5	6 $\frac{1}{4}$"	15.8	33 $\frac{1}{2}$	85.1	10 $\frac{5}{8}$"	27.1	47 $\frac{1}{2}$	120.7	15 $\frac{1}{8}$"	38.4
20	50.8	6 $\frac{3}{8}$"	16.2	34	86.4	10 $\frac{7}{8}$"	27.5	48	121.9	15 $\frac{1}{4}$"	38.8
20 $\frac{1}{2}$	52.1	6 $\frac{1}{2}$"	16.6	34 $\frac{1}{2}$	87.6	11"	27.9	48 $\frac{1}{2}$	123.2	15 $\frac{1}{2}$"	39.2
21	53.3	6 $\frac{5}{8}$"	17.0	35	88.9	11 $\frac{1}{8}$"	28.3	49	124.5	15 $\frac{5}{8}$"	39.6
21 $\frac{1}{2}$	54.6	6 $\frac{7}{8}$"	17.4	35 $\frac{1}{2}$	90.2	11 $\frac{1}{4}$"	28.7	49 $\frac{1}{2}$	125.7	15 $\frac{3}{4}$"	40.0
22	55.9	7"	17.8	36	91.4	11 $\frac{1}{2}$"	29.1	50	127.0	15 $\frac{7}{8}$"	40.4
22 $\frac{1}{2}$	57.2	7 $\frac{1}{8}$"	18.2	36 $\frac{1}{2}$	92.7	11 $\frac{5}{8}$"	29.5	50 $\frac{1}{2}$	128.3	16 $\frac{1}{8}$"	40.8
23	58.4	7 $\frac{3}{8}$"	18.6	37	94.0	11 $\frac{3}{4}$"	29.9	51	129.5	16 $\frac{1}{4}$"	41.2
23 $\frac{1}{2}$	59.7	7 $\frac{1}{2}$"	19.0	37 $\frac{1}{2}$	95.3	11 $\frac{7}{8}$"	30.3	51 $\frac{1}{2}$	130.8	16 $\frac{3}{8}$"	41.6

花呢半圆裙，出自凯伦·沃克2015年秋季发布会

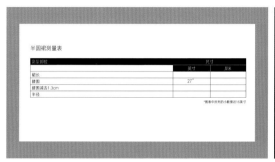

半圆裙测量表

尺寸部位	尺寸	
	英寸	厘米
裙长		
腰围	27"	
腰围减去1.3cm		
半径		

*图表中所列的小数据近16英寸

步骤2A

在半圆裙测量表上，记录腰围测量值。美国6码(英国10码)连衣裙的腰围是68.5cm。

步骤2B

接下来，确定裙长。这里从裙子的前腰开始测量，也可以通过测量身体来确定裙长。

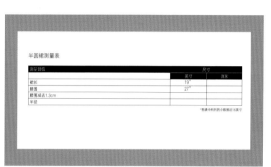

半圆裙测量表

尺寸部位	尺寸	
	英寸	厘米
裙长	19"	
腰围	27"	
腰围减去1.3cm		
半径		

*图表中所列的小数据近16英寸

步骤2C

将测量结果记录在半圆裙测量表上。此处裙长是48cm。

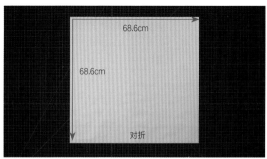

68.6cm

68.6cm

对折

步骤3

现在准备一张宽68.6cm，长137cm的白色打版纸，做一条长48cm的裙子。根据裙子的尺寸调整打版纸大小。

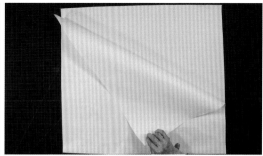

步骤4

将纸沿长度方向朝里对折，折痕代表裙子的前中。

步骤5A

用直尺在离纸张右边1.3cm的地方画一条垂直线，这代表裙子的后中缝线。

步骤5B

用CB标记后中缝。

步骤6

如图所示，用大头针将纸层固定在一起。

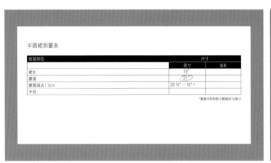

步骤1

测量腰围,减去1.3cm的拉伸量,在表中记录测量值。此处腰围是68.5cm减去1.3cm等于67.2cm。

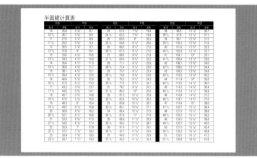

步骤2

接下来,根据半圆裙半径计算表来找到腰围半径。参见相应的腰围尺寸半径表,将裙子腰围减1.3cm查到最接近值。此处减去后的腰围是67.2cm,所以半径是21cm。

步骤3A

下一步是从折叠线和后中缝线的交点测量半径,称之为中心点。沿着折叠边缘量取半径长并作标记。

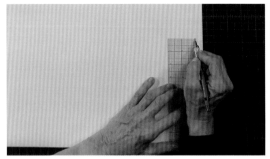

步骤3B

从折痕开始,沿着后中缝线量取半径,并作标记。

步骤4

为了标出腰围,可以使用圆规,只要它能打开到半径长度。为此,将圆规设置为半径值,将其圆心固定在中心点,然后将指南针从折叠线转到后中缝线时标记腰围。

步骤5

或者,也可以使用标尺标记半径,方法是将标尺从中心点以半径量转动标尺,从前中向后中进行标记。

步骤6

标记半径最方便的方法是用卷尺和图钉。在半径测量处将钉子插入卷尺,然后将图钉固定在中心点。将卷尺从前中心转动到后中心时,标记半径。

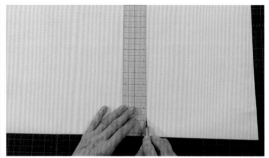

步骤7A

用尺子在前腰标记处画一条远离前中的线。

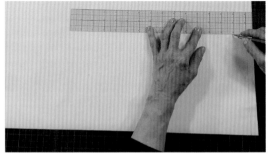

步骤7B

在后腰标记处,远离后中画一条线。

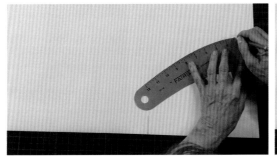

步骤7C

现在，沿着腰部半径标记点，将前后腰围用曲线尺画顺。

步骤7D

如果不使用圆规来标记腰围，则需要将它们相交，以便形成一条平滑的曲线。

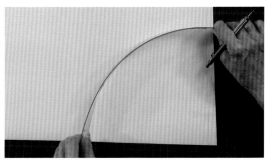

步骤8A

用直尺量取从后中缝线到前中缝线的腰围距离，距离的两倍应等于减少后的腰围尺寸。

小技巧：

由于圆裙存在一定程度的斜向拉伸，所以修整下摆是暂时的。建议用所需的面料裁剪，让其悬挂几个小时，然后调整样版以修正斜向拉伸。

步骤8B

在腰围中间作标记，表示侧缝，标记为SS。

步骤9

用直尺沿着腰围滑动来标记裙长。用相隔5~7.5cm的虚线标出裙子的长度。确保底边在前中和后中处成直角。

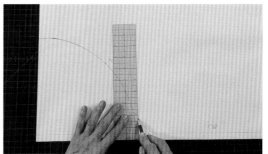

步骤10A

由于腰部的后部比前部低，所以需要用红笔把裙子的后中降低6mm。画一条2.5cm的线段确保其与后中呈直角。

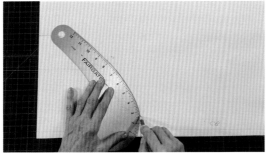

步骤10B

用曲线尺来修正降低后的后腰围线，与侧缝线相交画顺。

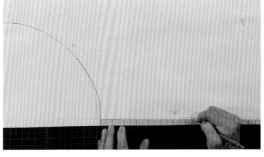

步骤11

现在从降低后的后腰围向下量取18cm，加两个相距1.3cm的拉链剪口标记。

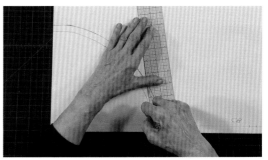

步骤12

从前中到降低后的后中腰围，给腰围增加1.3cm的缝份。

103

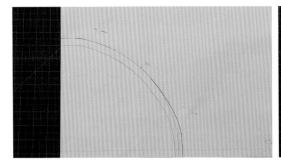

步骤13A

将腰围以下的裙子层固定，使它们保持不动。

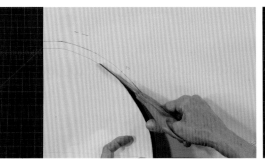

步骤13B

修剪掉腰围以上的多余纸张。

步骤14

为了清楚起见，在裙子样版的前中标注CF。

模块3：
最后一步

步骤1A

描摹腰围到裙子的另一侧。

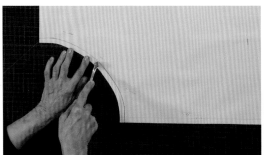

步骤1B

在裙子的另一侧画出侧缝的剪口。

步骤1C

在另一边画出拉链对应的剪口。

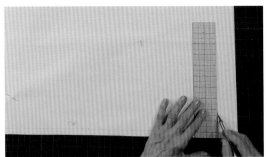

步骤2A

从后中的下摆处画一条5cm垂直后中的线。

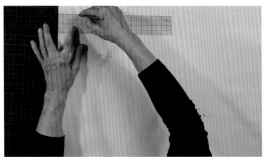

步骤2B

对前中做同样的操作，画一条5cm垂直前中的线。

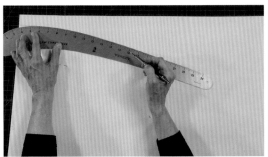

步骤2C

接下来，对底边进行调整，可以使用曲线尺连接下摆标记。

步骤2D

也可以使用滚轮来连接标记点。如果把样版裁剪成布料，则需要挂起来并调整下摆。

步骤3

沿着描边标记点给底边增加1.3cm的缝份。若用曲线板来标记下摆，则需要在铅笔的底边标记中增加1.3cm的缝份。

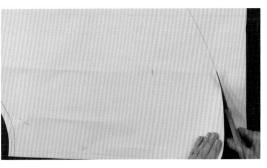

步骤4

沿着折边裁剪，剪去折边多余的纸。

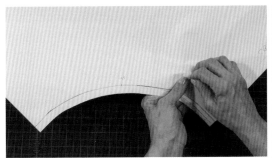

步骤5

移除固定裙层的大头针。

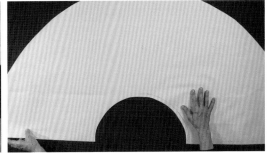

步骤6

展开裙子样版，然后将其平放在桌子上。

步骤7A

在腰部前中和缝线处，从前中到后中在裙子样版的另一侧画线，此处用直尺，也可以使用曲线尺。

步骤7B

现在标记侧缝剪口。

步骤8A

在距离纸张边缘1.3cm的后中缝线处画线。

步骤8B

标记拉链剪口。

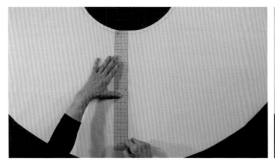

步骤9

接下来，基于面料的宽度、裙子的长度和裙子的外观添加经向线。如图所示，将经向线放在前中，裙子前方会显得很平整。

步骤10A

为了在前中位置形成喇叭状外观，可以选择斜纹面料。必须检查布料是否足够宽。在前中画一个5cm×5cm的正方形。用直尺连接正方形的对角线，并用笔标出。

步骤10B

用红笔和直尺连接正方形的4个角。请确保面料足够宽，可以容纳斜裁。如果不够，则需要在裙底再拼一块面料。

步骤11

也可以将裙子按照面料的经向放置。这将产生一个类似于中心直纹的外观。此处，在前中用蓝色笔标出经向线。

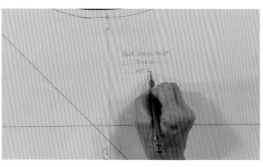

步骤12A

画出经向线之后，用"半圆裙""裁片1"或其他编码来标注样版。

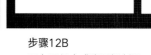

步骤12B

现在已经完成半圆裙制图。

自我检查

☐ 是否准确计算了裙子的半径？

☐ 样版腰围是否等于减去后的腰围尺寸？

☐ 是否降低了后腰围？

☐ 是否正确地标记了所有的剪口？

安格娜丝设计的花哨中长四分之一圆裙，2018/2019秋冬

四分之三圆裙

学习内容

☐ 确定并记录关键部位尺寸，准备双层折叠纸；

☐ 根据图表绘制腰围，添加缝份，标记前中底边，标记折边余量；

☐ 添加最终标记并描绘到纸的下层，修正样版，添加缝份并裁剪样版，建立经向线，标注样版。

工具和用品：

• 四分之三圆裙测量表

• 四分之三圆裙半径计算表

• 女装人台

• 分数到小数和公制转换表(见第88、89页)

步骤1A

在本课中，将使用四分之三圆裙测量表和四分之三圆
裙半径计算表，如下所示。

四分之三圆裙测量表

测量部位	尺寸	
	英寸	厘米
裙长		
腰围		
腰围减2.5cm		
半径		

*图表中所列的分数精确到0.16cm

四分之三圆裙计算表

周长 英寸	周长 厘米	半径 英寸	半径 厘米	周长 英寸	周长 厘米	半径 英寸	半径 厘米	周长 英寸	周长 厘米	半径 英寸	半径 厘米
10	25.4	2 1/8"	5.4	24	61.0	5 1/8"	12.9	38	96.5	8 1/8"	20.5
10 1/2	26.7	2 1/4"	5.7	24 1/2	62.2	5 1/4"	13.2	38 1/2	97.8	8 1/8"	20.8
11	27.9	2 3/8"	5.9	25	63.5	5 1/4"	13.5	39	99.1	8 1/4"	21.0
11 1/2	29.2	2 1/2"	6.2	25 1/2	64.8	5 3/8"	13.7	39 1/2	100.3	8 3/8"	21.3
12	30.5	2 1/2"	6.5	26	66.0	5 1/2"	14.0	40	101.6	8 1/2"	21.6
12 1/2	31.8	2 5/8"	6.7	26 1/2	67.3	5 5/8"	14.3	40 1/2	102.9	8 5/8"	21.8
13	33.0	2 3/4"	7.0	27	68.6	5 3/4"	14.6	41	104.1	8 3/4"	22.1
13 1/2	34.3	2 7/8"	7.3	27 1/2	69.9	5 7/8"	14.8	41 1/2	105.4	8 3/4"	22.4
14	35.6	3"	7.5	28	71.1	6"	15.1	42	106.7	8 7/8"	22.6
14 1/2	36.8	3 1/8"	7.8	28 1/2	72.4	6"	15.4	42 1/2	108.0	9"	22.9
15	38.1	3 1/8"	8.1	29	73.7	6 1/8"	15.6	43	109.2	9 1/8"	23.2
15 1/2	39.4	3 1/4"	8.4	29 1/2	74.9	6 1/4"	15.9	43 1/2	110.5	9 1/4"	23.4
16	40.6	3 3/8"	8.6	30	76.2	6 3/8"	16.2	44	111.8	9 3/8"	23.7
16 1/2	41.9	3 1/2"	8.9	30 1/2	77.5	6 1/2"	16.4	44 1/2	113.0	9 1/2"	24.0
17	43.2	3 5/8"	9.2	31	78.7	6 5/8"	16.7	45	114.3	9 1/2"	24.3
17 1/2	44.5	3 3/4"	9.4	31 1/2	80.0	6 5/8"	17.0	45 1/2	115.6	9 5/8"	24.5
18	45.7	3 7/8"	9.7	32	81.3	6 3/4"	17.2	46	116.8	9 3/4"	24.8
18 1/2	47.0	3 7/8"	10.0	32 1/2	82.6	6 7/8"	17.5	46 1/2	118.1	9 7/8"	25.1
19	48.3	4"	10.2	33	83.8	7"	17.8	47	119.4	10"	25.3
19 1/2	49.5	4 1/8"	10.5	33 1/2	85.1	7 1/8"	18.1	47 1/2	120.7	10 1/8"	25.6
20	50.8	4 1/4"	10.8	34	86.4	7 1/4"	18.3	48	121.9	10 1/8"	25.9
20 1/2	52.1	4 3/8"	11.0	34 1/2	87.6	7 3/8"	18.6	48 1/2	123.2	10 1/4"	26.1
21	53.3	4 1/2"	11.3	35	88.9	7 3/8"	18.9	49	124.5	10 3/8"	26.4
21 1/2	54.6	4 1/2"	11.6	35 1/2	90.2	7 1/2"	19.1	49 1/2	125.7	10 1/2"	26.7
22	55.9	4 5/8"	11.9	36	91.4	7 5/8"	19.4	50	127.0	10 5/8"	27.0
22 1/2	57.2	4 3/4"	12.1	36 1/2	92.7	7 3/4"	19.7	50 1/2	128.3	10 3/4"	27.2
23	58.4	4 7/8"	12.4	37	94.0	7 7/8"	19.9	51	129.5	10 7/8"	27.5
23 1/2	59.7	5"	12.7	37 1/2	95.3	8"	20.2	51 1/2	130.8	10 7/8"	27.8

四分之三缎质圆裙，出自2018秋冬洛杉矶时装周

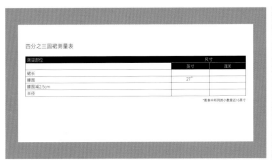

步骤2A

在四分之三圆裙测量表的空白处记录腰围尺寸。美国6号(英国10号)连衣裙的腰围是68.5cm。

步骤2B

接下来,确定裙子长度。此处,从连衣裙的前腰带中间部位开始测量裙长,也可以通过测量身体来确定裙子长度。

步骤2C

在四分之三圆裙测量表上记录裙子长度。此处裙子长度是48cm。

步骤3A

裙长为48cm,需要准备一张边长为152cm的正方形白色打版纸。应根据裙子长度相应地调整纸张大小。

步骤3B

将纸对折再对折,使两个折叠的边缘对齐,其中一个折叠的纸放在右边。

步骤3C

根据打版纸宽度,可能需要用胶带延长纸的长度,如图所示。

模块2:

绘制腰围

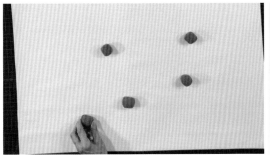

步骤1

用压铁压住打版纸。

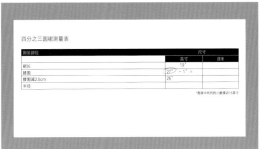

步骤2

测量腰围,减去2.5cm,然后将测量值记录在四分之三圆裙测量表上。此处腰围是68.5cm减2.5cm等于66cm。

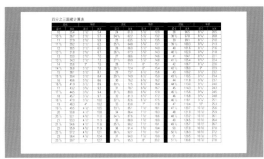

步骤3A

接下来,确定腰围的半径。需要参考四分之三圆裙子半径计算表,找到与裙子腰围尺寸减去1.3cm最接近的值。参见相应的腰围尺寸。此处减去后的腰围是66cm,所以半径是14cm。

四分之三圆裙测量表

测量部位	尺寸	
	英寸	厘米
裙长	19"	
腰围	27"	
腰围减2.5cm	26"	
半径	5 ½"	

*图表中所列出的小数接近16英寸

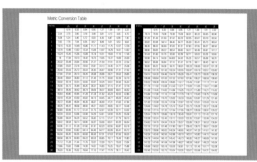

步骤3B
在四分之三圆裙测量表上记录半径测量值为14cm。

步骤4A
第88页的换算表非常有用。

步骤4B
如果需要用厘米来表示，则使用第89页的公制转换表。

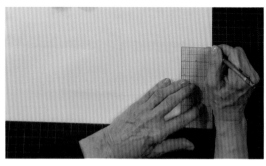

步骤5
纸张折叠边缘的交叉点，作为中心点，向下量取半径，并在每个折叠边缘上做一个6mm长的标记。此处向下量取14cm。

步骤6A
以中心点为圆心，半径14cm画圆，这将成为腰围。

步骤6B
把尺子放在中心点上，将尺子围绕中心点从纸的一个折叠边到另一个折叠边转动，并标记腰围。

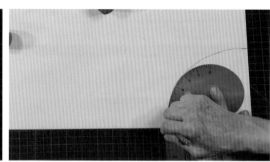

步骤7
另一种测量腰围的方法是使用卷尺和图钉。在半径测量处将图钉插入卷尺，然后将图钉固定在中心点。通过卷尺围绕中心点从一个折叠边到另一个折叠边旋转标记出半径。

步骤8
或者使用圆规，将圆规打开量设置为半径尺寸。此处圆规宽度不够，但是如果它足够宽，将圆规的尖端放在中心点，然后把它从一个折叠边转到另一个折叠边来标记腰围的形状。

步骤9A
由于此处用卷尺测量腰围，需要使用曲线板根据标记点来修正腰围曲线。

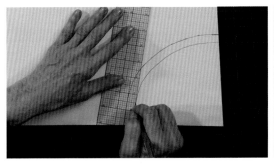

步骤9B

接下来在腰部增加1.3cm的缝份。此处缝份为1.3cm，但行业标准一般为1cm。

步骤9C

把腰部多余的纸剪掉。

步骤10

拿走压铁，然后展开裙子，平放在桌子上。

模块3:
加缝与底边缝份

步骤1A

现在，给裙子样版加缝份。首先沿着折叠线在两个样版的中心画一条线。这代表裙子后中接缝。

步骤1B

在裙子后中接缝加1.3cm的缝份，并在缝份内标注"1.3cm"。

步骤1C

现在在右裙片的折叠边缘增加1.3cm的缝份。这是另一条后中缝。

步骤1D

在后中缝的缝份内写"1.3cm"。

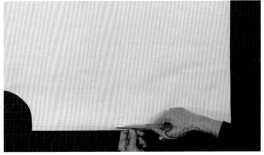

步骤2A

从腰部到下摆沿着后中缝份裁剪，从样版中提取右裙片。

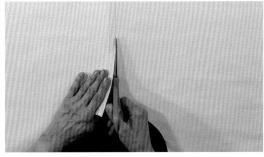

步骤2B

移到另一个后中接缝处，沿着该接缝剪掉多余的纸，只剪一层。

步骤2C

从样版中提取右裙片。

步骤3A

接下来，对齐后中接缝。

步骤3B

摆放样版，使后中接缝对齐，确保它们在腰部和下摆处对齐。

步骤3C

将两个后中接缝从腰部到下摆缝在一起。

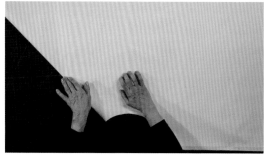

步骤3D

把纸抚平，平放在桌子上，把折叠边弄出折痕，折痕为裙子的前中线。

步骤4

把腰线以下的纸层别在一起，用剪刀把多余的纸剪到腰线接缝处，使边缘对齐。

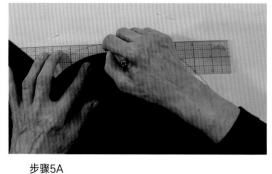

步骤5A

用尺子在前中与腰部交叉点画一条线，然后从切割边缘开始量取1.3cm，继续在腰部缝线处画一条线。

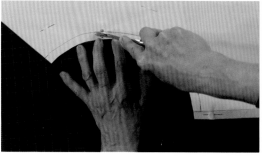

步骤5B

现在用滚轮将腰部缝线转移到裙子下层的腰部。

步骤6A

沿着裙子的前中褶标记CF。

步骤6B

沿着裙子的后中缝标记CB。

步骤7A

用直尺测量从前中缝线到后中缝线的腰围。

步骤7B

找到腰围的中点，标记剪口和字母SS。

小技巧：

由于圆裙存在一定程度的斜向拉伸，所以修整下摆是暂时的。建议用所需的面料裁剪，让其悬挂几个小时，然后调整样版以修正斜向拉伸。

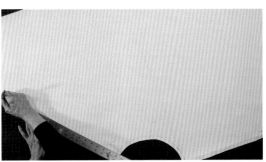

步骤8A

接下来，从前中开始，用尺子在底边上作标记。将尺子放在腰部缝线处，量取裙子长度，标记下摆。

步骤8B

现在，从前中到后中沿着腰线转动尺子，标记下摆。标记间隔大约10cm。

步骤8C

在后中接缝处画一条大约7.5cm的直线。

步骤8D

重新放置纸张，然后在折边的前中心处画一条大约5cm的线。

步骤8E

使用曲线板和铅笔，连接之前的下摆标记，画出下摆。

步骤8F

或者像图中那样，从前中到后中，用滚轮来连接标记点，标记裙子底边。

步骤8G

从描边标记开始，在底边上增加1.3cm的缝份。首先需要先在织物中进行样版测试，让斜纹定型，最后才能调整折边的样版。

小技巧：

圆裙的斜向拉伸量取决于面料的类型和重量。轻质织物可能比中量级织物具有更大的斜向拉伸量。

模块4：
最后一步

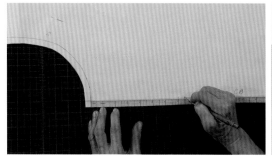

步骤1

从腰围后中缝线处向下量取18cm，间隔1.3cm打两个剪口，用于装拉链。

步骤2

用滚轮将拉链槽口描摹到下层裙子的后中。

步骤3

将侧缝线迹描摹至下层裙子腰部。

步骤4

剪去底边多余的纸。

步骤5

移除固定的钉子，展开样版结构图，并将其平放在桌子上。

步骤6

标记拉链剪口和后中接缝。

步骤7

在样版的另一边，沿着腰部描摹线，标出裙子的缝线。缝份宽度的调整可以在以后与折边调整一起进行。

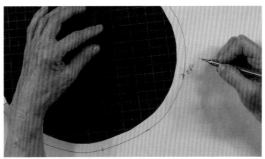

步骤8

现在在腰部前中部位加一个剪口标记，在剪口下面标记CF。

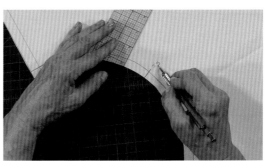

步骤9

在腰部标记侧缝剪口，并在下面标记SS。

步骤10A

基于面料的宽度和裙子的外观添加经向线。对于平坦的正面外观，可以沿着前中使用直纹，如下图所示。然而，织物必须有152cm宽，否则将需要在裙子底部增加一条拼接缝。

步骤10B

也可以选择倾斜的经向线，在前中形成喇叭状外观。为此，用直尺在前中画一个5cm×5cm的正方形，然后，在正方形的对角作标记。

步骤10C

用红笔和直尺来连接方形的四角。选择这种经向线需要确保面料足够宽。

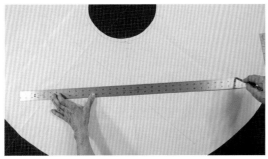

步骤10D

也可以让裙子前中沿着面料的长度经向裁剪。这将产生一个与直纹相似的平整外观。为此，在前中画出一条直线，如图所示。此处，用蓝笔标出经向线。

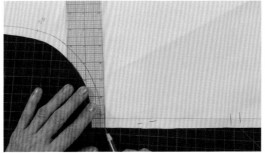

步骤11A

由于身体的后腰比前腰低，需要把腰部后中部位降低6mm，用红笔在腰部后中以下6mm的地方画一条线。

步骤11B

用曲线尺把降低后的腰围和侧缝融合起来画顺。

步骤11C

把新降低后的腰围描摹到裙子的下侧。

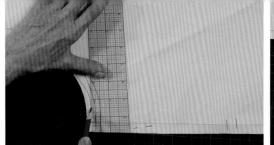

步骤11D

然后在新的后腰缝线上增加1.3cm的缝份。

步骤11E

剪掉后腰多余的纸。

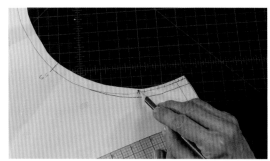

步骤11F

按照新的低腰描线,在下层标出后腰的缝线。用红色阴影标记旧腰围。

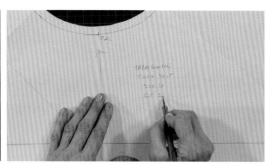

步骤12

一旦确定好经向线——直纹、斜纹或十字纹——就用"四分之三圆裙""裁片1",或其他编码来标注样版。

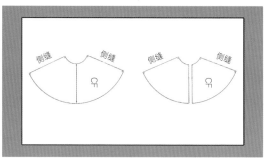

步骤13A

如果给裙子添加侧缝,在侧缝处将裙片分开,则需要添加1.3cm的缝份,并绘制后片经向线,使其与前片经向线相对应。

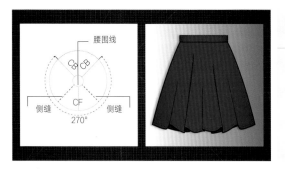

步骤13B

现在已经完成了四分之三圆裙子制版。

自我检查

☐ 是否准确计算了裙子的半径?

☐ 需要增加额外的纸张来绘制更长的裙子吗?

☐ 是否正确标记了腰围?

☐ 后腰围降低了吗?

☐ 添加了剪口标记和经向线了吗?

劳拉·比亚焦蒂设计的优雅的多层圆裙，2015春/夏

全圆裙

学习内容

☐ 确定并记录关键测量值，准备纸张；

☐ 画出裙子的前片——根据腰围半径表确定腰围，增加缝份，修整下摆，添加下摆余量，裁剪样版；

☐ 画出裙子的后片——将前片描摹到第二层纸上；

☐ 添加最后的剪口和缝线，确定经向线，标注样版；

☐ 设计选项——添加后中接缝或前中、后中接缝，塑造手帕式下摆。

工具和用品:

• 一张61cm×122cm的白色打版纸

• 绘图圆规

• 分数到小数和公制转换表(见第88、89页)

步骤1A

在本课中，将使用全圆裙测量表，以及下面提供的全
圆裙半径计算表。

120

全圆裙测量表

测量部位	尺寸	
	英寸	厘米
裙长		
腰围		
腰围减2.5cm		
半径		

*图表中所列的分数精确到0.16cm

全圆裙计算表

周长		半径		周长		半径		周长		半径	
英寸	厘米	英寸	厘米	英寸	厘米	英寸	厘米	英寸	厘米	英寸	厘米
10	25.4	1 5/8"	4.0	24	61.0	3 7/8"	9.7	38	96.5	6"	15.4
10 1/2	26.7	1 5/8"	4.2	24 1/2	62.2	3 7/8"	9.9	38 1/2	97.8	6 1/8"	15.6
11	27.9	1 3/4"	4.4	25	63.5	4"	10.1	39	99.1	6 1/4"	15.8
11 1/2	29.2	1 7/8"	4.6	25 1/2	64.8	4"	10.3	39 1/2	100.3	6 1/4"	16.0
12	30.5	1 7/8"	4.9	26	66.0	4 1/8"	10.5	40	101.6	6 3/8"	16.2
12 1/2	31.8	2"	5.1	26 1/2	67.3	4 1/4"	10.7	40 1/2	102.9	6 1/2"	16.4
13	33.0	2 1/8"	5.3	27	68.6	4 1/4"	10.9	41	104.1	6 1/2"	16.6
13 1/2	34.3	2 1/8"	5.5	27 1/2	69.9	4 3/8"	11.1	41 1/2	105.4	6 5/8"	16.8
14	35.6	2 1/4"	5.7	28	71.1	4 1/2"	11.3	42	106.7	6 5/8"	17.0
14 1/2	36.8	2 1/4"	5.9	28 1/2	72.4	4 1/2"	11.5	42 1/2	108.0	6 3/4"	17.2
15	38.1	2 3/8"	6.1	29	73.7	4 5/8"	11.7	43	109.2	6 7/8"	17.4
15 1/2	39.4	2 1/2"	6.3	29 1/2	74.9	4 3/4"	11.9	43 1/2	110.5	6 7/8"	17.6
16	40.6	2 1/2"	6.5	30	76.2	4 3/4"	12.1	44	111.8	7"	17.8
16 1/2	41.9	2 5/8"	6.7	30 1/2	77.5	4 7/8"	12.3	44 1/2	113.0	7 1/8"	18.0
17	43.2	2 3/4"	6.9	31	78.74	4 7/8"	12.5	45	114.3	7 1/8"	18.2
17 1/2	44.5	2 3/4"	7.1	31 1/2	80.01	5"	12.7	45 1/2	115.6	7 1/4"	18.4
18	45.7	2 7/8"	7.3	32	81.28	5 1/8"	12.9	46	116.8	7 3/8"	18.6
18 1/2	47.0	3"	7.5	32 1/2	82.55	5 1/8"	13.1	46 1/2	118.1	7 3/8"	18.8
19	48.3	3"	7.7	33	83.82	5 1/4"	13.3	47	119.4	7 1/2"	19.0
19 1/2	49.5	3 1/8"	7.9	33 1/2	85.09	5 3/8"	13.5	47 1/2	120.7	7 1/2"	19.2
20	50.8	3 1/8"	8.1	34	86.36	5 3/8"	13.7	48	121.9	7 5/8"	19.4
20 1/2	52.1	3 1/4"	8.3	34 1/2	87.63	5 1/2"	13.9	48 1/2	123.2	7 3/4"	19.6
21	53.3	3 3/8"	8.5	35	88.9	5 5/8"	14.1	49	124.5	7 3/4"	19.8
21 1/2	54.6	3 3/8"	8.7	35 1/2	90.17	5 5/8"	14.4	49 1/2	125.7	7 7/8"	20.0
22	55.9	3 1/2"	8.9	36	91.44	5 3/4"	14.6	50	127.0	8"	20.2
22 1/2	57.2	3 5/8"	9.1	36 1/2	92.71	5 3/4"	14.8	50 1/2	128.3	8"	20.4
23	58.4	3 5/8"	9.3	37	93.98	5 7/8"	15.0	51	129.5	8 1/8"	20.6
23 1/2	59.7	3 3/4"	9.5	37 1/2	95.25	6"	15.2	51 1/2	130.8	8 1/4"	20.8

2016秋冬伊斯坦布尔时装周推出的红色全网装搭配人造革上衣

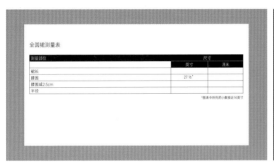

步骤2A

在全圆裙测量表的空白处记录腰围。美国6号(英国10号)连衣裙的腰围是70cm。

步骤2B

接下来，确定裙子长度。此处从裙子的前腰带中间开始测量，或者通过测量身体来确定裙长。

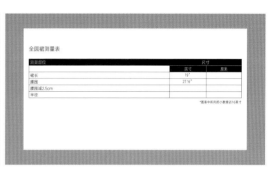

步骤2C

将测量值记录在全圆裙测量表上：裙子长度是48cm。

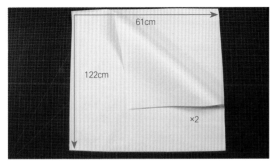

步骤3

对于此处的裙长，需准备两张宽61cm、长122cm的白色打版纸。根据裙子长度调整纸张尺寸。

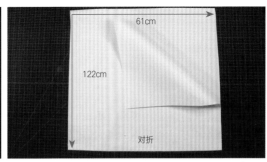

步骤4

将第一张纸沿长度方向对折，折叠位置离你最近。

模块2：

裙子前片制图

步骤1

将第一张纸折痕面向自己，从右侧边缘量取1.3cm，从纸的边缘到折痕处画一条线，这代表裙子的侧缝。沿线标注SS。

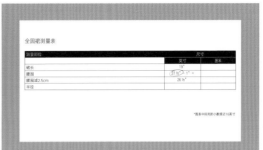

步骤2

参考全圆裙测量表。测量总腰围(从前中到前中)，并减去2.5cm。在表格上的空白处记录测量值。此处腰围是70cm，减2.5cm等于67.5cm。

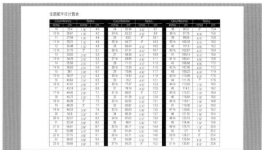

步骤3

根据全圆裙子半径计算表，找到与裙子腰围尺寸减去1.3cm的最接近的值。此处减去后的腰围是67.5cm，因此半径是11cm。

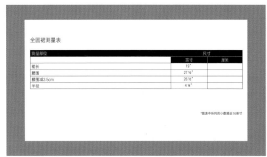

全圆裙测量表

测量部位	尺寸	
	英寸	厘米
裙长	19"	
腰围	27 ½"	
腰围减2.5cm	26 ½"	
半径	4 ¼"	

*图表中所列的小数据近16英寸

步骤4

将半径的数值记录在"全圆裙测量表"的空白处，记录为11cm。

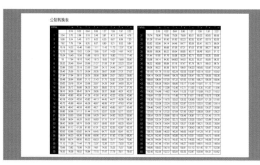

步骤5A

第88页的换算表非常有用。

步骤5B

如果想用厘米来表示，可参考第89页的公制转换表。

步骤6A

折痕交点是裙子的前中部，此处1.3cm的侧缝标记点称为中心点。

步骤6B

从中心点向下量取半径。

步骤6C

有以下几种方法可以标记半径，一种是用卷尺和图钉。在半径测量处将钉子插入卷尺，然后将钉子固定在中心点。当卷尺从折叠线转动到侧缝线时，标记半径。

步骤6D

或者用一把尺子从中心点开始转动。当从折痕线转动到侧缝作标记时，必须不断检查标尺与中心点距离是否正确。

步骤6E

或者也可以用圆规。将圆规展开量设置为半径值。如何使用圆规，参考第102页第4步。

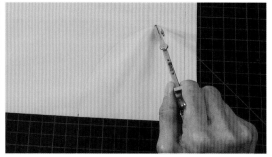

步骤6F

把圆规的针尖放在中心点，从折叠线到侧缝线处转动圆规，一边转动一边标记前腰围的形状。

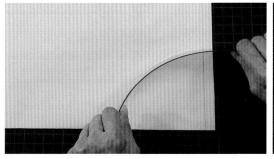

步骤6G

用尺子从前中折叠线到侧缝线进行测量，检查前腰围值是否准确。测量值应等于总腰围的四分之一减去2.5cm。此处，应为67cm除以4或17cm。

步骤7

在前中折叠线上标记CF"。

步骤8

在腰部上方靠近折叠处写"前"来标记前腰围。

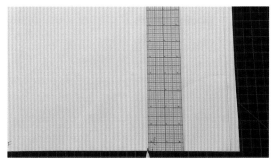

步骤9A

用尺子和红笔在前腰中心交叉点下方6mm处画一条线。这将成为裙子腰围的后中，因为后腰围低于前腰围。

步骤9B

找到折痕和侧缝之间的中点。

步骤9C

接下来，使用曲线尺将后腰围曲线从中点向后画顺。

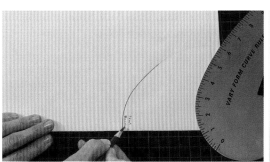

步骤9D

在红色后腰围上方标记"反面"。

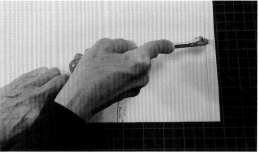

步骤10

用滚轮从中间到侧缝描摹前腰围。

步骤11A

用尺子检查前腰线是否与前中线成约1.3cm的直角。

小技巧：

由于圆裙存在一定程度的斜向拉伸，所以修整下摆是暂时的。建议用所需的面料裁剪，让其悬挂几个小时，然后调整样版以修正斜向拉伸。

126

步骤11B

使用标尺来标记裙子的长度。从前中腰部量取裙子长度，并在下摆处作标记。这里量取48cm作标记。

步骤11C

将尺子沿着腰围量取裙长，从前中到侧缝滑动尺子。用一系列线段标记下摆，使下摆在前中部和侧缝处呈直角。

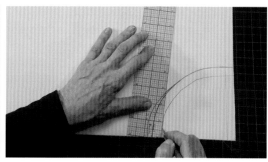

步骤12

在前腰围上添加1.3cm的缝份。在行业中，缝份一般为1cm。

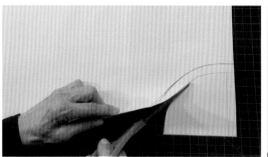

步骤13

用剪刀裁去前腰多余的纸。

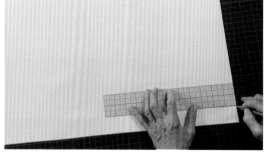

步骤14A

接下来，调整裙子的位置，以便画出下摆。首先，从前中心下摆标记处画一条约3.8cm的线。

步骤14B

在侧缝与下摆交叉处画出约3.8cm的直角。

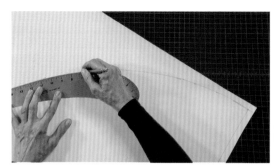

步骤14C

用曲线尺将下摆从前中到侧缝连接起来。如之前所述，必须把裙子悬挂起来，然后才能最终确定裙子下摆样版。

步骤14D

下一步给下摆添加1.3cm的缝份。

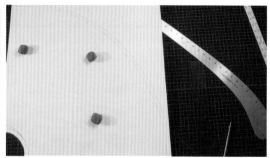

步骤15A

在样版上放置压铁固定各层纸张。

步骤15B

把下摆多余的纸剪掉。

小技巧:

面料宽度将有助于决定全圆裙的经向线。

模块3:

裙子后片制图

步骤1

摆好第二张纸样，将折痕面向自己，这将成为裙子的后片。

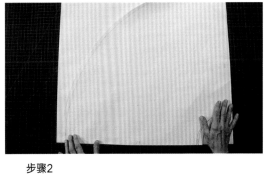

步骤2

如图所示，将裙子前片的前中和侧缝边缘与下面的后裙纸样对齐。

步骤3

用压铁固定纸样。

步骤4A

在下面的纸上描画出后腰围。

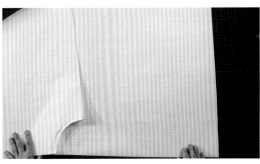

步骤4B

从下面的纸上取下压铁和前片。

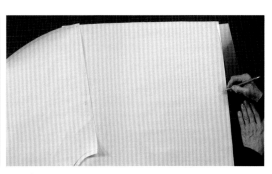

步骤5

在离右侧边缘1.3cm处，给后裙样版添加侧缝线。用字母SS标记注侧缝。

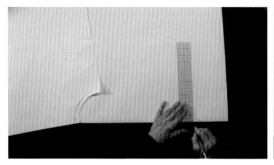

步骤6A

距后中腰部1.3cm处画一条线。

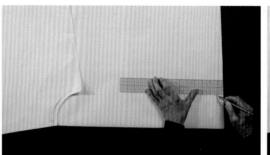

步骤6B

然后在离侧缝与腰部交叉点1.3cm处再画一条线。

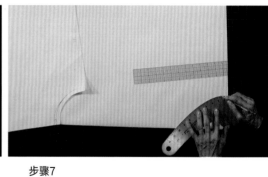

步骤7

使用曲线尺，沿着标记点，用铅笔画出后腰围。

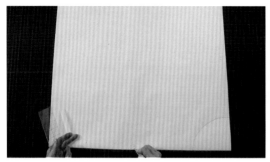

步骤8

在裙子后中处标记CB。

步骤9

给后腰围增加1.3cm的缝份。

步骤10A

将尺子放在后腰缝线处，按照标记前裙摆的步骤来标记后裙摆。

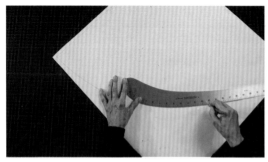

步骤10B

将下摆与臀部曲线连接起来。

步骤10C

添加1.3cm的折边余量。由于需要挂好裙子后再调整下摆，故可以把裙子的前片下摆复制到后片。

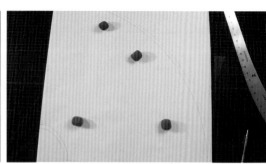

步骤10D

用压铁固定后裙片。

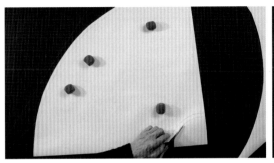

步骤10E

剪去下摆和腰围处多余的纸。

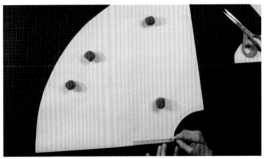

步骤11

为了区分裙子的前后，距离后中线1.3cm处，用红笔在腰围线上开一个缺口。

步骤12

为了清晰起见，在裙子的前腰画出穿过后腰的线条，以避免混淆。

模块4：
最后一步

步骤1

打开前裙样版，放在桌上并抚平。用红笔添加一个前中剪口标记。

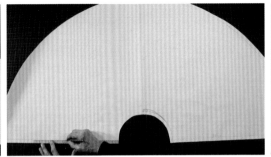

步骤2

在样版的另一侧添加侧缝线。

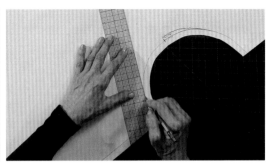

步骤3

在前裙样版的另一侧添加腰部缝线。

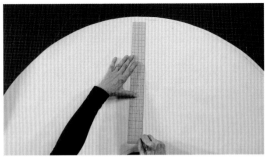

步骤4

接下来，确定裙子的经向线。为了获得平整的正面效果，可以沿着前中部位放置直纹，如图所示。

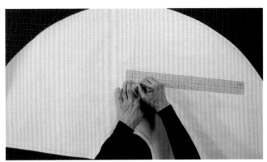

步骤5A

为了在前片获得最大限度地喇叭状外观，可以倾斜经向线。为此，用直尺在前中画一个5cm×5cm的正方形，如图所示。

步骤5B

用直尺和红笔连接正方形的四角，画一条线来形成倾斜的经向线。

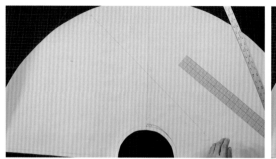

步骤6A

或者，可以把直纹水平地放在裙子上，这样裙子正面会更加平整、流畅。

步骤6B

放置直尺与前中线呈直角，穿过裙子的围度画一条线。这种方式适用于条纹织物或宽度较窄的织物。无论选择哪种经向线，裙子前后片的经向都必须相同。

步骤7A

在裙子后片使用滚轮，在腰部的另一侧画出后腰剪口。

步骤7B

用直尺画出侧缝的缝线。

步骤7C

按照描摹线，画出后腰围的另一边。

步骤8

对于这条裙子，决定选择斜裁。按照之前在前裙片做斜裁的步骤，标记斜裁的方向。

步骤9A

在桌子上对齐前片和后片缝线，从裙子的腰围线向下量取18cm，标记为拉链剪口。

步骤9B

在后片接缝处标记相应的拉链剪口。

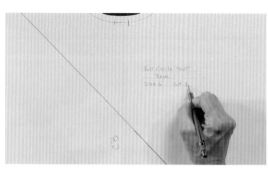

步骤10A

在裙子后片上标注"全圆裙""后""裁片1"，或其他编码。

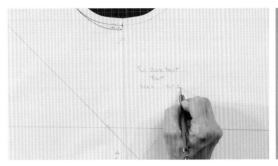

步骤10B

在前裙片上标注"全圆裙""前片"和"裁片1"。

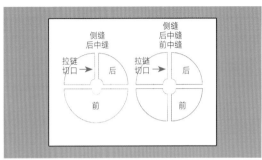

步骤10C

虽然已经为裙子设计了侧缝，但仍可以添加一个后中缝或一个前中和后中缝。

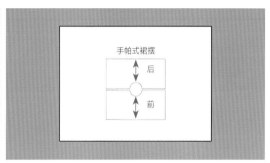

步骤10D

如果想形成一个手帕式裙摆，而不是一个圆形下摆，如图所示，只需省略前片和后片的下摆制图步骤，塑造下摆即可。

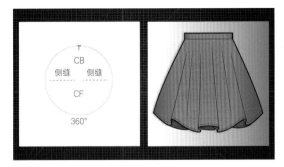

步骤10E

现在已经完成全圆裙制版。

自我检查

计算裙子的半径是否准确？

画完裙子的半径后，是否对照前腰尺寸检验？

是否降低了后腰线？

在选择裙子的布纹线时，是否考虑到面料的宽度？

第3章

上衣原型

　　紧身原型，被称为"基础版"或模版，是裙子、衬衫、夹克等其他款式设计的基础。下面将基于人体实际测量尺寸或女性标准尺码表，介绍如何绘制出一款紧身原型（包含肩省、腰省结构），并学习怎样把基础版转换为无袖或有袖合体上衣，了解如何把前肩省转移成侧缝省、袖窿省或腰省等，以及如何把后肩省转移至领口处。

　　除此之外，本章还将介绍双省转移的方法，讲述如何在一件上衣中如何同时绘制多个省，理解怎样将有肩省的紧身原型改成一个合体的上衣原型。本章最后介绍了两种袖子的绘制说明：连肩袖（一片袖和两片袖）与和服袖。上述课程用到的样版是本章之前绘制的以及本书最初讲述的直筒袖上衣版型。

赫斯多夫·凯恩的"Z"字型贴花装饰缎质裙，出自2015/2016秋冬伦敦时装周

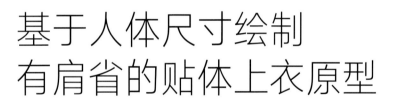

基于人体尺寸绘制
有肩省的贴体上衣原型

学习内容

☐ 从模特、人台或标准尺码表中获取人体尺寸；

☐ 确定前后衣身的宽度，在准备好的版纸上绘制出来；

☐ 绘制前片、领口、肩部、袖窿部位；

☐ 绘制胸高点、胸围线以及前后片省道；

☐ 完成最终样版——修正肩线和腰围线；

☐ 将样版转移到白坯布上，加上缝份并调整衣身，将最终样版复制到牛皮纸上。

工具和用品：

• 剪口钳

• 女性人体测量基准点分布图

• 女性人体测量点图表（见附录，第332页）

• 女性上衣国际尺寸标准表（见附录，第338页）

• 上衣原型尺寸表

• 分数小数换算表

• 公制换算表

• 白坯布

• 人台

步骤1

在本节中将参考以下图表：女性人体测量基准点分布图、上衣原型尺寸表、分数小数换算表和公制换算表，以及女性人体测量点图表和女性上衣国际尺寸标准表，后面两种表都可以在附录中找到。

步骤2

可通过观看名为"女性人体测量"的视频课程，理解如何测量实际人体尺寸，或者参考下面提供的女性人体测量基准点分布图，图中注明了本章提到的所有测量点，并对其进行了颜色编码，以便与第332—336页内容结合使用。

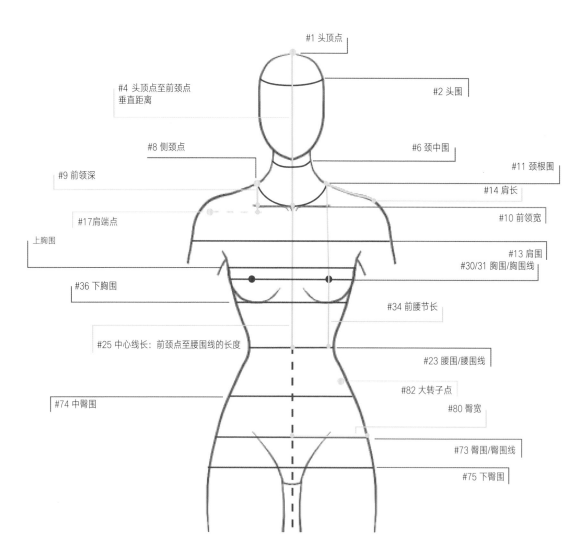

#1 头顶点
#4 头顶点至前颈点 垂直距离
#2 头围
#8 侧颈点
#6 颈中围
#11 颈根围
#9 前领深
#14 肩长
#17 肩端点
#10 前领宽
上胸围
#13 肩围
#30/31 胸围/胸围线
#36 下胸围
#34 前腰节长
#25 中心线长：前颈点至腰围线的长度
#23 腰围/腰围线
#82 大转子点
#80 臀宽
#74 中臀围
#73 臀围/臀围线
#75 下臀围

水平测量
垂直测量
围度测量
人体轮廓测量
测量点

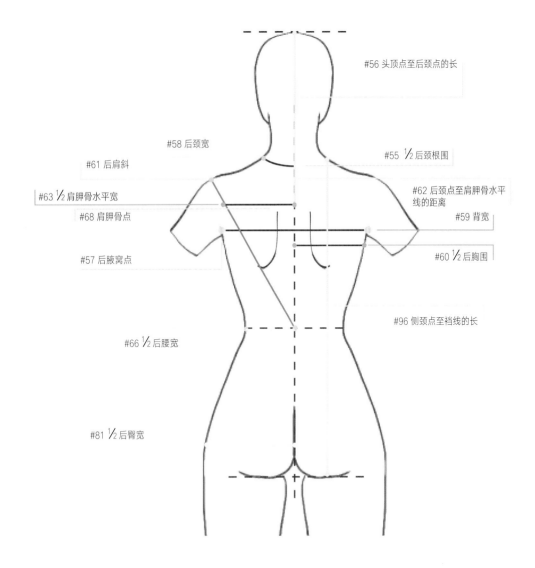

#56 头顶点至后颈点的长

#58 后颈宽

#55 ½ 后颈根围

#61 后肩斜

#62 后颈点至肩胛骨水平线的距离

#63 ½ 肩胛骨水平宽

#68 肩胛骨点

#59 背宽

#57 后腋窝点

#60 ½ 后胸围

#96 侧颈点至裆线的长

#66 ½ 后腰宽

#81 ½ 后臀宽

水平测量
垂直测量
围度测量
人体轮廓测量
测量点

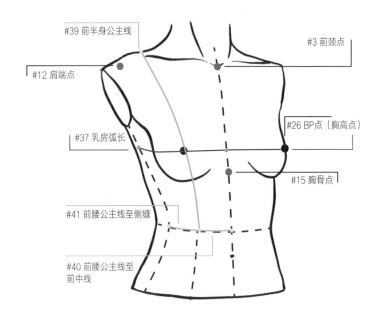

#39 前半身公主线
#3 前颈点
#12 肩端点
#26 BP点（胸高点）
#37 乳房弧长
#15 胸骨点
#41 前腰公主线至侧缝
#40 前腰公主线至前中线

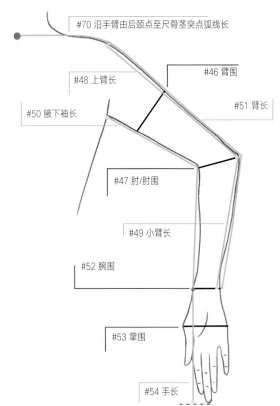

#70 沿手臂由后颈点至尺骨茎突点弧线长
#46 臂围
#48 上臂长
#51 臂长
#50 腋下袖长
#47 肘/肘围
#49 小臂长
#52 腕围
#53 掌围
#54 手长

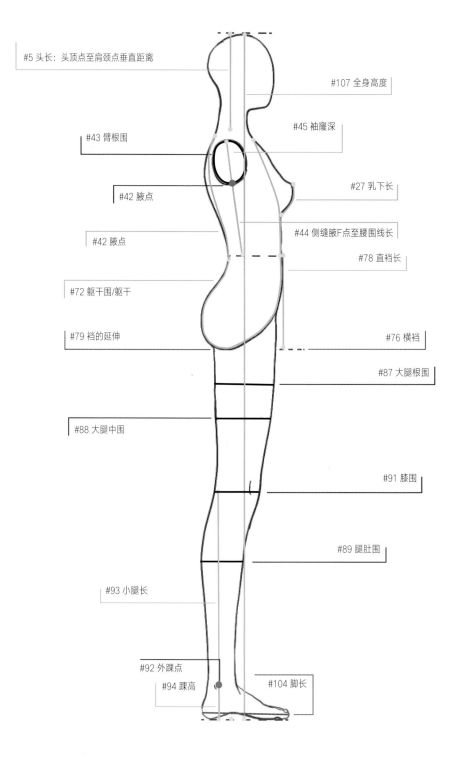

#5 头长：头顶点至肩颈点垂直距离
#107 全身高度
#43 臂根围
#45 袖窿深
#42 腋点
#27 乳下长
#42 腋点
#44 侧缝腋F点至腰围线长
#78 直裆长
#72 躯干围/躯干
#79 裆的延伸
#76 横裆
#87 大腿根围
#88 大腿中围
#91 膝围
#89 腿肚围
#93 小腿长
#92 外踝点
#94 踝高
#104 脚长

水平测量
垂直测量
围度测量
人体轮廓测量
测量点

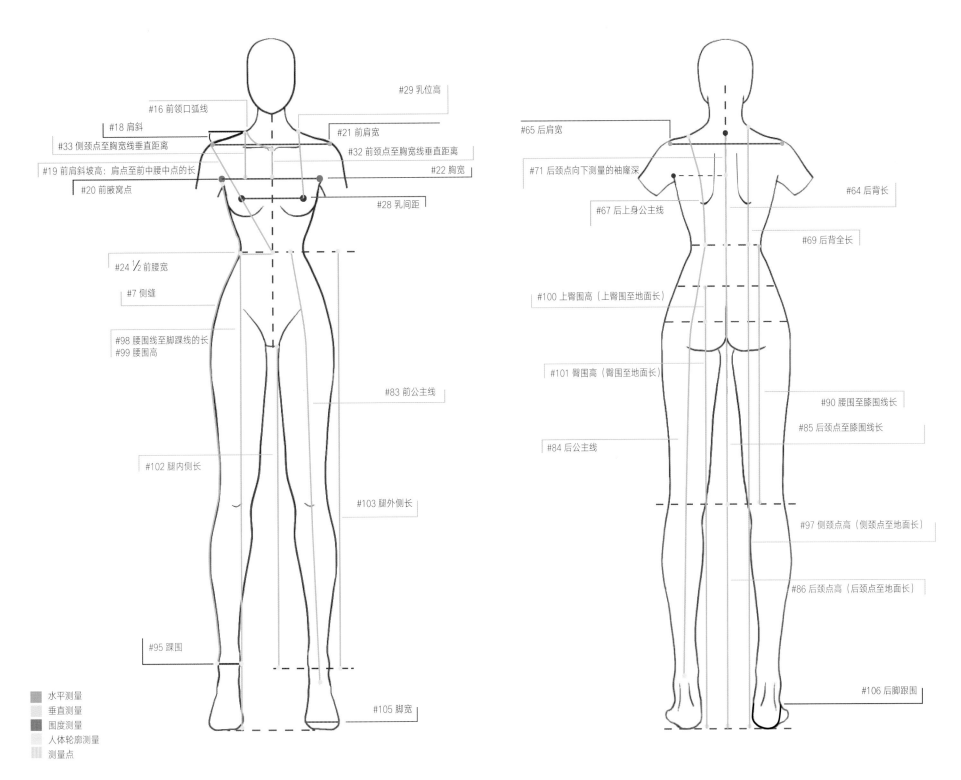

#16 前领口弧线
#18 肩斜
#33 侧颈点至胸宽线垂直距离
#19 前肩斜坡高：肩点至前中腰中点的长
#20 前腋窝点
#24 1/2 前腰宽
#7 侧缝
#98 腰围线至脚踝线的长
#99 腰围高
#102 腿内侧长
#95 踝围
#105 脚宽

#29 乳位高
#21 前肩宽
#32 前颈点至胸宽线垂直距离
#22 胸宽
#28 乳间距
#83 前公主线
#103 腿外侧长

#65 后肩宽
#71 后颈点向下测量的袖窿深
#67 后上身公主线
#100 上臀围高（上臀围至地面长）
#101 臀围高（臀围至地面长）
#84 后公主线

#64 后背长
#69 后背全长
#90 腰围至膝围线长
#85 后颈点至膝围线长
#97 侧颈点高（侧颈点至地面长）
#86 后颈点高（后颈点至地面长）
#106 后脚跟围

137

■ 水平测量
■ 垂直测量
■ 围度测量
■ 人体轮廓测量
Ⅲ 测量点

步骤3A

测量人体正面各部位的尺寸，并记录在尺寸表中。

原型尺寸表——人体正面

#34   前腰节长44.1cm

#37   乳房弧长23.8cm+1.3cm松量=25.1cm

#10   前领宽6cm+0.3cm松量=6.3cm

#9   前领深 6.4cm+0.3cm松量=6.7cm

#29   乳位高26.7cm

#38   ½乳间距9.5cm

#24   ½前腰宽18.1cm+0.6cm松量=18.7cm

J至C   22.5cm-18.7cm（#24 ½前腰宽）=3.8cm

省大=3.8/2=1.9cm

#44   侧缝腋下点至腰围线长21.6cm

#45   袖窿深14cm

#14   肩长12.7cm+0.3cm松量=13cm

M至E   19.4cm-13cm（#14肩长）=6.4cm

省大=6.4/2=3.2cm

#32   前颈点至胸宽线垂直距离10.5cm

#22   胸宽34.3/2=17.2cm

步骤3B

测试人体背面各部位的尺寸，并记录在尺寸表中。

原型尺寸表——人体背面

#60　　½后胸围21.9+1.3cm松量=23.2cm

#64　　后背长41.6cm

#66　　½后腰宽15.2cm+0.6cm松量=15.8cm（后腰宽）

P至Q　20.6cm-15.8cm（后腰宽）=4.8cm

　　　　省大4.8cm/2=2.4cm

#10　　前领宽6cm+0.6cm=6.6cm

#69　　侧颈点高43.8cm

#14　　肩长12.7cm+0.6cm=13.3cm

#62　　后颈点至背宽线的距离10.3cm

#63　　背宽17.8cm+1cm=18.8cm

---

*分数归整为小数，精确到0.16

步骤1

准备一张平整的白色方形版纸，边长为55.9cm。

步骤2

打印上衣原型尺寸表，方便制版时计算和标记各部位的尺寸。

步骤3A

将纸对折，折边置于远离身体的一方。

步骤3A

沿着折边，用直角尺在距离右边缘5.1cm处确定点A，并由该点出发画一条垂直于折边的直线，记为A点。

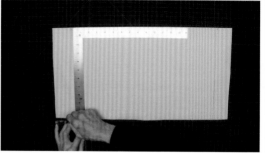

步骤3B

从A点沿折边量取一个#34前腰节长（经测量#34尺寸为44.1cm），确定点B。

步骤3C

由B点向下作折边的垂直线，该垂线即为前腰围线，记作WL。

步骤4A

确定原型宽度。由B点沿腰围线量取#37乳房弧长+1.3cm（松量），确定点C。把该尺寸记在原型尺寸表中，具体尺寸为23.8cm+1.3cm=25.1cm。

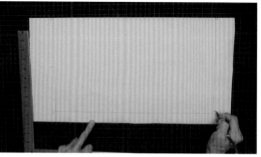

步骤4B

由C点作线段BC的垂线与A线相交，并记为CF（前中心线），两线交点记为D点。

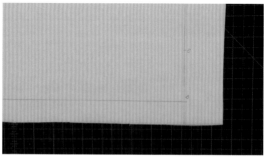

步骤5A

绘制领口线，从D点沿AD线段量取#10前领宽+0.3cm（松量）的长度，确定点E，并将该长度记录在尺寸表中，具体尺寸为6cm+0.3cm=6.3cm。

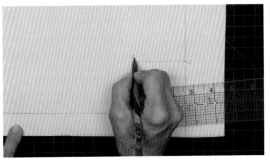

步骤5B

由E点出发作线段AD的垂直线，量取#9前领深
+0.3cm，确定F点。具体尺寸为6.4cm+0.3cm=6.7cm，
并将其记录在尺寸表中。

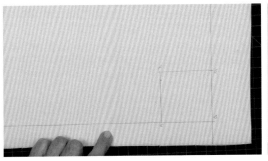

步骤5C

由F点向前中心线作垂线，交点为G。

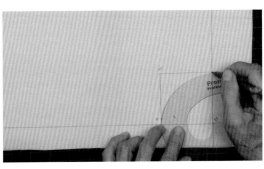

步骤5D

由G点向内量取0.6cm处记为点H，然后用曲线尺连
接E、H点画弧，该弧线即为前领口弧线。

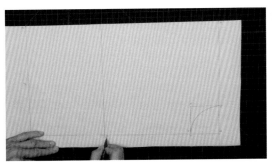

步骤6

从D点向下量取#29乳位高的长度，再沿水平方向画
出胸围线，并标作BL。乳位高为26.7cm。

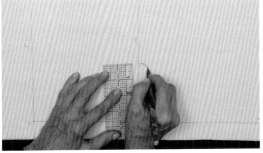

步骤7A

在胸围线上，由前中心线向内量取#38，½乳间距作
为胸高点，½乳间距约为9.6cm。

步骤7B

从胸高点向腰围线作垂线，交点记为#1。该垂线就是
前腰省的中心线。

步骤8

从B点沿腰围线向前中心线量2.5cm并标记为点J。

步骤9A

绘制腰省。首先，测量#24½前腰宽，并增加0.6cm
的松量，将其记录在尺寸表中。具体尺寸为½前腰宽
18.1cm+0.6cm松量=18.7cm。

步骤9B

然后测量J点到C点的长度，并将测得结果记录在尺寸表中。两点间
长度与#24½前腰宽（包括松量）的差值即为腰省的省量。J点到C点的长度
22.6cm-18.7cm=3.9cm。将该值除以2，得到腰省中心线两侧的省道量为2cm。

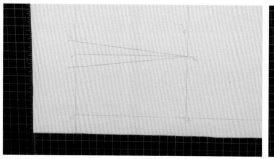

步骤9C

在腰围线上，标记出省道中心线两侧的省位点，然后分别将省位标记点与胸高点连接，此处胸高点即为省尖点。

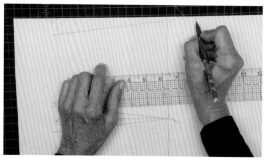

步骤10A

绘制侧缝线，测量#44侧缝腋F点至腰围线距离（尺寸为21.6cm），然后将直尺以J点为基准点，以该长度为半径进行转动，与折边相交于一点，则该点记为K。

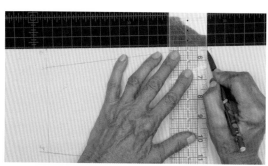

步骤10B

通过K点，作折边的垂直线，垂直线长度为0.6cm。

步骤11A

从K点向上量#45袖窿深的长度并标记为L点。请参阅附录中的女性上衣国际尺寸标准表，选择合适的袖窿深。这里用的是美国6号尺码所对应的袖窿深值14cm。

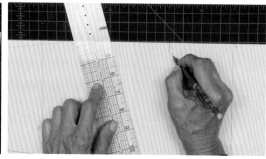

步骤11B

从L点向前中心线方向量1.3cm并标记点为M。

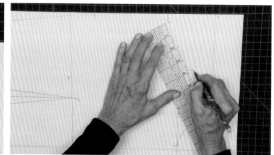

步骤12A

将M点与E点连接形成肩线。然后，在EM线段的中间位置作标记点#2。该点即为前肩省中心线所在位置。从点M到点#2的长度为9.9 cm。

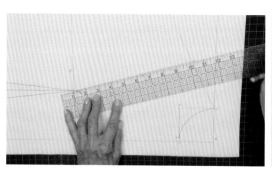

步骤12B

将#2点与BP点连接。

原型尺寸表——人体正面

#34	前腰节长44.1cm
#37	乳房弧长23.8cm+1.3cm松量=25.1cm
#10	前领宽6cm+0.3cm松量=6.3cm
#9	前领深6.4cm+0.3cm松量=6.7cm
#29	乳位高26.7cm
#38	½乳间距9.5cm
#24	½前腰宽18.1cm+0.6cm松量=18.7cm
J至C	22.5cm-18.7cm（#24 ½前腰宽）=3.8cm
	省大÷3.8/2=1.9cm
#44	侧缝腋下点至腰围线长21.6cm
#45	袖窿深14cm
#14	肩长12.7+0.3cm松量=13cm
M至E	19.4cm-13cm（#14肩长）=6.4cm
	省大÷6.4/2=3.2cm
#32	前领点至胸宽线垂直距离10.5cm
#22	胸宽34.3/2=17.2cm

步骤12C

计算肩省的省量，先确定#14肩长+0.3cm松量的值，并将其记录在尺寸表中。具体尺寸为净肩长12.7cm+0.3cm=13cm。

原型尺寸表——人体正面

#34	前腰节长44.1cm
#37	乳房弧长23.8cm+1.3cm松量=25.1cm
#10	前领宽6cm+0.3cm松量=6.3cm
#9	前领深6.4cm+0.3cm松量=6.7cm
#29	乳位高26.7cm
#38	½乳间距9.5cm
#24	½前腰宽18.1cm+0.6cm松量=18.7cm
J至C	22.5cm-18.7cm（#24 ½前腰宽）=3.8cm
	省大÷3.8/2=1.9cm
#44	侧缝腋下点至腰围线长21.6cm
#45	袖窿深14cm
#14	肩长12.7+0.3cm松量=13cm
M至E	19.4cm-13cm（#14肩长）=6.4cm
	省大÷6.4/2=3.2cm
#32	前领点至胸宽线垂直距离10.5cm
#22	胸宽34.3/2=17.2cm

步骤12D

线段ME的长度与总肩长之间的差值即为前肩省量。具体尺寸为19.4cm减去总肩长-13cm=前肩省量6.4cm。

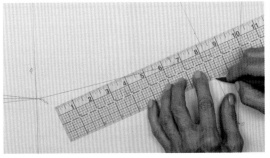

步骤12E

将前肩省量平均分配到中心线两侧，每侧省量为½前肩省量3.2cm。

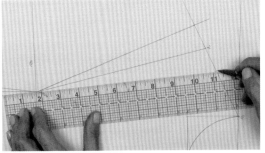

步骤12F

将肩线上的省宽点与BP点连接，并将肩省道线延长超出肩线。

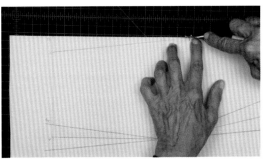

步骤13

用滚轮沿侧缝线从J点到K点滚动。通过J点沿腰围线向前中心线量取0.6cm确定一点，再次用滚轮由该点到K点滚动。展开版纸检查描迹线是否已经拓在另一半版纸上。

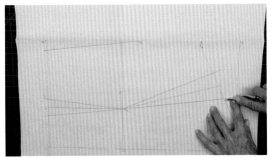

步骤14

将滚轮沿着靠近前中心线的肩省道线滚动。

步骤15A

闭合肩省，闭合的楔形倒向前中心线，然后用胶带固定。

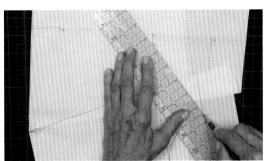

步骤15B

使用红笔连接M点与E点作为新肩线。

步骤15C

用滚轮沿新肩线滚动。

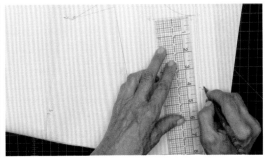

步骤16A

从G点向下量#32前颈点至胸宽线的距离，确定点N。前颈点至胸宽线的距离为10.5cm。

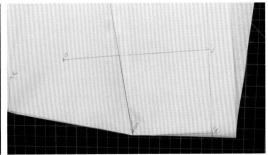

步骤16B

在尺寸表中记录#22胸宽的½长。从N点以该长度向侧缝方向作前中心线的垂线段，得到点O。胸宽的½长为17.2cm。在测量和绘制垂线前，确保肩省已固定好。

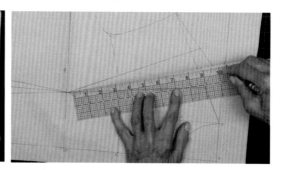

步骤17

制弧线时需先连接M、O，再连接O、K，调整线条使其更加平滑。用红笔标出修正后的袖窿弧线。

步骤18

打开肩省，从肩省上取下胶带，并调整新的肩线。然后延长省道线使其超出肩线。

模块3：

绘制后片

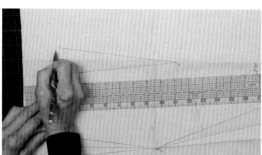

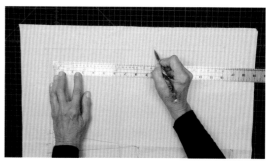

步骤1

沿拓痕描出后侧缝线，将后腰围线与侧缝线的交点标记为点P。

步骤2

从B点开始过P点作折边的垂线段，线段长度为#60½后胸围+1.3cm的松量，确定标记点Q。具体尺寸为20.3cm+1.3cm=21.6cm，将该值记录在尺寸表中。

步骤3

在腰围线上，标记出省道中心线两侧的省位点，然后分别将省位标记点与胸高点连接，此处胸高点即为省尖点。通过Q点作腰围线的垂直线，线段长度为#64后背长，端点记为R。后背长为41.6cm，将其标为CB（后中线）。

原型尺寸表——人体背面	
#60	½后胸围21.9+1.3cm松量=23.2cm
#64	后背长41.6cm
#66	½净后腰宽15.2+0.6cm松量=15.8cm（后腰宽）
P至Q	20.6cm-15.8cm（后腰宽）=4.8cm
	省大4.8cm/2=2.4cm
#10	前领宽6cm+0.6cm=6.6cm
#69	侧颈点高43.8cm
#14	肩长12.7cm+0.6cm=13.3cm
#62	后肩胛点至肩胛骨水平线距离10.3cm
#63	肩胛骨水平宽17.8cm+1cm=18.8cm

*Fractions are rounded up to the nearest ⅛th of an inch
© 2008-2018 University of Fashion – For use with University of Fashion lessons only and not authorized for distribution

步骤4

然后由K点向后中心线作折边的垂直线，该线与后中心线的交点记为S点。

步骤5A

绘制后腰省。在尺寸表上记录#66½后腰宽的值，外加0.6cm的松量。具体尺寸为½后腰宽15.2cm+0.6cm=15.8cm。

原型尺寸表——人体背面	
#60	½后胸围21.9+1.3cm松量=23.2cm
#64	后背长41.6cm
#66	½净后腰宽15.2+0.6cm松量=15.8cm（后腰宽）
P至Q	20.6cm-15.8cm（后腰宽）=4.8cm
	省大4.8cm/2=2.4cm
#10	前领宽6cm+0.6cm=6.6cm
#69	侧颈点高43.8cm
#14	肩长12.7cm+0.6cm=13.3cm
#62	后肩胛点至肩胛骨水平线距离10.3cm
#63	肩胛骨水平宽17.8cm+1cm=18.8cm

*Fractions are rounded up to the nearest ⅛th of an inch
© 2008-2018 University of Fashion – For use with University of Fashion lessons only and not authorized for distribution

步骤5B

测量P点到Q点的长度，并将测得结果记录在尺寸表中。两点间长度与后腰围（包括松量）的差值即为腰省的省量。J点到C点的长度20.3cm-15.2cm=5.1cm。将该值除以2，得到腰省中心线两侧的省道量为2.5cm。

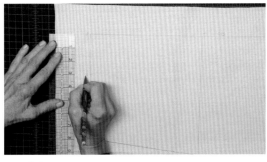

步骤5C

后腰省到后中线的距离与前腰省到前中线的距离相等。示例中，该距离为7.6cm。沿腰围线在距离后中线7.6cm处作标记，将该省道标为#3。

步骤5D

在腰围线上，省道中心线与两侧省位点的距离为2.5cm，据此确定后腰省中心线的位置，并将其标记为#4。

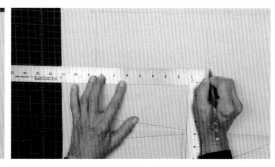

步骤5E

过点#4作腰围线的垂直线，与SK线交于一点，标记为#5即为后腰省尖点。

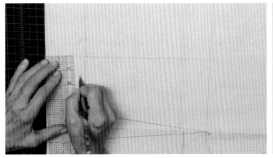

步骤5F

由点#4向后中心线方向量取2.5cm，标记为#6。

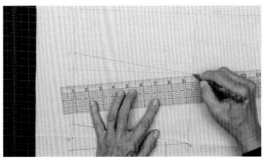

步骤5G

然后将点#3和#6分别与省尖点#5相连。

步骤6A

计算后领宽。后领宽大小=#10前领宽+0.6cm，即6.7cm+0.6cm=7.3cm。然后将这些值记录在尺寸表上。

原型尺寸表——人体背面

#60	½后胸围21.9+1.3cm松量=23.2cm	
#64	后背长41.6cm	
#66	½净后腰宽15.2+0.6cm松量=15.8cm（后腰宽）	
P至Q	20.6cm-15.8cm（后腰宽）=4.8cm	
	省大4.8cm/2=2.4cm	
#10	前领宽6cm+0.6cm=6.6cm	
#69	侧长43.8cm	
#14	背宽12.7cm+0.6cm=13.3cm	
#62	后肩点至肩胛骨水平线距离10.3cm	
#63	肩胛骨水平宽17.8cm+1cm=18.8cm	

*Fractions are rounded up to the nearest ¼th of an inch
© 2008-2018 University of Fashion ～ For use with University of Fashion lessons only not authorized for distribution

步骤6B

通过R点，作后中心线的垂直线，垂线长度为6.7cm，确定点T。

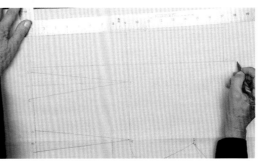

步骤6C

经过T点作QP线的垂直线，并向上延长至#69侧颈点高的长度，得到U点。侧颈点高为43.9cm。

步骤6D

由R点向侧缝线量取2cm确定一点，将该点与R、U两点连接，绘制后领口弧线，用曲线尺画顺。

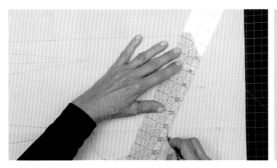

原型尺寸表——人体背面

#60	½后胸围21.9+1.3cm松量=23.2cm
#64	后背长41.6cm
#66	½净后腰宽15.2+0.6cm松量=15.8cm（后腰宽）
P至Q	20.6cm-15.8cm（后腰宽）=4.8cm
	省大4.8cm/2=2.4cm
#10	前颈点6cm+0.6cm=6.6cm
#69	侧颈点高43.8cm
#14	肩长12.7cm+0.6cm=13.3cm
#62	后颈点至肩胛骨水平线距离10.3cm
#63	肩胛骨水平宽17.8cm+1cm=18.8cm

*Fractions are rounded up to the nearest ⅛th of an inch
© 2008-2018 University of Fashion - For use with University of Fashion lessons only
and not authorized for distribution

步骤7
绘制后肩线，连接点U与点M。

步骤8A
确定#14肩长+0.6cm的值，然后除以2，将这些值记录在尺寸表中。则具体尺寸为$\frac{1}{2}$（12.7cm+0.7cm）=$\frac{1}{2}$×13.4cm=6.7cm。

步骤8B
从U点开始，沿后肩线量取6.7cm，得到点#7，这是第一个省宽点位置。

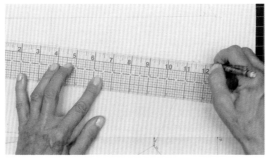

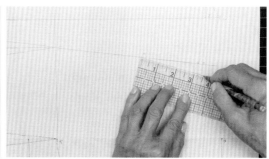

步骤8C
连接点#7和点#5。

步骤8D
从点#7开始，沿UM线量取1.3cm，并标记上点#8。1.3cm即为后肩省量。

步骤8E
从#7点开始，沿着#7点与#5点的连线量取7.6cm，得到点#9。然后将点#9与点#8连接，后肩省道绘制完成。

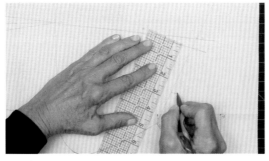

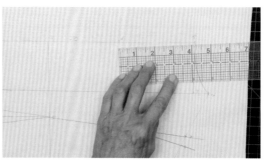

步骤9
从点#8开始，在UM线上量取另一半肩长6.7cm，得到点V。

步骤10A
从R开始，向下量取#62后颈点至肩胛骨水平线距离，得到点W。具体尺寸为10.4cm。

步骤10B
计算#63½背宽的值，加上6mm松量，并记下这些数值。具体尺寸为17.8cm+1cm=18.8cm。

原型尺寸表——人体背面

#60	½后胸围21.9+1.3cm松量=23.2cm
#64	后背长41.6cm
#66	½净后腰宽15.2+0.6cm松量=15.8cm（后腰宽）
P至Q	20.6cm-15.8cm（后腰宽）=4.8cm
	省大4.8cm/2=2.4cm
#10	前颈点6cm+0.6cm=6.6cm
#69	侧颈点高43.8cm
#14	肩长12.7cm+0.6cm=13.3cm
#62	后颈点至肩胛骨水平线距离10.3cm
#63	肩胛骨水平宽17.8cm+1cm=18.8cm

*Fractions are rounded up to the nearest ⅛th of an inch
© 2008-2018 University of Fashion - For use with University of Fashion lessons only
and not authorized for distribution

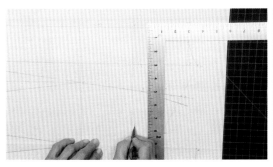

步骤10C

从W开始作后中心线的垂直线，垂直线长度为18.8cm，得到点X。

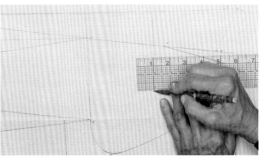

步骤11A

在X点，作一条平行于后中心线的辅助线，长度约为2.5cm。

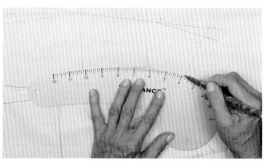

步骤11B

绘制后袖窿弧线，用曲线尺连接点V、X和K。与前袖窿弧线的绘制方式类似，后袖窿弧线分两步画顺，如图中所示，首先借助曲线尺连接点V与点X。

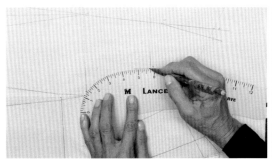

步骤11C

然后翻转曲线尺连接点X与点K。必要时用红笔重新画顺袖窿弧线。

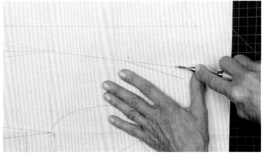

步骤12A

将滚轮沿着靠近后中心线的肩省道线滚动。

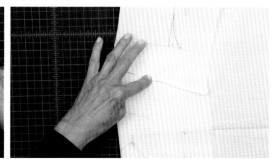

步骤12B

闭合肩省，闭合的楔形倒向后中心线，然后用胶带固定。

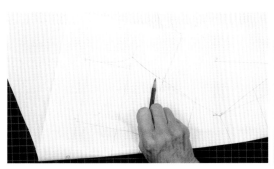

步骤13A

使用曲线尺和红笔，重新画顺后肩线。由于肩部是一个曲面，因此也需分两步完成。首先从颈部到肩省作一个轻微的弯曲。

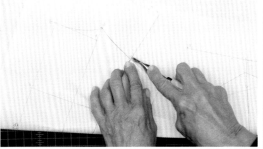

步骤13B

用滚轮在肩省位置滚动。

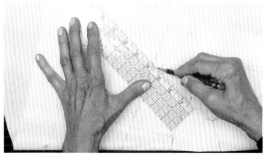

步骤13C

然后打开省道根据滚动的拓痕重新画顺肩线。

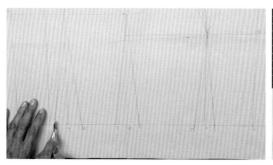

步骤1

用滚轮分别沿着最靠近前中心线的前腰省道线和最靠近后中心线的后腰省道线进行滚动。

步骤2

闭合前后肩省并用胶带固定。然后将前后肩线匹配，检查前后领口弧线要圆顺，否则，需用红笔和曲线尺重新画顺。

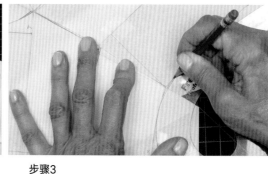

步骤3

同样，前后肩线与袖窿弧线相交的肩点位置也需按上述方法画顺。

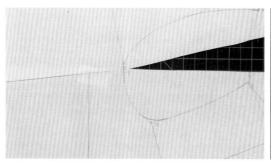

步骤4

取下肩省处的胶带，将前后侧缝对齐黏上胶带固定。同样用红笔将前后侧缝与袖窿弧线相交的腋点位置画顺。

步骤5A

闭合前后腰部省道并用胶带固定。然后用红笔和曲线尺画顺腰线，以保证腰线的平滑。

步骤5B

用滚轮在腰省位置进行滚动。

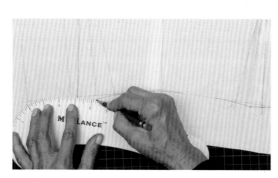

步骤5C

根据滚动的拓痕用红笔重新画出腰线上的省道。

模块5：
将印痕复制到牛皮纸上

步骤1

用熨斗熨平前后片纸样中的折痕，在没有蒸汽的情况下进行轻热定型。

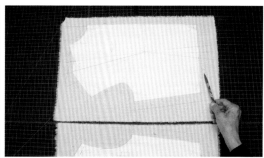

步骤2

然后将原型前后片放置于白坯布上，在侧缝和腰围线处增加2.5cm的缝份，在肩线、袖窿弧线和领口弧线处增加1.3cm的缝份。

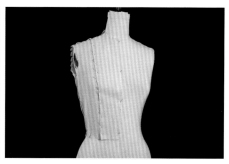

步骤3

将白坯布用珠针别合固定，通过人台或模特试穿，对不合适部位做出调整，并在纸样中对应的位置进行修改。

步骤4

将修改完成的最终纸样复制到牛皮纸上，并沿着轮廓线进行裁剪。

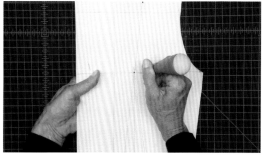

步骤5

用锥子在所有省尖点位置打孔。

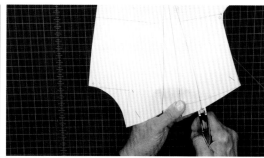

步骤6

然后借助剪口钳在所有省宽点上打剪口。

步骤7A

在复制完成后的牛皮纸样版上作标记"原型前片"和"6号"，或者其他尺码。后片也按照此方法作标记。

步骤7B

至此，有肩省的原型上衣制版完成。

与喇叭裙相连的紧身衣，2018巴塞罗那新娘周Carla Ruiz系列

模块6:
将紧身原型转换成带有松量的合体上衣原型

步骤1

在将紧身原型转换成带有松量的合体上衣原型前,需要先将前后片样版拓在白色版纸上。

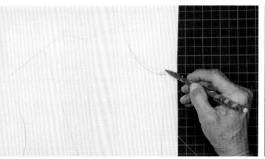

步骤2

将前颈点下落0.6cm,重新画顺前领口弧线。

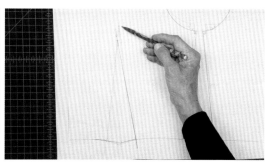

步骤3A

将后腰省尖点下落2.5cm,重新修正后腰省道线。

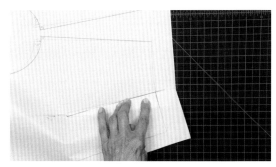

步骤3B

闭合后腰省,闭合的省量倒向后中心线,然后用胶带固定。

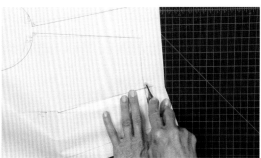

步骤3C

用滚轮在腰省位置进行滚动。

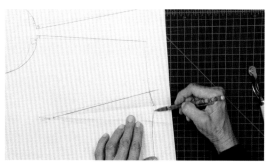

步骤3D

打开腰省,根据滚动的拓痕重新画出腰线上的省道。

步骤4

对于无袖上衣,需要将前后腋点下落1.3cm,向外延伸0.6cm,重新修正前后侧缝线。

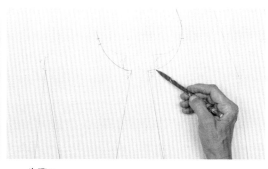

步骤5

对于有袖上衣,需要将前后腋点下落2.5cm,并向外延伸1.3cm,重新修正前后侧缝线。

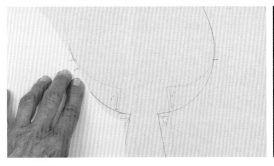

步骤6

借助袖原型在前后衣片的袖窿弧线上定出剪口位置。

步骤7A

将修改完成的最终纸样复制到牛皮纸上。

步骤7B

合体上衣原型制版完成。

152

自我检查

☐ 是否准确计算并记录了所有需要的部位尺寸？

☐ 是否把所有相交的位置都处理成直角？

☐ 前后片省道的位置是否合适？

☐ 在转换为牛皮纸样版之前，省道是否用熨斗熨烫平整？

☐ 有袖上衣的袖窿弧线处是否打了剪口？

肩省转移为侧缝省

学习内容

☐ 准备纸样——分别在前衣片的省尖点和胸高点处打孔，标出侧缝省位置；

☐ 复制上衣原型——将上衣原型复制到打版纸上，以胸高点为基准点进行转动，将肩省转移到侧缝；

☐ 修正纸样——将省尖点与省大点连接起来，画顺肩线，闭合侧缝省道，并修正侧缝。

工具和用品：

• 带肩省前片原型纸样（参考章节3.1）

• 白色打版纸——四周比原型大7.5cm

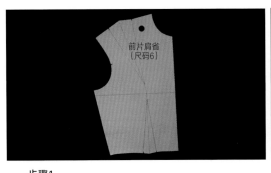

步骤1

首先，准备一个带有肩省和腰省的前片纸样（参考章节3.1）。

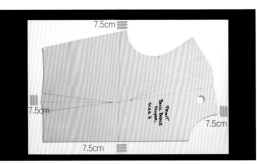

步骤2

接下来准备一张白色打版纸，打版纸四周尺寸均比前片纸样大7.5cm。

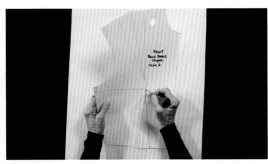

步骤3

然后使用锥子在肩省与腰省的省尖点以及胸高点处打孔。

步骤4

将肩省转移到侧缝省时，需要在腋点向下5cm处定出省位。

步骤5A

拓版时，从靠近前中心线的省位开始顺时针描版，为防止纸样转动，另一只手需要按住纸样。

步骤5B

继续描版，腰省也需要描出来。

步骤5C

描腰省时，不要忘了标记腰省的省尖点。

步骤5D

继续描版，当描到新的侧缝省时，需要用铅笔在白色打版纸上定出省位。

步骤6

将肩省转移至侧缝时，以胸围线上的胸高点为旋转中心，而不是以肩省尖点为旋转中心。

步骤7A

将笔尖放在胸高点，闭合肩省，将省道转移到侧缝。

步骤7B

肩省闭合后，继续描版。描版时记着标出袖窿弧线上的剪口。

步骤8

当描到侧缝省处时，在打版纸上作好标记。在从打版纸上拿开样版前，要确保所有的标记点都已在打版纸上标好。

模块2：
绘制省道

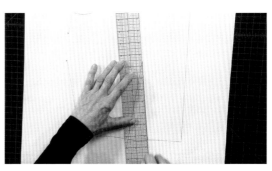

步骤1

首先，绘制腰省。将省尖点与腰线上省宽点位置连接，先连一侧省道线，再连另一侧省道线。

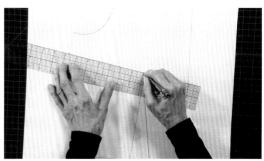

步骤2A

接着，将胸高点与靠近袖窿的省宽点连接。

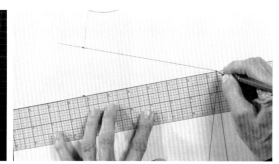

步骤2B

以胸高点为基准点转动直尺，画出另一条省道线。

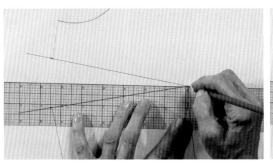

步骤3A

由于侧缝省的省尖点不在胸高点处，需要用红笔标记出距离胸高点2.5cm处的省尖点。

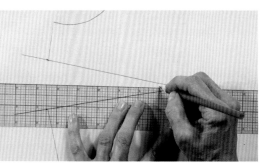

步骤3B

在省道中心线距离胸高点2.5cm处做出省尖点。

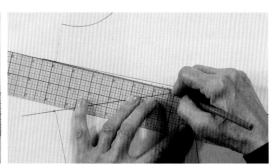

步骤3C

将省尖点与侧缝上的省宽点连接做出上侧缝省线。

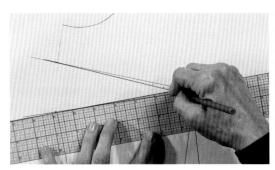

步骤3D

以省尖点为中心转动直尺，画出下侧缝省线。

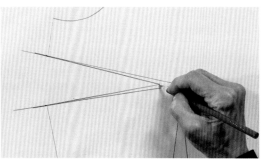

步骤3E

在侧缝省的省尖点作标记。

模块3：
修正衣身

步骤1

绘制肩线。在肩省转移后，肩线位置也会发生变化，因此需要使用红笔重新修正。

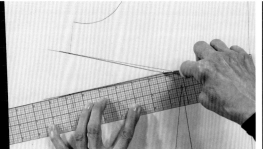

步骤2

用锥子确定新的省尖点，然后从省大点向新的省尖点画新的省道线。

步骤3

用手沿下省道线折叠，闭合省道，使省道的楔形倒向腰围线方向。

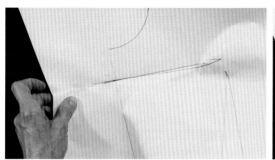

步骤4

如图所示，闭合省道，只在侧缝处黏上胶带固定即可。

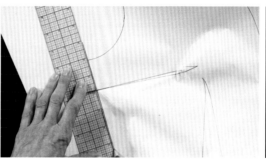

步骤5A

用红笔和直尺修正侧缝，将腋点和腰围线重新连接起来。

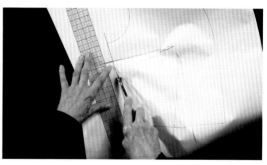

步骤5B

用滚轮在新侧缝上的省道位置滚动。

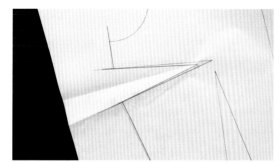

步骤6A

取下胶带，将侧缝省展平。

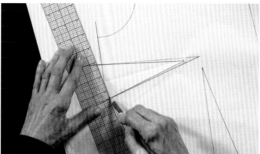

步骤6B

用红笔在省道开口处沿滚动的痕迹描线。

步骤7A

在拓片上注明："有侧缝省上衣原型6号"，或标注其他尺寸。至此，上衣肩省转侧缝省完成。

自我检查

☐ 有肩省上衣原型复制得精确吗？

☐ 肩省转移时，有没有把胸高点作为旋转点？

☐ 修正侧缝前，侧缝省是否已闭合好？

☐ 有没有对侧缝省、腰省的省尖点做调整？

出自中国时装周伊夫·希蔽的简单却不失优雅的单腰省裙装，2017/2018秋冬

前肩省转移为腰省

学习内容

☐ 在前衣片的省尖点和胸高点处打孔；

☐ 将原型复制到打版纸上，以胸高点为基准点将肩省转移为腰省；

☐ 修正纸样——绘制省线，修顺肩线，闭合腰省，调整腰围线。

工具和用品：

• 有肩省上衣原型前片（参见章节3.1）

• 白色打版纸——比原型衣片的各边长多出7.5cm

模块1：
省道转移

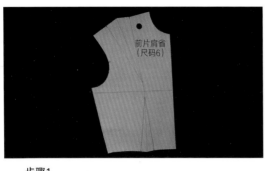

步骤1
准备带有肩省和腰省的上衣原型前片（参考章节3.1）。

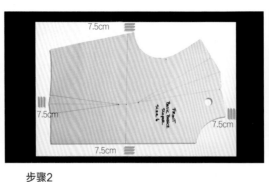

步骤2
准备一张白色打版纸，打版纸尺寸至少比前衣片的四边多出7.5cm。

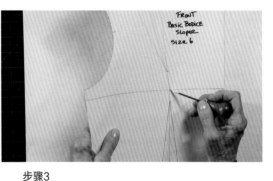

步骤3
本节把肩省转移为腰省。开始前，用锥子分别在省尖点和胸高点处打孔。

步骤4A
从靠近前中心线的肩省宽点开始描边，同时用另一只手按住衣片防止转动。

步骤4B
继续沿着原型的轮廓描版，到靠近前中线的腰省剪口位置停止。

步骤5A
在胸高点作标记，并以此作为旋转中心，而不是省尖点。

步骤5B
用笔尖按住胸高点，准备闭合肩省。

步骤5C
当转动衣片闭合肩省时，其省量会被转到腰省。

步骤6A
肩省闭合后，继续从靠近袖窿的肩省宽点描版。描版时记着标出袖窿弧线上的剪口。

步骤6B

继续顺着原型轮廓描版，描到腰省靠近侧缝一侧的省宽点处结束，并在该点作好标记。从版纸上拿开原型样版前，确保所有的标记点都已在打版纸上标好。

自我检查

☐ 是否在样版的胸高点、省尖点处打孔？

☐ 转移肩省前，是否在肩省、腰省靠近前中线的位置作标记？

☐ 闭合肩省时，是不是以胸高点作为旋转点而非省尖点？

☐ 有没有对腰省尖点做调整？

☐ 在画腰围线前，腰省的闭合方向正确吗？

模块2：
修正腰省

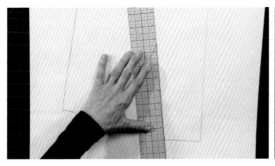

步骤1

画腰省时，将省尖点与省宽点依次连接绘制出两边省道线。

步骤2A

由于省尖点不能位于胸高点，故用直尺和铅笔将省尖点缩短2.5cm。

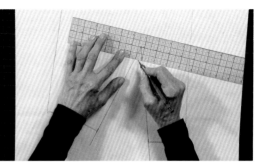

步骤2B

在省角中心线上，从胸高点量取2.5cm处标点。

步骤2C

在省尖点以下2.5cm处找到两条省道线的中间点。

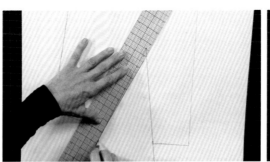

步骤2D

用红笔将新的省尖点与一侧省宽点连接起来。

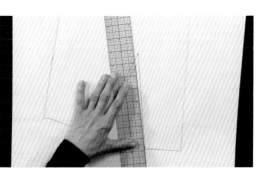

步骤2E

同样用直尺将另一边省道线画出。

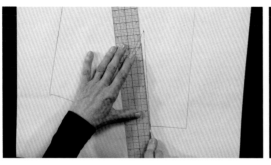

步骤1

用锥子沿靠近前中线一侧的省道线从省尖点到腰围线画线。

步骤2

重新放置衣片，沿着画线折叠省道使其闭合，省道的余量朝前中方向移动。

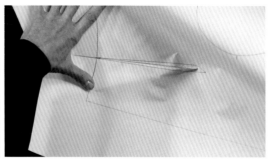

步骤3

如图所示，用胶带将省道沿着省道线和腰线外侧闭合。

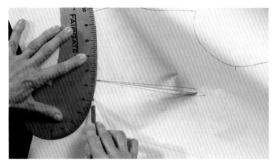

步骤4

用曲线尺、红笔将腰省处弧线画顺。

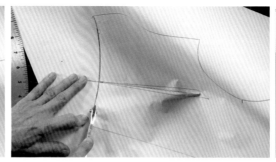

步骤5

用滚轮沿腰部弧线从前中线到腰省拓片。

步骤6

撕去胶带，将腰省展平。

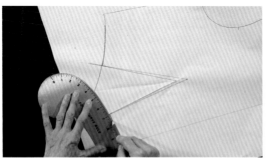

步骤7

现在，沿着拓痕画出腰省开口缝合线。

步骤8

然后用红铅笔重新画出上衣的肩线。

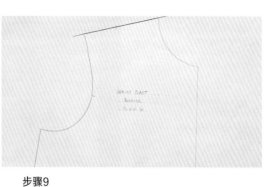

步骤9

在打版纸上标注"单腰省上衣前片，尺码6"，或其他尺码。这样前衣片的肩省转移至腰省就完成了。

将胸省转移到袖窿，这是另一种转移胸省的方式，出自Devota & Lomba，2017春夏

前肩省转移为袖窿省

学习内容

将衣身前片的胸高点以及省尖点处打孔，并确定袖窿省位置；

将纸样拓在纸上，以胸高点为原点将前肩省转到袖窿后需要重新确定袖窿省大；

修正纸样，确定袖窿省尖点位置，修顺肩线，闭合袖窿省后修顺袖窿弧线。

工具和用品：

- 带前肩省的衣身原型（参考章节3.1）
- 白色打版纸——四周比原型长约7.5cm

步骤1

在本章节，需要先准备有肩省和腰省的上衣原型前片。

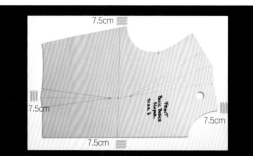

步骤2

还需要准备一张白色打版纸，如图所示打版纸的4个边缘需要距离纸样7.5cm。

步骤3

在省道转移之前，需要先用锥子在省尖点与胸高点处打孔。

步骤4

由于本章节主要讲的是如何将肩省转移到袖窿，因此需要在袖窿弧线的中点处下落2cm作定位标记。

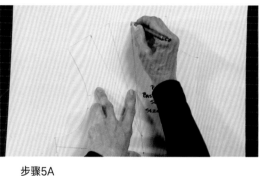

步骤5A

从离前中线近的肩省宽点开始描版将纸样拓在纸上。描版时，另一只手要用力按住纸样。

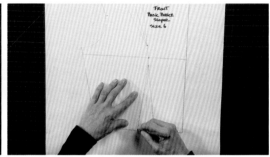

步骤5B

继续沿着纸样轮廓进行拓版，注意腰省宽点位置要在白纸上标记出。

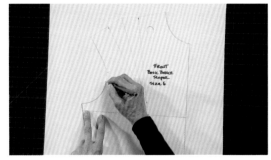

步骤5C

当描到袖窿标记点时需要停下，将定位标记点标记在版纸对应的位置上。

步骤6

在版纸上标记出腰省的省尖点。

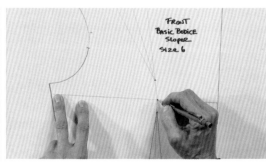

步骤7

然后标记出胸高点，在进行肩省转移时就是以此点作为基准点进行转移。

步骤8A

检查一下看是否所有的标记点都已经在版纸上标记出来。接下来将肩省闭合，此时肩省量就会转化为袖窿松量。

步骤8B

把肩省闭合后，检查此时的衣身是否平衡。

步骤8C

从肩省闭合的位置开始，沿着肩线、袖窿弧线继续拓版，当描到袖窿定位标记点处时停止，将定位标记点标在打版纸对应的位置上。在拓完样版拿开原型之前，一定要检查所有的标记点、结构线是否都已经拓在打版纸上。

模块2:
修正省道

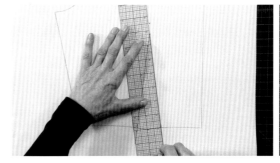

步骤1

将腰省宽点与省尖点进行连接，先画出一条省道线，再使用直尺以省尖点为原点进行转动，画出另一条长度相等的省道线。

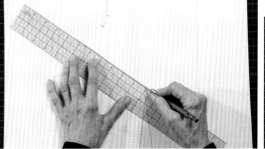

步骤2A

接下来修正袖窿省。首先将袖窿弧线上偏下的标记点与胸高点进行连接画出一条省道线。

步骤2B

再将直尺沿着该省边以省尖为原点进行转动，经过袖窿偏上的标记点画出另一条长度相等的省道线。

步骤3A

由于胸省的省尖点不能与胸高点重合，因此需要将袖窿省尖点定位到距离胸高点2.5cm处。

步骤3B

在省道的中心线上距离胸高点2.5cm处用红笔作新的袖窿省尖点。

步骤3C

用红笔画出新的袖窿省，首先将袖窿弧线上偏下的标记点与上一步确定的省尖点连接画出省道线，再将直尺沿着该省道线以省尖为原点进行转动，画出另一条长度相等的省道线。

步骤3D

将袖窿省尖点标记清楚。

模块3：

修正衣身

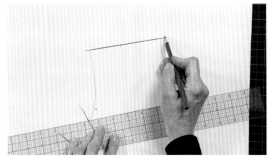

步骤1

用红笔重新修正肩线。

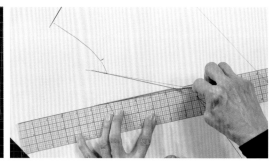

步骤2

用锥子沿着下面的袖窿省道线进行描画。

步骤3A

闭合袖窿省，省道的楔形置于纸样背面。

步骤3B

将袖窿省道线闭合后，用胶带黏在袖窿弧线上的省道处固定。

步骤4

使用曲线尺和红笔将袖窿省道口修顺，使整个袖窿更加圆顺。

步骤5A

用滚轮在袖窿省位置进行滚动。

Mari Axel通过将胸省转移到袖窿，在肩部做了一个拼接设计，2013Mari Axel春夏系列

步骤5B

取下胶带，将袖窿省展平。

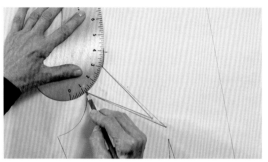

步骤5C

沿着滚轮的拓痕，借助曲线尺用红笔描出修顺。

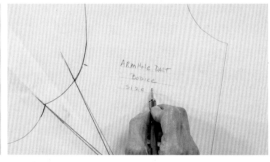

步骤6

在画好的纸样上标明"袖窿省上衣原型"和"尺码6"，或者使用的其他号型。至此，肩省转袖窿省的所有步骤已经完成。

自我检查

☐ 袖窿省的位置是否合适，有没有偏高或偏低的情况？

☐ 在进行转省之前，所有的标记点是否在白色打版纸上标出？

☐ 转肩省时是不是将胸高点作为旋转中心而不是从省尖点？

☐ 在闭合袖窿省后有没有重新修正袖窿弧线和肩线？

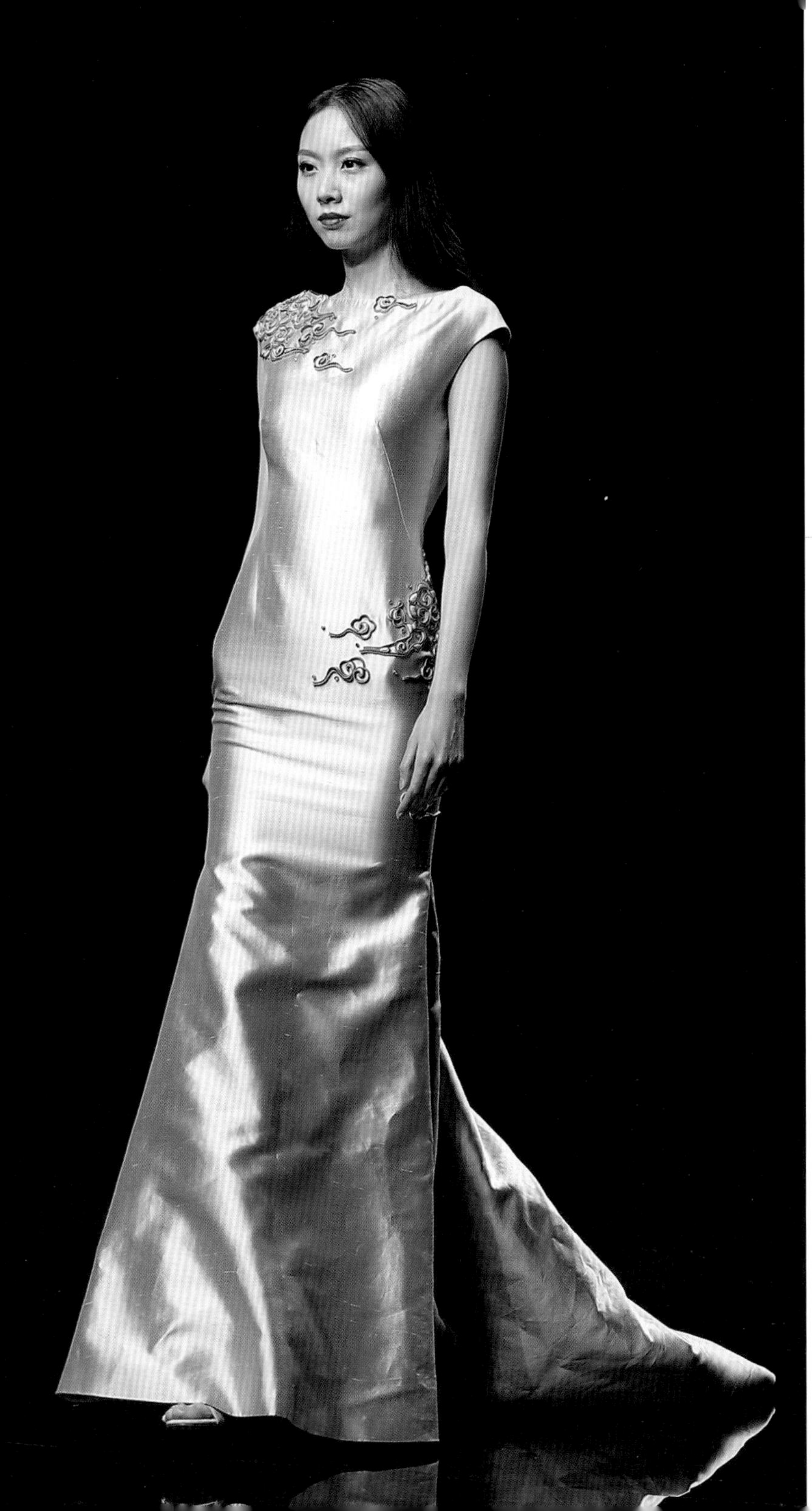

正如Fei Gallery & Boutique孙雪飞展出的这件有法式省的连衣裙，转省提供了许多设计可能性，2016Fei Gallery & Boutique春夏系列

3.5

双省道转移的衣身变化（领省和法式省）

学习内容

- 准备纸样——在打版纸上描出上衣原型，标出胸高点，修正腰省和肩省；
- 设计新省道——标出领省和法式省的位置，绘制出新省道；
- 转移省道——剪开省道线，将纸样固定到第二张打版纸上，闭合现有省道，将省量转移至新省的位置；
- 衣身修正——绘制省道线，闭合法式省并绘制侧缝线，闭合领省并绘制领围线，修正腰围线和袖窿弧线。

工具和用品：

- 有肩省的上衣原型前片（参见章节3.1）
- 两张白打版纸——比原型衣片的各边长出7.5cm以上

步骤1

在本章节，需要准备带有肩省和腰省的衣身原型（参考章节3.1）。

步骤2

准备两张白色打版纸，第一张比衣身原型稍微大一些即可，本节所使用的衣身原型长51cm，宽33cm。

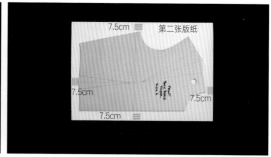

第二张版纸的4个边缘需要距离衣身原型7.5cm。

打版纸尺寸为长66cm，宽48cm。

步骤3A

将原型拓在第一张打版纸上，包括省宽点。

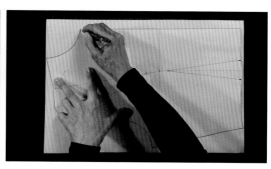

步骤3B

在打版纸上标记出胸高点，然后描出整个原型。

步骤3C

如果省尖点没必要标出的话，仅仅标记胸高点即可。

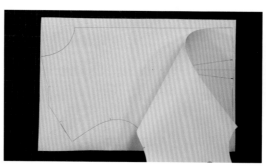

步骤4

用一只手按住原型，将原型一边拿起，检查所有的标记点和结构线是否都描在白纸上。检查完之后拿开原型纸样即可。

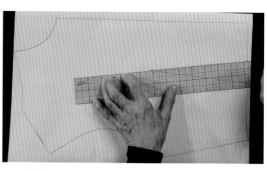

步骤5

修正腰省，将腰省宽点与胸高点连接。

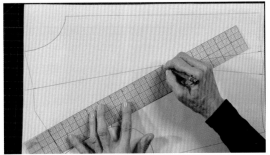

步骤6

修正肩省，将肩省宽点与胸高点连接。

步骤7

剪去版纸上原型周围多余的部分。

模块2：

绘制领省和法式省

步骤1

在画好的原型上标记出领省的位置，在距离前中心线
3.8cm的领口弧线上作定位标记。

步骤2

确定法式省的位置，沿侧缝在距离腰围线向上3.8cm
的位置作定位标记。

步骤3A

将腰省转移成为法式省。

步骤3B

将肩省转移成为领省。

步骤4

使用红笔和直尺连接领口标记点与胸高点。

步骤5

同样把侧缝法式省的标记点与胸高点连接。

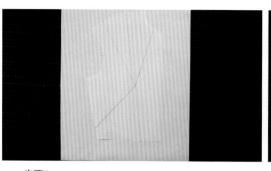

步骤1

把做好的衣身原型放在模块1中准备的第二张较大打版纸的中间位置。

步骤2A

接下来将离前中线较近的那条腰省道线剪开。

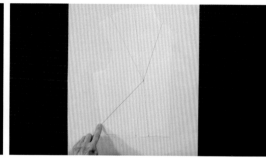

步骤2B

同样剪开法式省的省道线。

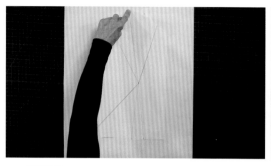

步骤2C

剪开离前中线较近的肩省道线。

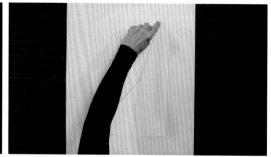

步骤2D

剪开领省道线。

步骤3A

腰省道线剪到离胸高点3mm的位置。

步骤3B

法式省道线也是剪到离胸高点3mm的位置。

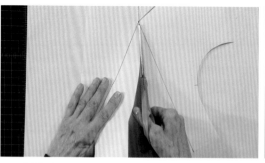

步骤3C

同样肩省道线也是剪到离胸高点3mm的位置。

步骤3D

最后剪开领省道线，也是剪到离胸高点3mm的位置。

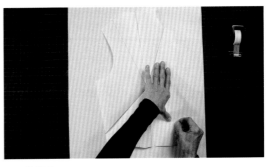

步骤3E

一定要注意所有的省道线都不能剪到胸高点，所有的裁片都要与胸高点连接到一起。

如果连接点断了，要用胶带粘到一起。

步骤4

沿着前中线，将纸样固定到下面的白纸上。

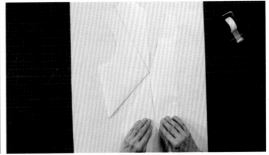

步骤5A

如图中所示，将肩省闭合，此时肩省量就会转化为领省量。

步骤5B

闭合肩省，在靠近肩线的位置贴上胶带，并一起粘到纸上，再在领省的位置贴上胶带，同样粘到纸上。

步骤6A

接下来，闭合腰省，这时侧缝处会展开形成法式省。

这时需要将前中线处胶带拿开重新粘以保证腰围线水平。

步骤6B

将纸抚平，在腰省的位置用胶带粘住固定在版纸上。

步骤6C

在领省处贴上胶带将衣身固定在打版纸上。

步骤6D

用手抚平纸样，在侧缝的腋下位置贴上胶带固定在打版纸上。

步骤6E

在法式省的另一个省道线位置贴上胶带。

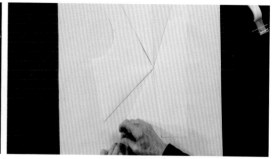

步骤6F

最后在侧缝与腰围线的相交处贴上胶带。

模块4：
修正省道和衣身

步骤1A

由于省尖点不能与胸高点重合，故换用蓝笔标记省尖点位置。

步骤1B

由胸高点沿省道中心线量取2.5cm，作标记。

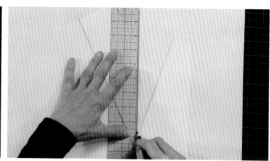

步骤2A

将新的省尖点连接到领省一侧的省宽点，绘制出一侧省道线。

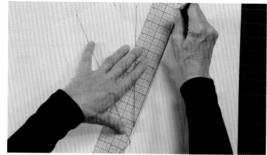

步骤2B

绘制另一侧的省道线。

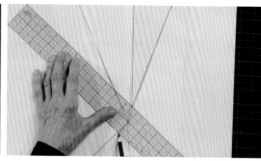

步骤3A

绘制法式省，由胸高点沿省道中心线量取2.5cm，作标记。

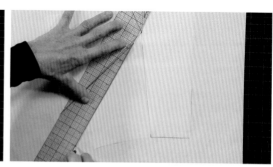

步骤3B

将法式省的省尖点连接到省宽点，依次绘制出两边的省道线。

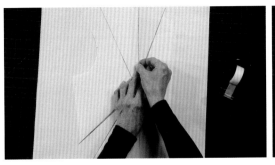

步骤4A

在修正省道之前，必须用更多的胶带来固定住它们。

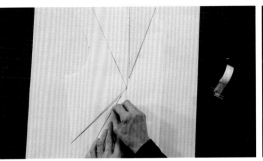

步骤4B

用胶带固定住所有省道的省道线。

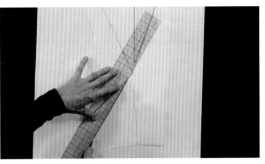

步骤5A

用锥子沿法式省的下省道线从省尖点到省宽点画线。

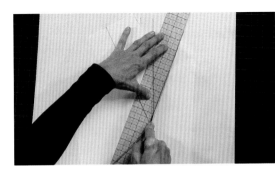

步骤5B

沿靠近前中线的领省道线从省宽点到省尖点画线。

步骤6A

将法式省沿省道线折叠并闭合，将侧缝线对齐，省道的楔形朝下。

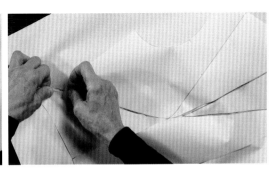

步骤6B

用两片胶带固定住省道。

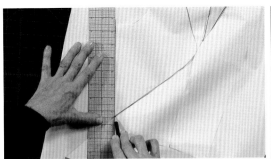

步骤6C

使用直尺和蓝笔对侧缝进行重新修正。

步骤6D

现在使用滚轮来修正侧缝处法式省部分。

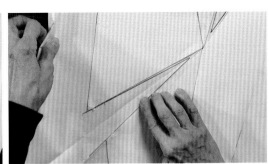

步骤6E

取下胶带，将法式省展平。

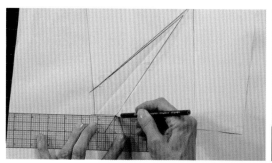

步骤6F

沿着滚动的拓痕，用蓝笔画出法式省的开口缝线。

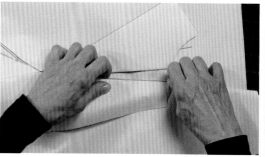

步骤7A

闭合领省，省道楔形朝前中线方向。

步骤7B

用胶带将领省沿省道线固定。

步骤7C

用曲线尺重新调整领围线上的省道。

步骤7D

用滚轮从前中线到领省沿领围线拓线。

步骤7E

取下胶带，展平领省。然后按照拓出的线迹对领围线进行修正。

模块5：

完成制版

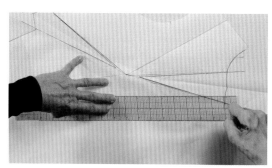

步骤1

用蓝笔从衣片的前中线开始对线条进行修正。

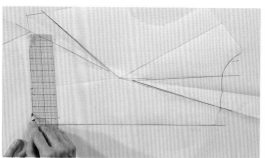

步骤2A

在腰围线画出一条前中线的垂线。

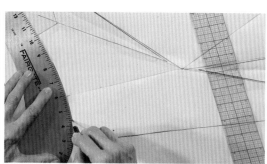

步骤2B

用曲线尺来调整腰围线。

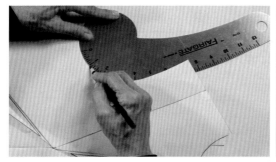

步骤3A

接着，修正袖窿弧线。重新调整袖窿处的造型曲线，绘制出平滑的袖窿弧线。

步骤3B

在袖窿弧线与侧缝的交点处成直角。

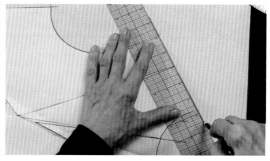

步骤4

接下来，修正肩缝，确保肩线与袖窿弧线的交点处呈直角。

步骤5A

将肩线与领围线部分向后折叠，并剪掉部分省道开口，这样就可以修正领围线了。

步骤5B

根据肩部和袖窿部分的造型用曲线尺画顺领围线。

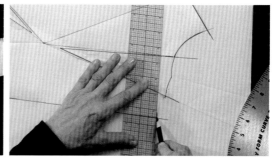

步骤5C

用直尺在前中线与领围线交点处画一条垂线段，长度约0.6cm。

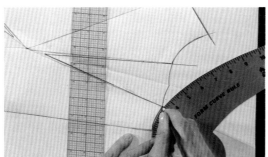

步骤5D

修正领围线与0.6cm线段连接在一起。

步骤6

标记袖窿弧线上的剪口。

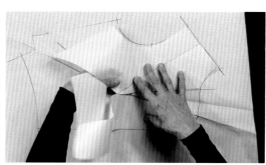

步骤7

标记好所有必要的点后，取下纸样。

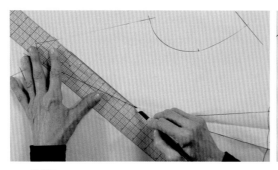
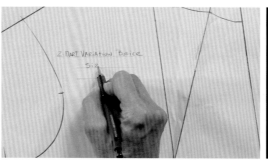
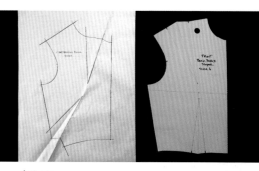

步骤8
用蓝笔和直尺将所有缺少的线段补正。

步骤9A
在衣片上标注"双省道变化衣身"。

步骤9B
至此，已将衣片的肩省与腰省转换为领省与法式省。

自我检查

☐ 当把纸样复制到牛皮纸上时，是否标记了胸高点而非省尖点？

☐ 标记新省道位置时是否胸高点重合了？

☐ 有没有在距离胸高点不超过 0.2cm 处作新省道线？

☐ 是否对新的省尖点做调整？

☐ 闭合新省后，是否对领围线和侧缝重新做了调整？

后肩省转为后领省

学习内容

☐ 准备好打版纸，在后衣片样版上标出新的省位，在腰省的省尖点打孔；

☐ 将样版拷贝到打版纸上，以腰省尖点为旋转中心，将肩省的余量重新分配到后领省处；

☐ 修正衣片——调整腰省，绘制后领省，修正肩线和后领口线。

工具和用品：

• 有肩省的上衣原型后片（参见章节3.1）

• 打版纸——比原型衣片的各边长多出7.5cm

后肩省转移为后领省案例

步骤1

本节将用到带有肩省的后片（参见章节3.1）。

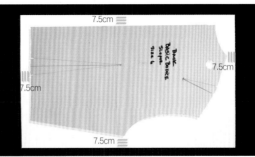

步骤2

打版纸尺寸要比原型衣片的各边长多出7.5cm。

步骤3

把后肩省转移到领围线。首先在牛皮纸原型的后领围线处作标记，在距离背中线与领围线的交点2.5cm处做后领省。

步骤4

用锥子在后腰省的省尖点打一个小孔。

步骤5A

下一步，在打版纸上描出后片。从靠近袖窿的省宽点处开始描边。

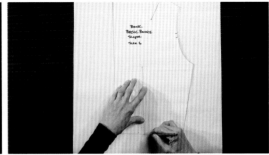

步骤5B

继续沿衣片描边，包括各处的剪口。

步骤5C

标记后腰省的省尖点位置。

步骤5D

继续在打版纸上沿后片边缘描边，一直描到衣片领围线的后领省。在纸上标出后领省的位置。

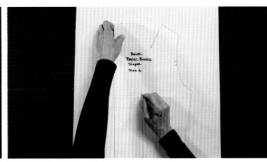

步骤6A

将笔尖按住腰省尖点的小孔处，用另一只手转动后片。

步骤6B

闭合肩省时，将样版以省尖点为中心向右转动。此时肩省的余量会被转移到领部。

步骤6C

现在继续描边，从靠近后中线的省宽点开始，到后片的领省标记点结束。

步骤6D

在打纸版上作标记，使其与新的后领省标记点对齐。

步骤7

检查是否已标记所有的点，然后移走后衣片。

小技巧：

记住，当后肩省转移到后领时，始终以腰省尖点为旋转中心，而非从肩省点。

模块2：

标记省道

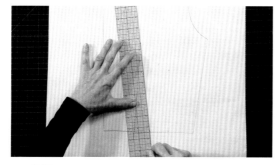

步骤1

首先，标出腰省。连接省尖点与省宽点，依次画出两边腰省道线。

步骤2A

现在，把腰省尖点与靠近后中线的后领省相连。

步骤2B

用直尺从省尖点到稍超出后领省标记点的位置画一条线。

步骤3A

重新放置直尺，在距离肩线7.5cm处，沿着省位线作标记。该标点即为后领省的省尖点。

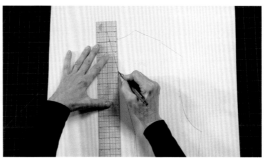

步骤3B

完成另一侧的省道线。

模块3：
修正后衣片

步骤1A

由于将后肩省移到领部，需要重新调整肩缝位置。用红铅笔和曲线尺修顺领部到肩部中间接缝的曲线。

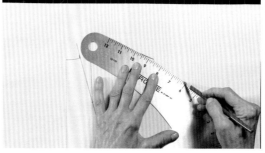

步骤1B

翻转曲线尺调整袖窿到肩部中间的曲线。

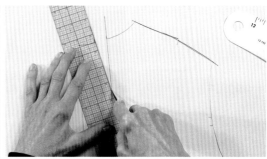

步骤2A

现在用锥子沿领省靠近后中的省道线画线。

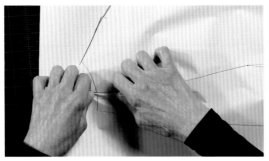

步骤2B

将省道沿该画线折叠闭合，省道的楔形朝向后中线的方向。

步骤2C

用一小块胶带沿省道线固定省道。

步骤3A

用红铅笔和曲线尺重新调整后领口弧线。

巴黎时装周的系列设计中，Thom Browne在一款夹克
上将后肩省重置于公主缝中，2018/2019秋冬

步骤3B

用滚轮修正后领口省道处弧线。

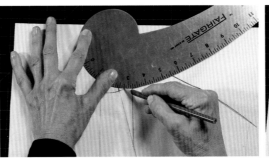

步骤3C

取下胶带，省道展平，用红铅笔和曲线尺画顺领省开口处曲线。

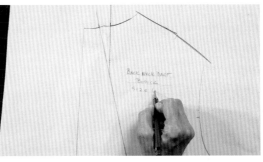

步骤4A

在衣片上注明"带领省的后片"和所需尺寸。

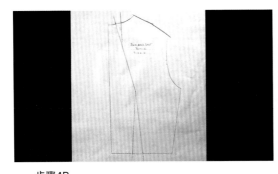

步骤4B

至此，衣片肩省转至后领省的所有操作已完成。

自我检查

☐ 后领省的位置是否标记正确？

☐ 有没有在后腰省尖点打小孔？

☐ 转移肩省时，绘制起止点是否精确？

☐ 有没有把新后领省以腰省尖点为旋转中心并连接起来？

☐ 领省和领围线的修正是否合体？

多伦多时装周 Mats 出品的修身连衣裙，2013秋季

衣身原型改成
合体衣身样版

学习内容

☐ 准备纸样——准备好版纸，在纸上描出原型轮廓，标记好基础线和省尖点位置；

☐ 绘制衣身省道——画出现有省道，确定新的省道位置；

☐ 完成纸样——修正侧缝，绘制并调整新省道，添加辅助线，裁剪样版；

☐ 转移到白坯布——增加缝份，在白坯布上描出样版轮廓，固定好纸样，剪开省道，检查衣服结构是否合体。

工具和用品：

• 有肩省的前后衣片（参见章节3.1）

• 白打版纸——尺寸为56cm×71cm

• 试身用的白坯布（或印花布）

• 人台

步骤1

本节将用到章节3.1中绘制的有肩省的前后片。

步骤2

准备一张长为71cm、宽为56cm的打版纸。

步骤3

让纸张的长度一侧指向自己，在距离边缘2.5cm处画一条线。

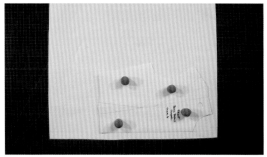

步骤4A

将样版的前中线沿宽度方向2.5cm处画线对齐。用压铁将原型固定在桌子上。

步骤4B

在打版纸上描出前片。一定要标记好所有的省位和剪口。

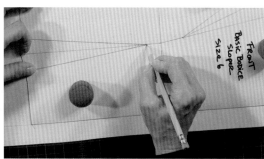

确保省尖点也已被标记。

步骤4C

作好胸围线上的标点。然后将原型从打版纸上拿开。

步骤5A

把直角尺放在前胸围线标点上，然后作位置标记。

步骤5B

在宽度方向上过标记点作前中线的垂线。

步骤5C

下一步，把直角尺放在胸围线与前中线的交点处。

步骤5D

依据胸围线的画法，过该点在宽度方向上画一条直线，该直线即为新的腰围线。

步骤6

从前腰围线下量18cm，画一条前中线的垂线，该线即为衣身原型的臀围线。

步骤7A

现在，从侧缝与袖窿的交点向臀围线画一条垂线，即为侧缝辅助线。

步骤7B

翻转直角尺，将其置于胸围线上，并将侧缝辅助线延长到打版纸顶部。

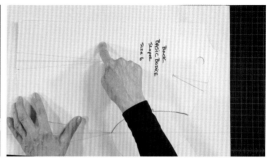

步骤7C

现在把后片和前片袖窿对齐，把后片胸围线和打版纸胸围的辅助线对齐，如图所示。

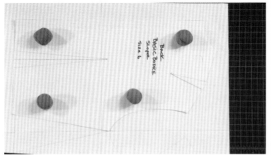

步骤7D

用压铁将后片固定。

步骤7E

在打版纸上描出后片轮廓线，记着标出袖窿处和省道处的剪口。

步骤7F

确定也标出后片的省尖点，取下压铁和后片样版。

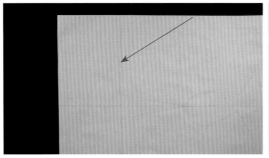

步骤7G

不用担心原型前后片的腰围线会低于打版纸上腰围辅助线。

步骤8A

作一条胸围线的垂线，并将后中线延长至臀围线。

步骤8B

在胸围线将直角尺翻转过来，并将后中线延伸到版纸顶部，并标注为CB。

模块2：

绘制衣身省

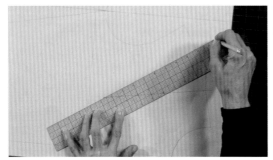

步骤1A

开始画前肩省。

步骤1B

接着，画出前腰省。

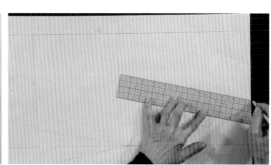

步骤2A

画出后肩省。

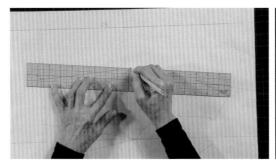

步骤2B

画出后腰省。

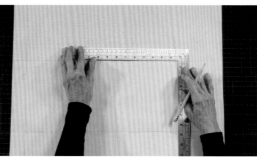

步骤3A

转动版纸方向，让臀围线和腰围线朝向自己。沿前腰省中心线作胸围线的垂直线。

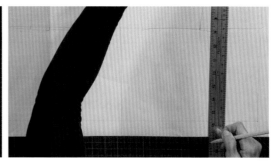

步骤3B

垂直线一直延长至打版纸底端。

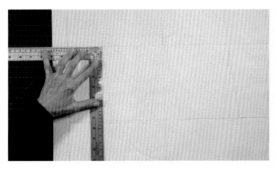

步骤4A

重复前面步骤来绘制后片，沿后腰省中心线做胸围线的垂直线。

步骤4B

将垂线一直画到打版纸底部。

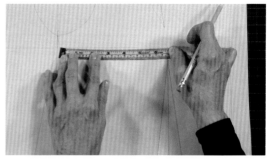

步骤5A

用卷尺沿前胸围线测量胸高点与侧缝之间的距离。

把卷尺对折，找出胸高点到侧缝距离的中点，并作标记。该点就是前片省位点。

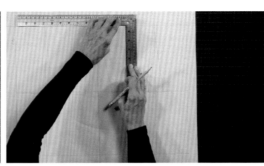

步骤5B

从省位点向版纸底端作胸围线的垂线段。

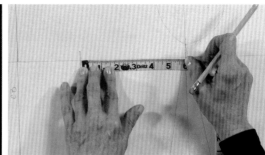

步骤6A

在后片重复该步骤。用卷尺测量后省中心线到侧缝间的距离。

小技巧：

合体的衣身样版有两个前腰省和两个后腰省，用来满足侧缝和腰部的造型。但对于不合体的衣身样版，可忽略腰省部分，即不用塑造腰部形态，仅仅使用侧缝辅助线，最终得到一个箱式原型。

步骤6B

把卷尺对折，找到后腰省中心线到侧缝间的中点，并标好点。该点就是后片省位点。

步骤6C

从省位点向版纸底端作垂线。

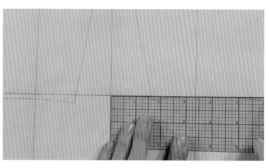

步骤7A

沿腰围线测量前片侧缝与侧缝辅助线间的差值。记下测量值。

实际测量值为4cm。

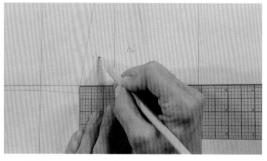

步骤7B

现在测量后腰与侧缝辅助线间的差量，并记下测量值。实际测量尺寸为3.8cm。

步骤7C

取前后片的侧缝差量最小值，然后除以3。在此例中结果为1.3cm。该数值即为侧缝的内收量。

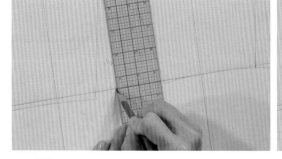

步骤7D

测量腰围线处两侧侧缝辅助线的尺寸，并用红笔在1/3的位置标出。具体尺寸为1.3cm。这将成为新的侧缝。

步骤7E

绘制后侧腰省中心线，在其两侧测量并标记三分之一的尺寸。

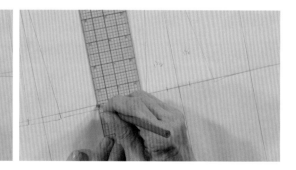

在示例中，后侧腰省中心线的两边做1.3cm标记。

步骤7F

取前侧腰省总差量4cm，减去1/3后片省道测量值1.3cm，总共2.7cm。将该测量值均分后得到省道余量，并在前侧腰省中心线的两侧进行标记。计算尺寸为1.4cm。为方便演示，将使用1.5cm进行测量。

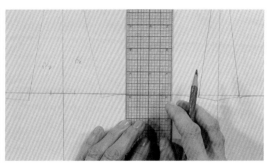

步骤7G

在前侧腰省中心线的两侧，标出其省宽量。

实际省宽量为1.5cm。

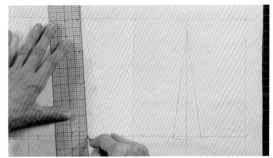

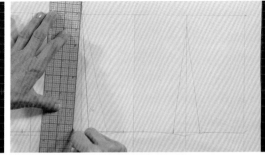

步骤1A

用红笔将前片中的腋点与腰围线上新的侧缝标记点进行连接。

步骤1B

同样将后片中的腋点与腰围线上新的侧缝标记点进行连接。

步骤1C

在新的前后侧缝线旁标注"剪切线"。

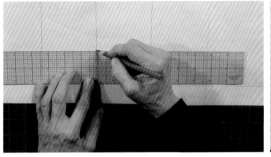

步骤2A

在修正侧缝线前，需要沿着侧缝辅助线从下摆向上5cm作出标记。

步骤2B

首先修正前片中的侧缝线，用红笔和曲线尺将下摆向上5cm的标记点与腰围线上新的侧缝标记点连接，在曲线尺上标记出两个点的位置。

步骤2C

修正后片中的侧缝线，将曲线尺上标记的两个点分别置于后片下摆向上5cm的标记点与腰围线上新的侧缝标记点处，绘制侧缝，以保证前后侧缝是完全对称的。

模块3：
修正侧缝和省道

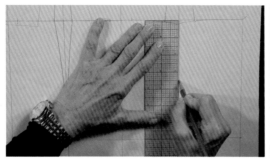

步骤3A

从腰围沿前腰省的中心线下量9cm作标记。

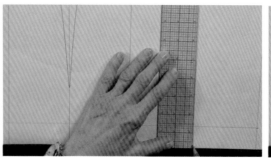

步骤3B

在上述标记点一侧量取0.6cm，作该省道中心线的平行线与下摆相交。

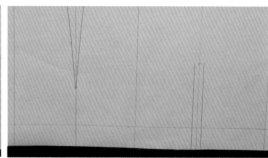

如图所示，在该省道中心线的另一侧作同样的平行线。

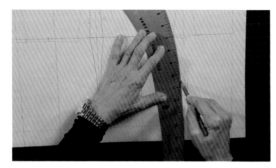

步骤3C

接下来，用红笔和曲线尺将腰围线上的省宽点与前腰省中心线向下9cm的标记点进行连接，在曲线尺上标记出两个点的位置。

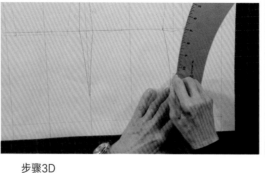

步骤3D

将曲线尺上标记的两个点分别置于省道中心线另一侧的省宽点与向下9cm的标记点处，绘制另一侧的省道线。

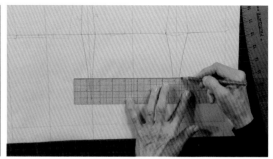

步骤3E

将省道中心线两侧的向下9cm的标记点连接。

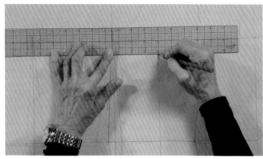

步骤4A

绘制前侧腰省。从胸围线沿省道中心线下落2.5cm，作为省尖点。

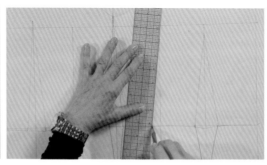

步骤4B

将省尖点与腰围上省宽位置标记点进行连接。

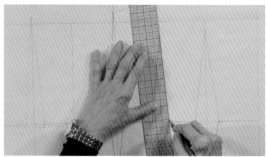

步骤4C

以省尖点为基准点转动直尺，标记省道另一侧省宽点的位置。

步骤4D

从腰围沿前侧腰省的中心线向下量取7.5cm，作为省尖点。

步骤4E

完成腰围线下的前侧腰省绘制。连接省尖点与腰围上省宽位置标记点，注意两侧的省道线应该保持对称，绘制方法与前中心腰省的绘制方法相同。

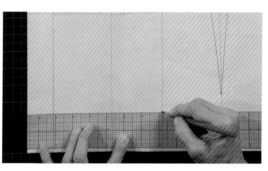

步骤5A

接下来绘制后中心腰省。

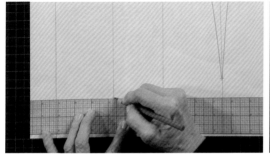

省尖点位于臀围线向上2.5cm处。

步骤5B

将省尖点与腰围线上的省宽位置标记点进行连接。绘制方法与前片腰省的绘制方法相同，要保证省道线是完全对称的。

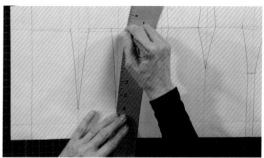

步骤5C

绘制后侧腰省。

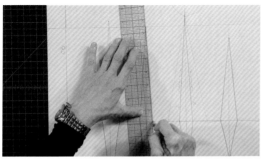

步骤5D

绘制腰围线以上部分的后腰省，连接省尖点与腰围上省宽位置标记点，绘制方法与前中心腰省的绘制方法相同。

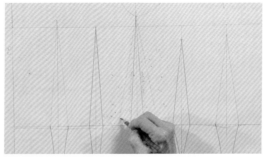

步骤6

为便于区分各个省，将每个省用红笔描出。

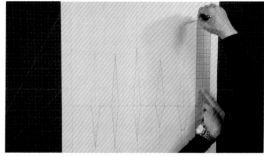

步骤7A

在距离前中心线2.5cm的位置标上经纬向线。

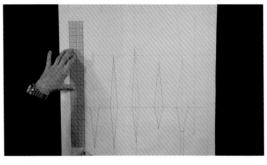

步骤7B

在衣身样版上添加辅助线，同样在距离后中线5cm处。

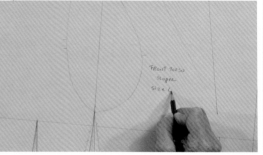

步骤8A

在前衣片上标注"衣身样版前片，尺码6"，或其他适合的尺码。

步骤8B

在后片上标注"衣身样版后片"，以及适合的尺码。

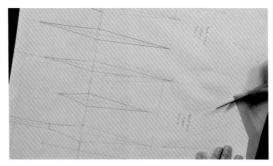

步骤9A

小心地把衣身样版从版纸上剪下来。

步骤9B

当裁剪到前侧缝时，一定要沿着红线标示的新侧缝处剪。

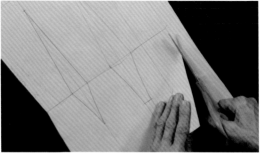

步骤9C

沿着臀围线和前中线继续裁剪前片。

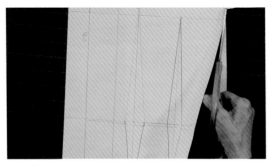

步骤10A

裁剪到后片样版时，再次确保沿着新的后侧缝线裁剪。

步骤10B

继续沿外轮廓线裁剪后片。

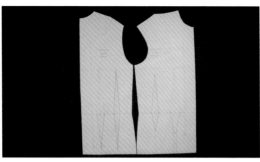

步骤11

图中即为已做好的衣身样版前后衣片。

模块4：
制作原型样衣

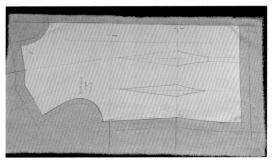

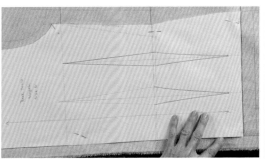

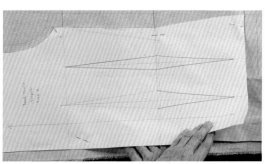

步骤1A
在绘制完原型样版后需制作成白坯布样衣来检查样版是否合体。首先添加前片纸样的缝份，肩线、前中心线、侧缝线、下摆均加2.5cm的缝份，领口弧线和袖窿弧线均添加1.3 cm的缝份。

步骤1B
然后添加后片纸样的缝份，缝份添加方法与前片相同。

步骤2A
在纸样与白坯布之间放置一张复写纸，用滚轮沿着衣身上的全部省道线滚动。

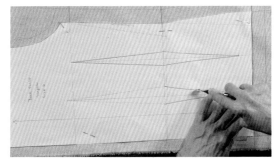

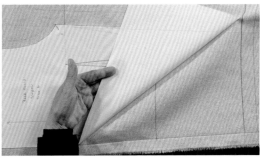

步骤2B
将省道线标记点和省尖点复制到白坯布上。

检查所有的标记点是否都被复制到白坯布。

步骤3
剪掉原型外的白坯布。

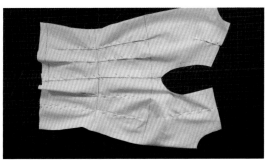

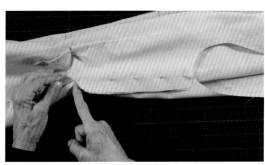

步骤4A
如图中所示，将白坯布的前片与后片别合固定，在准备好的人台上进行试穿。

步骤4B
剪开腰围线上的所有省道。

步骤4C
剪开腰围线与侧缝的交点。

步骤4D

将后肩线压住前肩线用珠针别合固定,匹配袖窿弧线和领口弧线。

步骤5A

将样衣穿在人台上检查是否合体,查看胸部与臀部的松量是否合适。

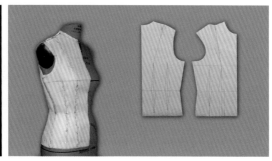

步骤5B

下一节将讲解如何修正纸样,如何将坯布原型复制到牛皮纸上。

自我检查

☐ 是否准确地复制了有肩省的前后衣身原型?

☐ 复制原型时是否与标记的辅助点辅助线对齐?

☐ 衣身上的所有剪口和省尖点是否都被复制到打版纸上?

☐ 腰省的计算与定位是否准确?

☐ 绘制的省是否符合臀部曲线造型?前后侧缝是否对称?

☐ 白坯布制作的样衣是否合体?有没有做出合适的修正?

由詹巴迪斯塔·瓦利（Giambattista Valli）设计的荷叶边贴身连衣裙，2016/2017秋冬

3.8

将样版拓在牛皮纸上

学习内容

- 准备材料——准备样版纸和牛皮纸并在上面作标记，熨烫布样，标记出腰围线；
- 将布样拓在样版纸上——拓出所有的线条和标记，并描出线迹；
- 将纸样拓在牛皮纸上——拓出所有的线条和标记，并在省尖上打孔，裁出牛皮纸样，描出线迹、剪口和标记。

工具和用品：

- 衣片布样（详见3.7章）
- 袖片布样（详见1.3章）
- 白色打版纸——边长81cm的正方形
- 牛皮纸——边长81cm的正方形

步骤1

这节课需要准备衣片布样和上节课中试穿时用过的人台。

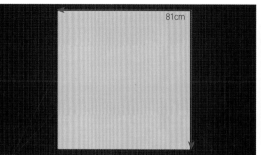

步骤2

还需要准备一张边长81cm的正方形白色打版纸。

步骤3

距纸的上、下边缘5cm各画一条辅助线。

步骤4

还需要一张边长81cm的正方形牛皮纸。

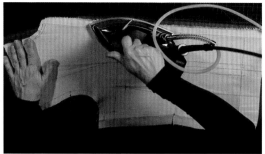

步骤5

取下布样,用熨斗沿着经向线的方向把坯布上的褶皱烫平。

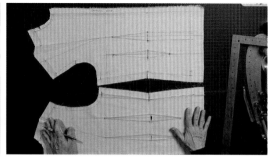

步骤6

将前、后片布样并排放在桌子上,使后片靠近桌边,且使腋下、腰部和下摆对齐。

步骤7

现在把L形直角尺的一边沿前中放置,另一边与前、后片布样的腰围线对齐。

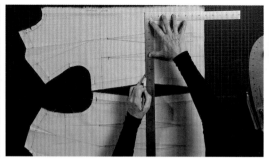

步骤8

沿前、后片的腰围线画一条从前中到后中的线。

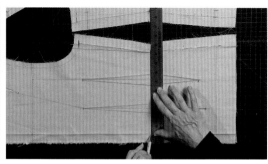

使后片布样的腰围线与后中线垂直。

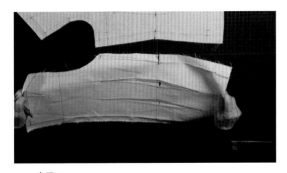

步骤9

移走桌上的前、后片布样。

模块2：
拓印前片样版

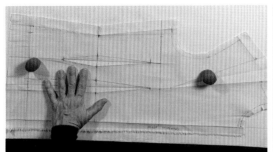

步骤1

将前片布样放在边长81cm的白色打版纸上，使纸上5cm的辅助线与布样的前中对齐，且与腰围线垂直。用压铁固定布样。

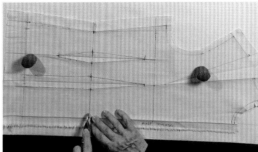

步骤2

从腰围线与前中的交点开始，用滚轮在下面的纸上拓出2.5cm的腰围线，然后把布样放在一边。

步骤3A

将L形直角尺沿前中和腰围线放置，然后画一条直线。

步骤3B

将这条直线一直向上画到另一边5cm的辅助线。

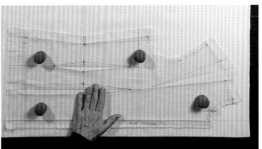

步骤4

现在将布样与5cm的辅助线和腰围线对齐，用几个压铁固定布样。

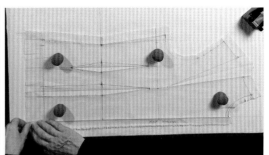

步骤5

为了使布样更加稳固，用胶带沿着肩线、侧缝和下摆，以及前中的边缘固定。

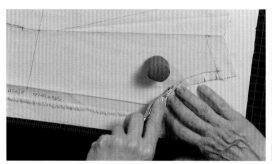

步骤6

现在从领部的前中开始，沿着布样的线迹拓印。

步骤7

拓印时，注意观察另一只手是如何按住布样使其不被拉伸。拓出肩线、一个省边、省尖和另一个省边。

步骤8

继续拓出肩线、袖窿和侧缝。拓印时用力按压滚轮，确保在下面的纸上留下深的印记，以便用来描线。

步骤9

从前中到侧缝拓出下摆。

步骤10A

从下摆一直向上穿过胸围线到肩省的省尖，拓出胸省的一个省边。

步骤10B

然后，拓出两个省尖。

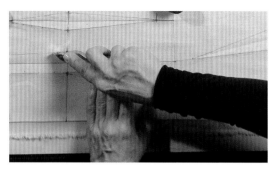

步骤10C

从省尖到下摆，拓出胸省的另一个省边。

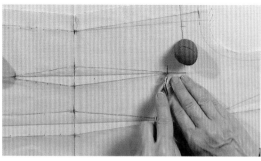

步骤11A

接着，从下摆到省尖拓出前辅助省道的一个省边。然后，继续拓印到胸围线。

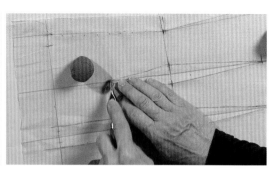

步骤11B

从省尖到下摆拓出辅助省的另一个省边。然后，拓印省尖。

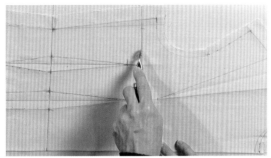

步骤11C

从前中到侧缝拓出胸围线。

并拓出两个省在胸围线上的位置。

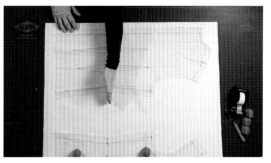

步骤12

现在重新放置打版纸，使5cm的辅助线在纸样的对面。将后片布样沿着5cm的辅助线放置，并与打版纸上的腰围线对齐。

模块3：

描出前片样版

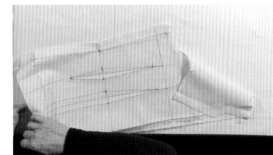

步骤1

先移走压铁和胶带，接着从桌子上移走前片布样。

步骤2A

根据拓印的标记，用袖窿尺描出前片样版。

步骤2B

用铅笔从领口开始。

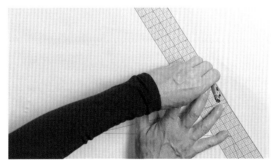

步骤3

用直尺描出肩线和肩省的一个省边，然后转动尺子并描出省的另一个省边和肩线。

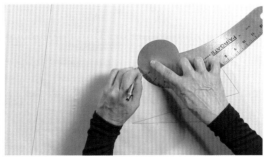

步骤4

换用袖窿尺描出前袖窿，将所有的拓印的线迹连接起来。

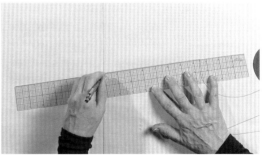

步骤5A

用直尺描出袖窿的直线部分。然后，转动直尺描出侧缝。

202

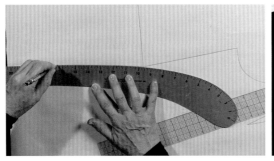

步骤5B

换用大弯尺描出摆缝线。

步骤6

用直尺画出与前中垂直的下摆边。

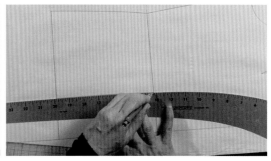

步骤7A

现在从胸省开始描出省道，用大弯尺从下摆到腰部描出省边的标记。注意将曲线尺放在腰部的数值。

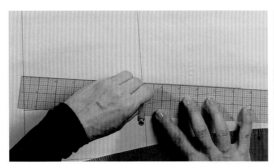

步骤7B

换用直尺从腰部画到省尖，转动直尺继续从省尖到腰部画出另一侧省边。

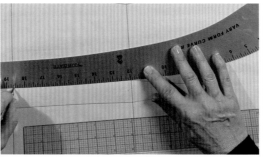

步骤7C

将大弯尺放在相同数值的位置，从腰部到下摆描出这个省的另一侧省边。

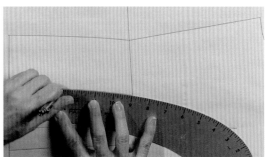

步骤8A

接着移动到辅助省道。用大弯尺从腰部到省尖描出一侧省边。

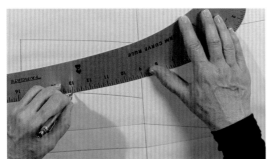

步骤8B

注意将大弯尺翻转到省道另一侧的位置和数值，并从腰部到省尖的描出省道的标记。

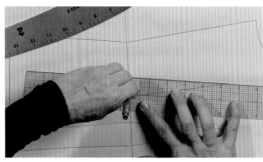

步骤8C

将直尺放在腰部到省尖的位置，画出省边。然后，以省尖为定点转动直尺。

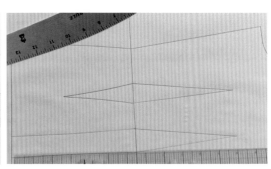

步骤8D

从省尖到腰部，描出的另一侧省边。

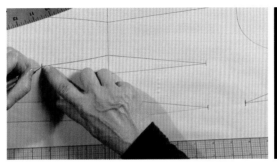

步骤9

标记出前片省道所有的省尖。

步骤10A

用剪刀将前片和后片纸样裁开。

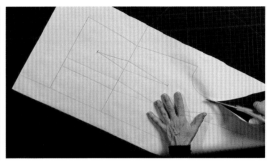

步骤10B

用一只手按住纸样，另一只手裁出前片纸样。裁剪的过程中，需要重新放置纸张。

步骤11A

剪掉领口区域后，需要合上肩省调整肩线。用手指按压住最靠近领口的省边。

步骤11B

现在从省尖到肩线合上省道，在省尖上托着纸样这样可以使它显得更加平整。

步骤11C

合上省道并用胶带固定住。

注意肩线上的省边没有对齐，需要用直尺调整肩线。

步骤11D

从领口到袖窿，用红色的铅笔和直尺重新绘制肩线。

步骤11E

然后沿新的肩线裁剪。

步骤11F

移除胶带，打开省道，注意肩部省口的新方向。

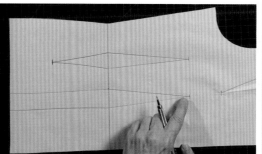

步骤12A

测量前中到省尖的距离，在胸省的中间画一条线。

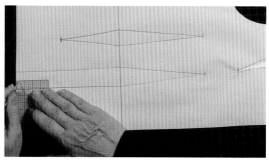

步骤12B

以相同的距离，将直尺从前中移到下摆并作标记。

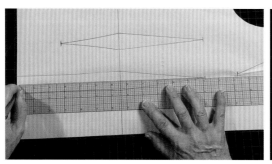

步骤12C

将省道的中线向上画到省尖。

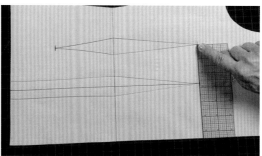

步骤13A

重复这个过程为辅助省道画一条中线。测量前中到上端省尖的距离。

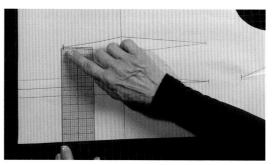

步骤13B

现在以相同的距离，将直尺向下移动到下端的省尖，确保在移动的过程中上端省尖到前中的距离与下端到前中的距离始终相等。

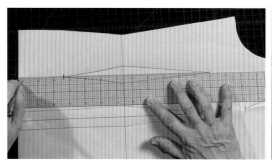

步骤13C

然后，从上端的省尖到下端的省尖画一条直线延伸到下摆。

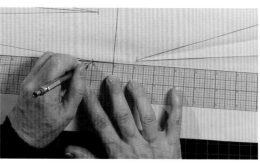

步骤13D

连接胸省的省尖与胸围线。

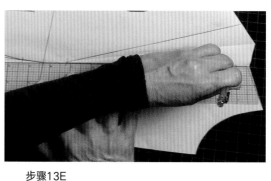

步骤13E

然后，转动直尺继续将线延伸到肩省的省尖，并沿着最接近领口的省边画到肩线。

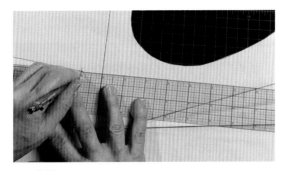

步骤13F
继续从省尖到胸围线描出辅助省的中线。

模块4：
拓印与描出后片样版

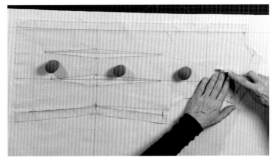

步骤1
接着，用滚轮将后片布样所有的线迹拓到下面的纸上。

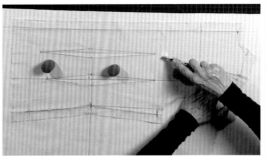

步骤2
包括肩省到腰省的连接线。

步骤3
沿后片布样的领口开始拓版，用直尺在后中画一条6mm垂线。

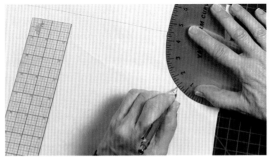

步骤4
换用袖窿尺，从后领描到纸的边缘。

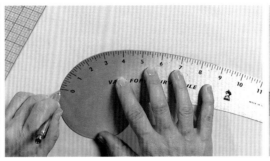

步骤5
然后，将袖窿尺放在后袖窿，使其与拓印的线迹对齐并描出袖窿。

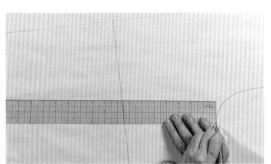

步骤6A
将直尺的一端和腋下与侧缝的交点对齐，并画6mm的垂线。

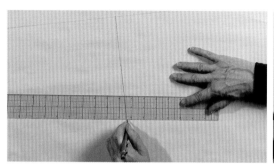

步骤6B

然后，从侧缝描到腰部。

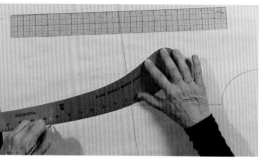

步骤7

根据拓印的标记，换用大弯尺描出从腰部到下摆的侧缝。

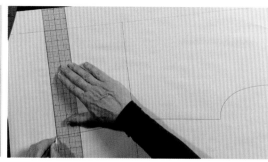

步骤8

用直尺描出从后中到侧缝的下摆线，且与后中垂直。

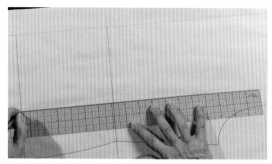

步骤9

现在描出后片辅助腰省的中线。它与后中平行，与腰围线垂直。从上端的省尖到下端的省尖画出中线，一直延伸到下摆。

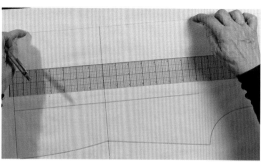

步骤10A

然后，将描出腰省的中线。这个省道的中线也与后中平行。

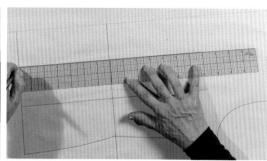

步骤10B

把直尺放在省道的中间且与腰围线垂直，描出从省尖到下摆的省中线。

步骤11A

然后，从辅助省道开始，描出省的标记线。

步骤11B

标出省尖。

步骤11C

描出从上端省尖到腰部的一个省边。

步骤11D

转动直尺，描出从上端的省尖到腰部另一个省边。

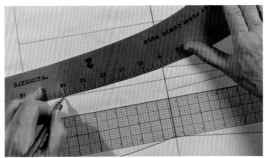

步骤11E

标出下端的省尖。然后，根据拓印的标记，换用大弯尺描出从腰部到省尖的另一个省边。注意曲线尺在腰部的位置。

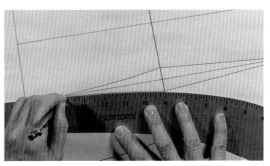

步骤11F

将大弯尺翻到省道的另一侧，并使用大弯尺上相同的数值，描出省的另一边。

207

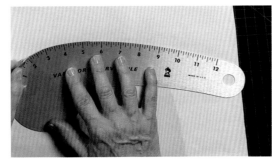

步骤12A

根据拓印的标记，换用袖窿尺描出后片的腋下。

步骤12B

翻转袖窿尺，从肩部到剪口描出袖窿，形成一个圆顺的弧线。

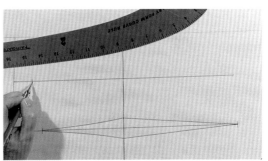

步骤13A

标出腰省下端的省尖。

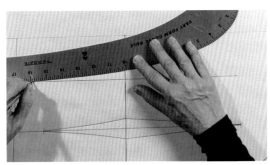

步骤13B

根据拓印的标记，将大弯尺放在省的一侧，从腰部到省尖描线，注意大弯尺在腰部的位置。

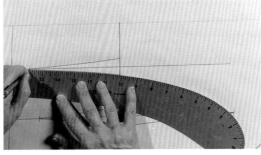

步骤13C

沿同一个点翻转大弯尺，然后描出从腰部到省尖的另一个省边。

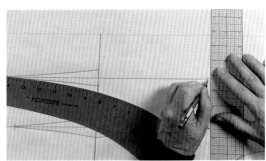

步骤13D

标出上端的省尖。

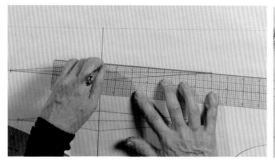

步骤13E

用直尺连接从腰部到省尖的省边。然后，转动直尺描出从省尖到腰部的另一个省边。

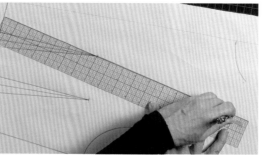

步骤13F

当铅笔还在腰省的省尖时，重新放置直尺。从省尖连接到最靠近领口的省边并延伸到肩线。

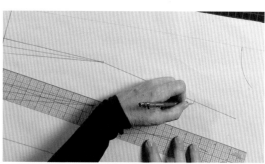

步骤13G

标出后肩省的省尖。

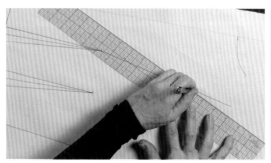

步骤13H

描出从省尖到肩线最靠近袖窿的肩省边。

步骤14

现在检查前片和后片的侧缝是否能够对齐。

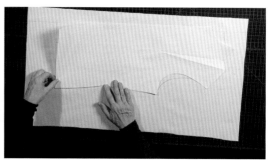

把前片纸样的反面朝上放在后片纸样上，将腰围线和侧缝线对应，检查它们是否能够对齐。如果不能，需要现在做出必要的调整。

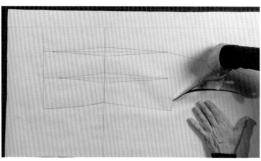

步骤15

从袖窿开始，沿线迹裁出后片纸样。一只手按住纸样，另一只手继续沿侧缝、下摆和从下摆到领口的后中线裁剪。

步骤16A

在裁剪肩线前，需要先合上后肩省。手指压住最靠近领口的省边，然后从肩部到省尖合上省道。

步骤16B

用胶带固定省道。然后，用袖窿尺画出肩线。根据拓印的线迹，从领口描到省边。

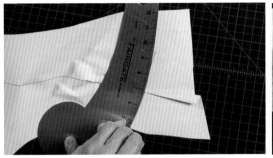

步骤16C
然后翻转袖窿尺，从省边描到袖窿。

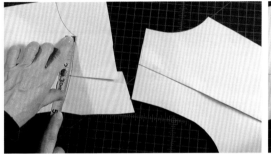

步骤17A
现在用卷尺量一下后肩的宽度。

步骤17B
然后，测量前肩的宽度。由于后肩需要松量，测量出的后肩比前肩宽6mm。

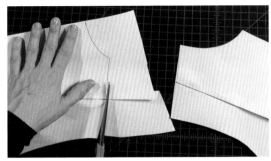

步骤18A
沿后肩线从袖窿裁到领口，穿过合上省道。然后，沿着领口的线迹裁剪。

步骤18B
将贴在肩省的胶带取下，然后打开省道。

步骤18C
将贴在前肩省的胶带取下并打开省道，为拓在牛皮纸上做准备。

模块5：
将纸样拓在牛皮纸上

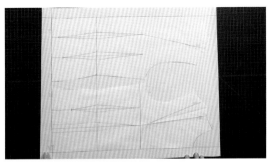

步骤1A
沿着牛皮纸上5cm的辅助线放置前片纸样。

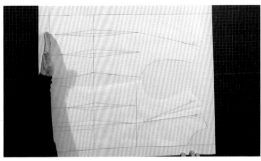

步骤1B
将前、后纸样的下摆放在距左边5cm的同一条线上。

步骤1C
使后片纸样距牛皮纸的顶部边缘5cm。

步骤1D

将前、后片纸样的腰围线与牛皮纸的腰围线沿同一水平线放置。

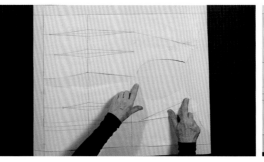

步骤2

将前、后片纸样与牛皮纸上的辅助线对齐，将前、后片纸样沿着中线贴上胶带，为拓版做准备。

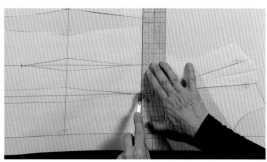

步骤3A

用滚轮拓出所有前、后片纸样的辅助线，省道和省道的线迹。滚轮工具可以使牛皮纸上的线条更加清晰。

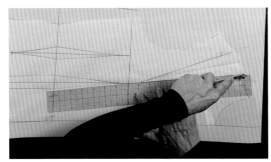

步骤3B

用直尺描出前、后片的直线。

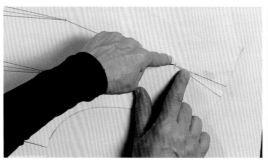

步骤4

描出所有的线条后，用打孔器在前肩省、胸省的省尖和辅助省道上、下端的省尖打孔。然后在后片纸样上打孔，将后片腰省上、下端的省尖和后肩省打孔。

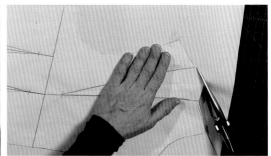

步骤5A

用剪刀沿着前片纸样领口与肩部交点的线迹开始裁剪。

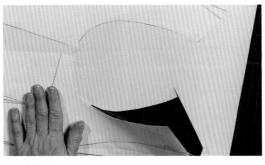

步骤5B

用一只手按住纸样裁剪。在裁剪弧线时，将纸对折会更加容易。

步骤6

完成拓版和裁剪后，将纸样从牛皮纸上取下。

模块6：
在牛皮纸上描线

步骤1

接着，在牛皮纸上描出前、后片样版的线。先用直尺描出前胸围线，使胸围线与前中垂直。

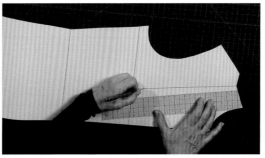

步骤2A

从胸围线与胸点的交点经过省尖到距领口最近的肩线标记，描出肩省的一个省边，标出省尖。

步骤2B

根据省尖到肩线的标记，描出前肩省的另一个省边。

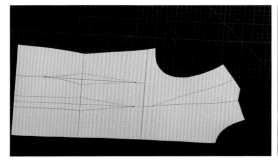

步骤3

像将布样拓在纸样上一样，描出所有省道和辅助线就完成了前片样版。

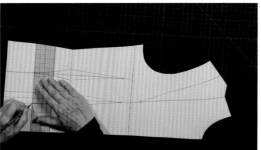

步骤4

将直尺穿过前辅助省道下端的省尖，且与前中垂直放置，在腰省的两个省边上作标记。

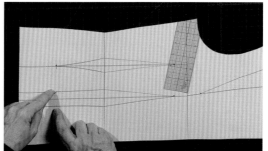

步骤5A

用锥子在胸省两个省边的新标记和腰围线上打孔。

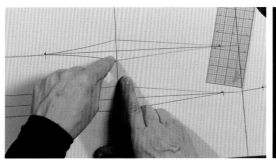

步骤5B

在辅助省道和腰省的标记处打孔，继续将三个前省和三个后省的所有省尖上打孔。

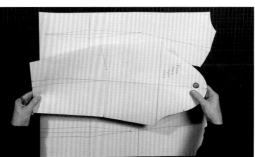

步骤6A

将袖片上的剪口拓到衣片的袖窿上。

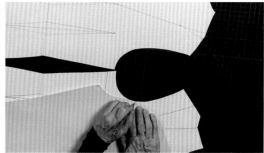

步骤6B

将袖片的反面朝上，从侧缝与腋下的交点处开始，将袖片沿着前衣片的袖窿对位。用一只手转动袖片，将袖片剪口拓到牛皮纸的袖窿上。

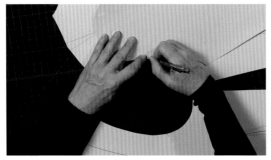

步骤6C

接着，拓印后袖片的剪口。将后袖片翻到反面，然后将袖片沿后衣片的袖窿对位，像前片一样。在牛皮纸的袖窿上标出两个剪口。

步骤7A

用剪口钳在前片袖窿、前肩省的两个省边和侧缝的腰部打剪口。注意如何使剪口钳打出的剪口处在标记中间。

步骤7B

在辅助省的下摆边、胸省的两个省边和腰部的前中处打剪口。

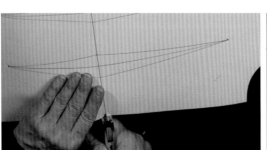

步骤7C

在后片的袖窿、后肩省的两个省边，腰围线与后中的交点和侧缝线与腰围线的交点打剪口。剪口必须打在标记的中心，否则拓出的样版就会不合适。

步骤8A

用"衣片纸样""前片""6码"或者其他任何尺寸标注在前片样版上。

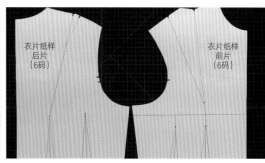

步骤8B

用"衣片纸样""后片""6码"或者特定的尺寸标注在后片样版上。

步骤8C

现在已经将布样复制在牛皮纸上。

自我检查

☐ 将布样拓在样版纸上前，会先熨烫布样吗？

☐ 是否将衣片的布样与样版纸上的辅助线对齐？

☐ 是否将布样上所有的标记都准确地拓在样版纸上？

☐ 需要重新描出所有的省道吗？

☐ 前、后片的侧缝和肩缝都对齐了吗？

☐ 所有的交点都是直角吗？将纸样拓到牛皮纸上前，所有的弧线是否圆顺？

伊莱扎·福克纳（Eliza Faulkner）创作出的这件以棒球为灵感的插肩袖夹克

插肩袖样版

学习内容

- ☐ 准备打版纸并画出辅助线，拓出同件服装的前后衣片、袖片和省道；

- ☐ 绘制插肩袖——测量并标记出插肩袖的造型线，拓出线迹并添加剪口；

- ☐ 拓出一片式插肩袖——在打版纸上复制袖片样版，重新绘制袖窿，拓出线迹并与衣片做匹配检验；

- ☐ 拓出两片式插肩袖——在打版纸上复制前、后袖片，拓印线迹并添加剪口；

- ☐ 拓出衣片——在打版纸上复制前后衣片，拓印线迹并添加剪口。

工具和用品：

- 一个腰省的前衣片纸样（详见3.3章）
- 有后领省的后衣片纸样（详见3.6章）
- 直筒袖纸样（详见1.1章）
- 5张白色打版纸（详见下页）

步骤1
这节课需要准备有一个腰省的前衣片纸样。

一个后领省的后衣片纸样。

一个直筒袖的纸样。

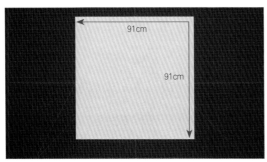

步骤2A
课前准备5张白色打版纸，第一张为边长91cm的正方形（如果尺寸大于美国尺寸6码/或者英国尺寸10码，请相应的增大纸张的尺寸）。

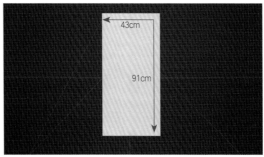

步骤2B
准备第二张宽43cm，长91cm的打版纸。

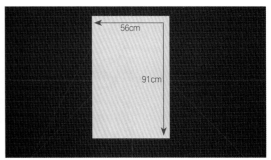

步骤2C
准备第三张宽56cm，长91cm的打版纸。

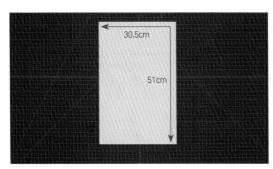

步骤2D
准备最后两张宽、长分别为30.5cm，51cm打版纸。

步骤3
将边长91cm的正方形打版纸放在桌子上，连接上、下边的中点，并使其与上、下边垂直，这条垂线就是袖中线。

步骤4A
从纸的上边向下量25.5cm，然后作标记。

步骤4B

然后在袖中线的两边各画一条垂线。

这是袖山辅助线。

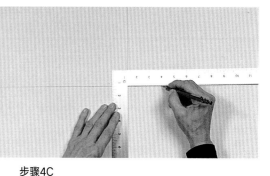

步骤4C

在袖中线两侧10cm处的袖山辅助线上作标记。

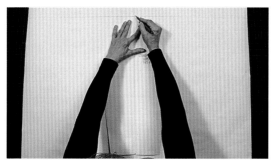

步骤5A

将袖片纸样的袖中线与打版纸上的袖中线对齐,将袖片纸样的袖山辅助线与打版纸上袖片的袖山辅助线对齐。

步骤5B

在下面的打版纸上拓出袖片。一只手紧紧按住袖片纸样,另一只手描线,确保复制出所有的剪口。

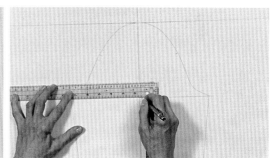

步骤5C

用L形直角尺穿过袖中线,画出袖肥线。

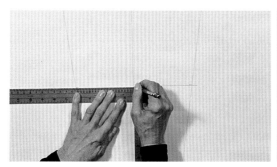

步骤5D

通过肘部剪口画出袖中线的垂线,这就是肘线。

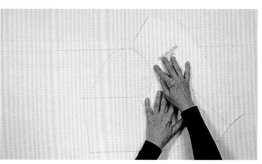

步骤6A

下一步放置前衣片纸样,使前衣片袖窿剪口与前袖片的剪口对齐,并将衣片的上袖窿放在前袖山上。

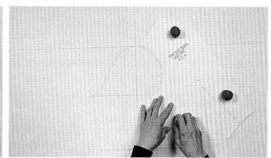

步骤6B

用压铁固定前衣片纸样。

步骤6C

后衣片纸样重复这一过程，将衣片后袖窿剪口与后袖片剪口对齐，确保后衣片袖窿放置在后袖山上。

步骤6D

用压铁固定纸样。

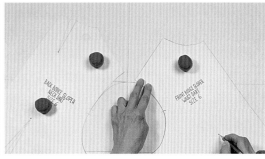

步骤7A

接着从前肩与领口的交点处开始，将前衣片纸样拓在下面的纸上。拓出所有的剪口和省尖。

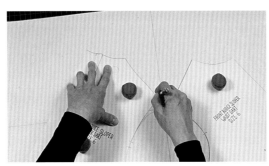

步骤7B

现在将后衣片纸样拓在下面的纸上。

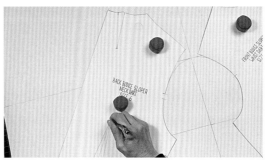

步骤7C

拓出剪口、腰部和领省的标记。

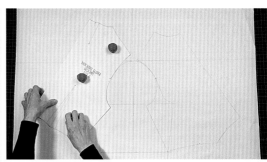

步骤8

然后，移走桌上的纸样。

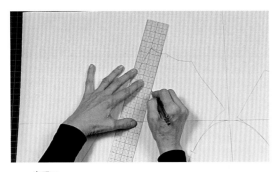

步骤9

最后，从前腰省开始连接省道，并拓出后领省和后腰省。

步骤1A

从前衣片领口与肩部交点处开始在前领口上测量2.5cm，并作标记。

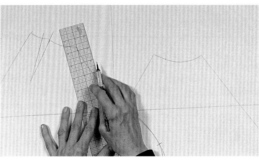

步骤1B

从后衣片肩部与领口交点处开始在后领口上测量2.5cm，并作标记。

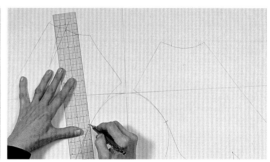

步骤1C

将后领口上的标记与后袖窿顶部的剪口用轻的虚线连接。

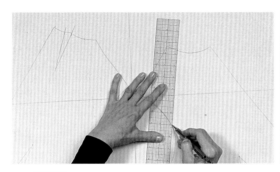

步骤1D

在前衣片重复这个步骤。将前领口上的标记与前袖窿的剪口用轻的虚线连接。

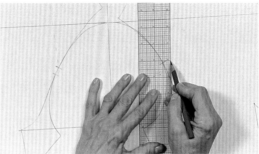

步骤2A

换支红铅笔，在前袖窿剪口1.3cm处的前衣片上作标记。

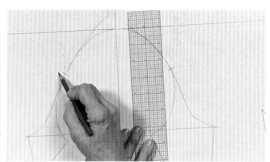

步骤2B

在后衣片上重复这个步骤，在后袖窿顶部剪口1.3cm处的后衣片上作标记。

步骤2C

用大弯尺沿着前袖窿剪口连接前领口的标记与前袖窿剪口1.3cm处的标记，用红铅笔画一个圆顺的弧线。

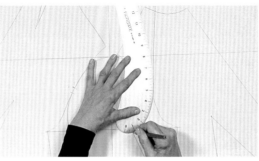

步骤2D

翻转大弯尺，从前剪口到前衣片的侧缝画出插肩袖袖窿的下半部分，就完成了前插肩袖袖窿部分。

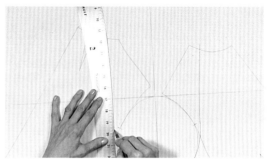

步骤2E

在后衣片重复这个过程，从后领口的标记到1.3cm的标记处画出圆顺的弧线，并延伸到顶部后剪口，完成后插肩袖的形状。

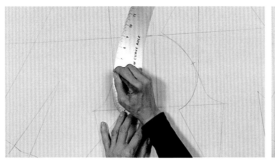

步骤2F

翻转大弯尺，从后剪口向下到后衣片侧缝圆顺插肩的部分。

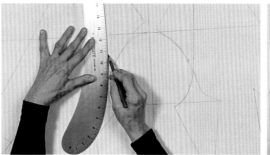

步骤2G

如果有必要返回重新圆顺弧线。

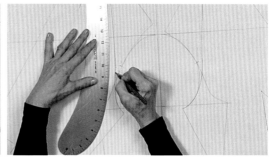

步骤2H

为了避免混淆，如果需要重新圆顺弧线，用红铅笔画线。

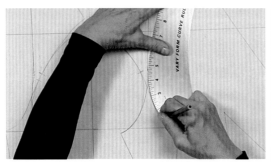

步骤3A

下一步换用蓝铅笔画这节课的部分，从1.3cm的前剪口标记到前袖片的袖底缝修顺前袖片插肩的部分。

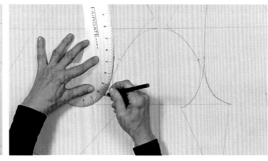

步骤3B

在后袖片上重复这个步骤。从1.3cm的后剪口标记到后袖片的袖底缝修顺后袖片插肩的部分。

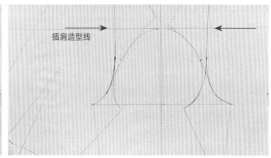

插肩造型线

步骤3C

注意红线将是与衣片连接的插肩造型线。

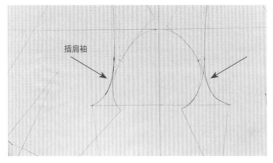

插肩袖

而蓝色线是插肩袖的袖片线。

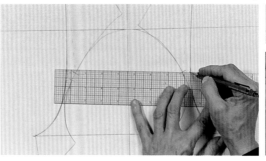

步骤4A

将前剪口复制到前插肩的线上，与现存的剪口处在同一水平线上。

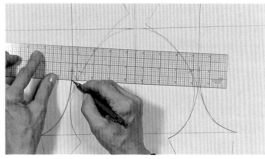

步骤4B

然后，复制后插肩线上的两个剪口。

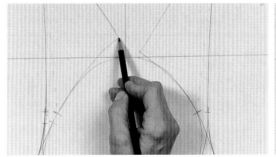

步骤5A

现在需要使后肩与袖中线的距离相等。

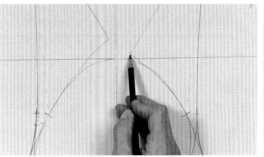

前肩与袖中线的距离相等。

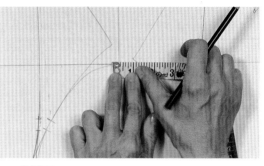

步骤5B

首先，用卷尺测量距离。

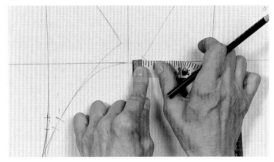

步骤5C

然后对折卷尺测量，如图所示。测量值为1.3cm。

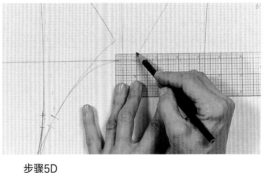

步骤5D

或者用直尺沿着袖山线从后肩点量到前肩点，并取测量值的一半1.3cm。

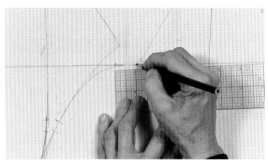

步骤5E

然后，在袖中线的两侧分别测量1.3cm标记在袖山辅助线上，代表新肩点。

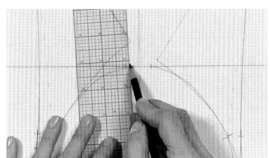

步骤5F

现在需要在新肩点的两侧各增加3mm的松量。

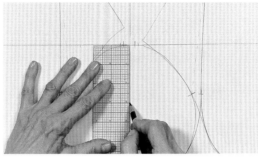

步骤6A

然后，从袖中线与袖山辅助线的交点处向下测量7.5cm，并作标记。这代表一片式插肩袖的省尖。

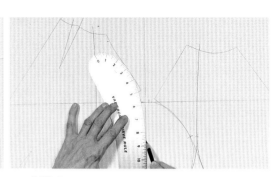

步骤6B

下一步，用大弯尺圆顺新的后肩标记，描出后肩的形状。注意是从后肩线的中点开始圆顺弧线不是从后肩点。

220

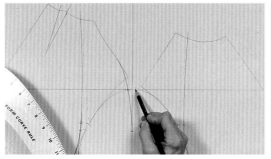

步骤6C

在前肩重复这个步骤。对于前肩缝，从前领口开始向下到肩部，再到7.5cm的标记处。

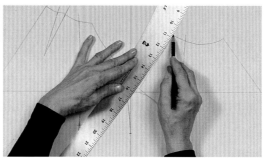

步骤6D

对于肩高，圆顺提升的前肩点标记，或者圆顺原始的标记。这取决于想要的外观。

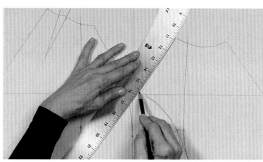

步骤6E

在这里轻轻圆顺原肩点的标记。

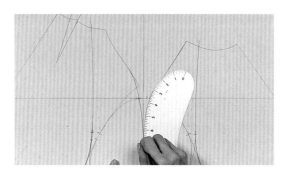

步骤6

翻转曲线尺，圆顺从肩部到7.5cm标记处的标记。然后，返回圆顺弧线。

模块3：

拓出插肩袖

步骤1

将43cm×91cm的纸放在袖片部分的下面，为下一步拓出插肩袖做准备。

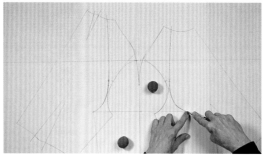

步骤2A

将压铁放在袖片的纸张上，先沿着蓝色铅笔线，用滚轮从前袖片的腋下开始拓印。

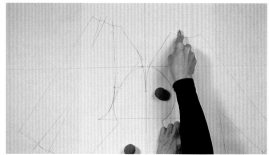

步骤2B

然后继续沿着红线，向上到前领口。前袖的剪口也需要拓印。

步骤2C

拓出7.5cm的标记。然后，沿着蓝色铅笔线，从7.5cm的标记处一直到前领口拓出前肩。

步骤2D

也需要拓出袖片的前领口。

步骤2E

沿着蓝色铅笔线，从7.5cm处的标记拓到后领并沿着插肩袖的后领口拓出后袖片。

步骤2F

从蓝线向上沿着红线到后领口，完成后插肩袖线的拓印。

步骤2G

拓出后袖片上的两个剪口。

步骤3A

拓出袖山与袖中线的交点。

步骤3B

拓出袖口线上的袖中线。

步骤3C

然后，用滚轮在前、后袖片的袖底缝与袖口线的交点处作十字标记。

步骤3D

移到袖肘线，并在前、后袖片的袖底缝与肘线的交点处作十字标记。

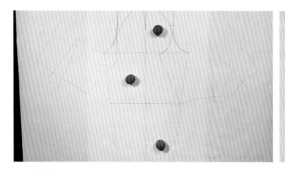

步骤4

检查并确定拓出所有的的标记。然后，移走压铁，将上面和下面的纸分开，为描出袖片做准备。

步骤5A

下一步用铅笔描出袖片上的所有标记。

步骤5B

将袖口朝右，水平放置。然后，从袖片顶部连接到底部描出袖中线。

步骤5C

连接前袖片到后袖片的袖肘线标记。

步骤5D

连接前袖片到后袖片的袖口线标记。

步骤5E

连接袖窿到袖口的前袖底缝标记，然后，连接后袖片的袖底缝。

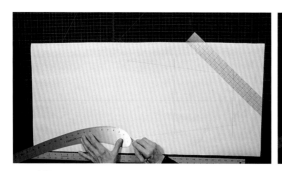

步骤5F

根据拓印的标记，换用大弯尺从腋下到后领口描出后袖窿。

步骤5G

根据拓印的标记，描出后袖片的省道和肩缝。从7.5cm的标记处开始圆顺领口。

步骤5H

重新放置大弯尺画出一条圆顺的曲线。

步骤5I

重复在前袖片的省道和肩缝作标记这个步骤，在大弯尺上找到最合适的位置画弧线。

步骤5J

翻转大弯尺，描出前袖片省道和肩线的标记。如果有必要修顺弧线。

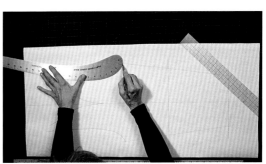

步骤5K

描出从腋下到领口的前袖窿。标记出袖片上的剪口。

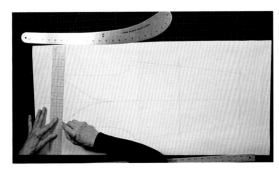

步骤5L

用直尺标记出前、后领口。

步骤5M

标记出省尖和后袖片上的两个剪口。

步骤6A

下一步是提升前、后袖片的腋下。在前腋下提升2.5cm处用红笔作标记。

步骤6B

对后袖片重复这个步骤。在后袖片的腋下提升2.5cm处作标记。

步骤7A

从领口到腋下，再从腋下到袖口线，圆顺前、后插肩袖的袖窿到新提升腋下的标记点。

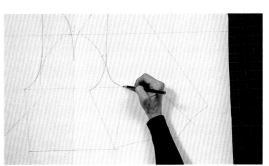

步骤7B

这样就使用了最初绘制的腋下形状。

步骤7C

然后，将最初绘制前袖片的腋下形状与现在绘制的对齐，将前袖片的剪口也对齐。

步骤7D

将上、下两层纸上的袖窿与袖底缝的交点对齐。

步骤7E

将对齐的前袖片剪口，用图钉固定。

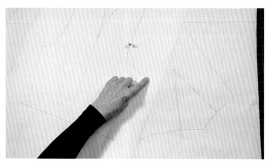

步骤7F

现在转动上层的纸，使袖片上2.5cm的标记处与下层袖窿与袖底缝的交点处重合在一起，如图所示。

步骤7G

透过上层的纸，将下层前袖片袖窿的形状点影在上层纸上。

步骤7H

对后袖窿重复这些步骤，将后袖片顶部的剪口与下层后袖片顶部的剪口对齐。

步骤7I

重复前袖片的步骤。转动上层后袖片2.5cm的标记和下层后袖片袖窿与袖底缝的交点处重合。

步骤7J

用蓝铅笔标出虚线。拆下图钉将上层和下层的袖片分开。

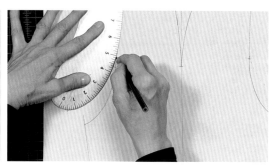

步骤7K

用袖窿尺，从顶部剪口到袖窿与袖底缝的交点处描出新的后袖窿。

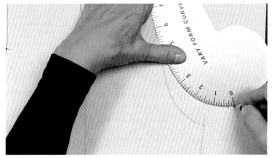

步骤7L

然后，从剪口到袖窿与袖底缝的交点，描出新的前袖窿。

步骤8A

下一步，描出后袖底缝。用大弯尺从新袖底缝（腋下）的交点到袖口线圆顺后袖底缝。注意大弯尺在袖窿部位的数值。

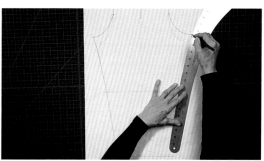

步骤8B

然后将大弯尺放在相同数值，从新腋下的交点到袖口线描出新的袖底缝下并画圆顺。

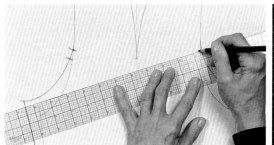

步骤9

用尺子在前、后新袖窿上作剪口标记。

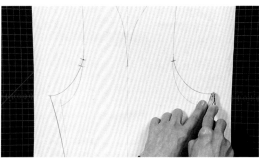

步骤10A

用滚轮从腋下1.3cm向上到前袖片剪口，拓出新袖窿。

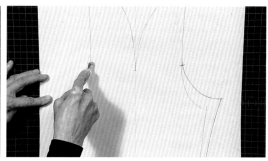

步骤10B

重复拓印后袖片的新袖窿这个过程。

步骤11A

为了验证前、后袖窿是否适合衣片的袖窿，把袖片翻到反面。透过纸，从领口到腋下，标记出袖片的前、后袖窿。

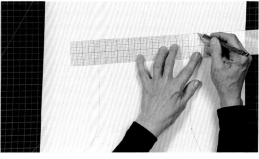

步骤11B

在前、后袖片的领口与袖窿的交点处作标记。

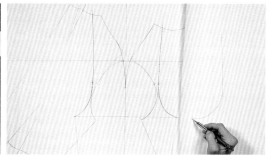

步骤12A

现在将前袖片的袖窿，从领口开始沿着前衣片的袖窿对位。

步骤12B

首先，将前袖片的领口和前衣片的领口对位。

步骤12C

然后，将袖片的袖窿沿着衣片的袖窿转动。

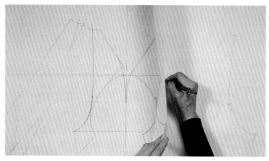

步骤12D

通过将纸折叠后衣片使袖片的袖窿能沿着衣片的袖窿对位，继续检验线迹。

步骤12E

将剪口对齐。如果有必要，调整袖片。

步骤12F

将前袖片沿着前衣片袖窿对位，一直转动到袖底缝。用红色铅笔做一些必要的调整。

步骤12G

对后袖片重复这些步骤，将后袖片沿着后衣片袖窿对位。确保后袖片和后衣片袖窿完全对应。

步骤12H

浏览整张纸，将后领口对齐，然后将袖片沿着衣片的袖窿对位，转动衣片时带动笔尖一直到袖底缝。

步骤13A

将沿着袖窿对位所做的调整都复制到右侧的袖片上。

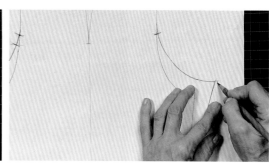

步骤13B

用红色的铅笔将这些改变复制到右侧的袖片上。

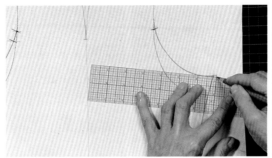

步骤13C

如图所示重新描出腋下与袖窿的交点。

步骤13D

用大弯尺重新圆顺袖片的袖底缝。

步骤13E

擦掉原来的线，以免混淆。

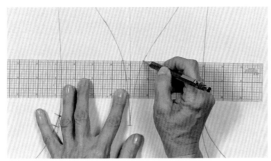

步骤14A

在前、后肩缝的弧线部分标注相应的剪口。

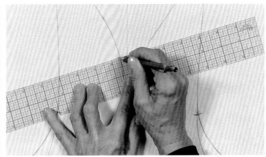

步骤14B

然后，重新标记，使它们与接缝垂直。

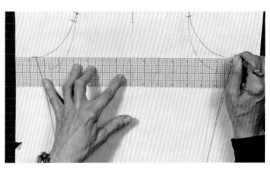

步骤15

画一条新的袖肥线，与袖中线垂直，连接新的前、后袖底缝。

模块4：
绘制两片式插肩袖

步骤1

绘制有肩缝的两片式插肩袖。将56cm×91cm的纸以短边为底，平放在桌上。在宽边的中点作记号，然后根据标记，沿纸的长度方向，画一条垂线为袖中线。

步骤2

在距袖中线两侧2.5cm处各画一条袖中线的平行线，这是前、后肩线。

步骤3A

从纸的顶端沿着中线向下测量38cm。

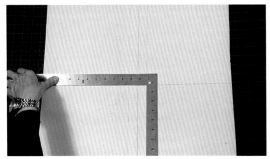

步骤3B

然后，在纸上画一条袖中线的垂线，这代表袖肥。

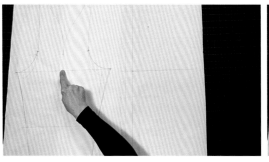

步骤4A

然后在上面放置一片式插肩袖，使袖中线与袖肥线的交点重合。

肩与袖肥的交点在样版中线的右侧。

步骤4B

透过纸张，确保所有的点都对齐。然后，将压铁放在上面。

步骤5A

接着，在下面的纸上拓出前袖片，在袖口线与袖中线的交点处开始，一直到腋下。

步骤5B

在剪口处拓出肘线。

步骤5C

从前袖窿到领口拓印，并标记出前袖片的剪口。

步骤5D

拓出省尖，沿着在省边到领口拓出肩缝。然后，沿着前袖片的领口拓印。

步骤5E

确保拓出前袖片上所有的剪口，包括省边上面的肩线剪口。

步骤5F

在前肘线与袖中线的交点上拓出十字标记。

步骤6A

现在移走压铁并重复放置一片袖，这次将后袖片的袖肥与袖中线的交点和纸样的袖肥与肩线的交点对齐。

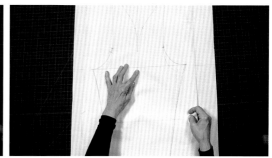

步骤6B

将袖肥和袖中线都对齐后，用压铁固定住。

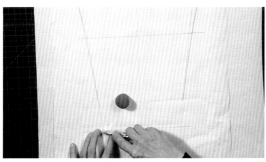

步骤7A

在纸上拓出后袖片，先在袖底缝和袖口线的交点处拓出十字标记。然后，继续拓出袖底缝到袖窿。

步骤7B

拓出后袖窿和后袖片的剪口。

步骤7C

拓出省尖。

步骤7D

拓出后肩线和后袖片的领口。

步骤7E

拓出在省尖上部的肩线剪口。

步骤7F

在肘线与中线的交点拓出十字标记。

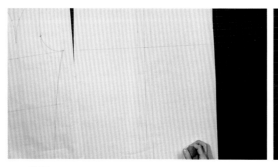

步骤7G

现在移走压铁，将袖片和下层纸分开，为描出两片袖做准备。

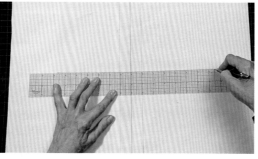

步骤8A

首先，从前袖片到后袖片连接袖底缝上的肘部标记，且与中线垂直。

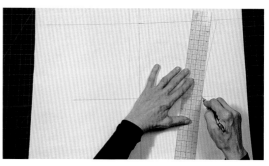

步骤8B

根据拓印的标记，从袖窿到袖口线描出前袖底缝。转动尺子画出弧线，或者用大弯尺画弧线。

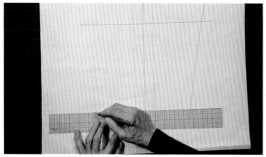

步骤8C

接着，描出袖口线。

步骤8D

现在从袖窿到袖口线描出后袖底缝。

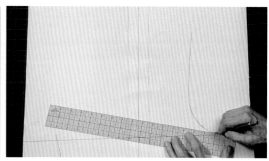

步骤8E

然后，移动到前片袖顶部，根据拓印标记，从领口到腋下描出前袖窿。同样，可以转动尺子画弧线，也可以用曲线尺工具。

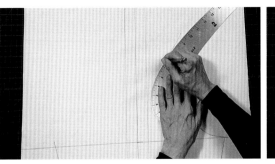

步骤8F

用大弯尺从领口到省尖标记出前肩缝。根据拓印标记，翻转曲线尺描线。

步骤8G

描出前省尖。

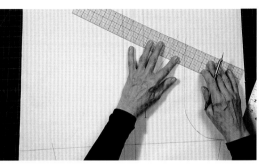

步骤8H

然后，描出前肩缝。

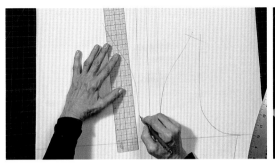

步骤9A

移动到后袖片。根据拓印的标记，从领口到省尖描出后肩缝。

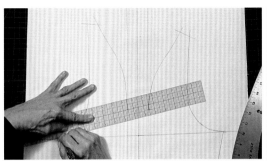

步骤9B

从领口到腋下描出后领和后袖窿。

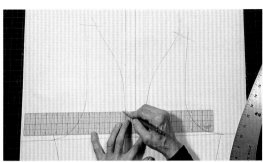

步骤9C

在后袖片上描出省尖。

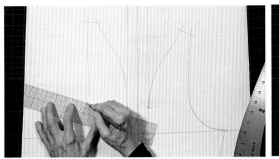

步骤9D

在后袖窿上描出两个剪口。

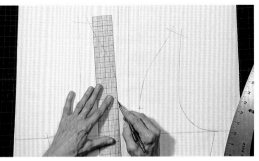

步骤10

擦掉和重画线条都能使线迹圆顺和整洁。

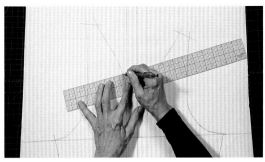

步骤11

在前、后省尖的上部描出肩缝剪口。

步骤12A

在前、后肩缝上画一个3mm的标记作为穿着松量。

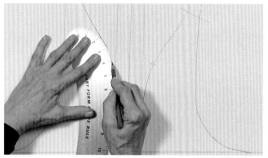

步骤12B

现在从后领到新的提升的标记画圆顺肩缝。

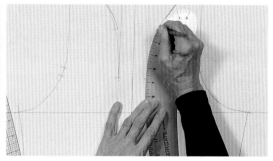

步骤12C

在前肩上重复这个过程，用大弯尺将前领到新提升的标记画圆顺。

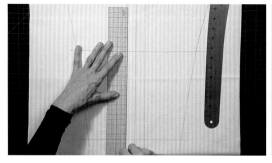

步骤13A

移动到后肩缝，将弧线从提升的肩部标记一直向下到后袖口线画圆顺，这是插肩袖的新外缝。

步骤13B

在前肩缝重复这个步骤，将弧线从新提升的肩部剪口标记到前袖口线画圆顺，形成袖片的新外缝。

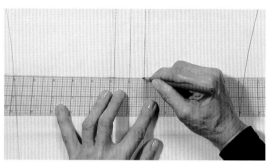

步骤14

在前、后袖片的外缝肘部作标记。

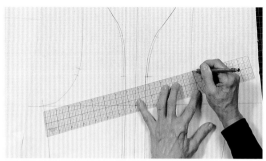

步骤15

在前袖窿的剪口处作标记。

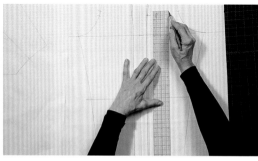

步骤16A

画一条袖肥的垂直线作为前袖片的经向线，在两端标上箭头。

步骤16B

在后袖片上重复这个过程，画一条袖肥的垂线作后片袖的经向线，在端点标上箭头。

模块5:
拓印与描出前、后衣片

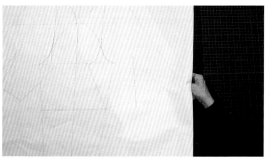

步骤1

接着，取出前、后衣片的纸样。将30.5cm×51cm的纸放在衣片纸样的下面。

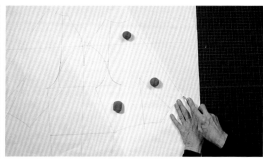

步骤2A

用压铁固定住纸样，为拓出前衣片做准备。在前中与腰部的交点拓出十字标记，然后继续拓到袖窿。

步骤2B

根据红色铅笔线，从前衣片的袖窿拓到肩部，拓出前袖窿剪口。

步骤2C

在前腰省的省尖拓出十字标记。

步骤2D

拓出前中与领口的交点以及领口。

步骤2E

拓出腰部的省量剪口。拓出所有的重要点，然后移走压铁并将衣片与纸样分开。

步骤3A

现在描出前衣片的拓印标记，先连接前中的十字标记。

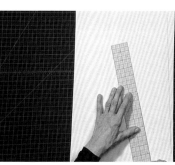

步骤3B

然后，描出腰省。

步骤3C

画一条垂直于前中的腰围线。

234

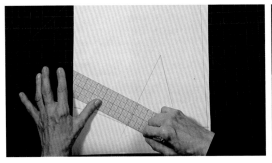

步骤3D

然后根据拓印的标记，转动尺子标记腰围线，也可以用大弯尺来作标记。

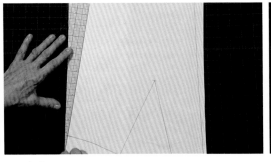

步骤3E

描出省尖并连接侧缝的十字标记。

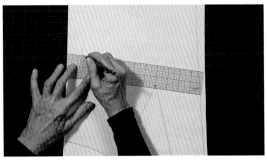

步骤3F

在侧缝和袖窿的交点作垂线，然后重新放置纸张，继续在衣片上作标记。

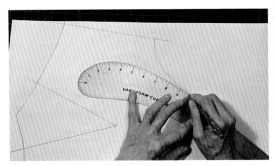

步骤3G

根据拓印的标记，用大弯尺描出从侧缝到剪口的袖窿。

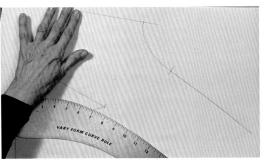

步骤3H

翻转曲线尺描出从袖窿到领口的线，然后标记出前剪口。

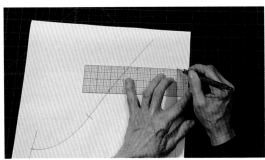

步骤3I

通过在领口画一条前中的垂直线，复制前衣片。

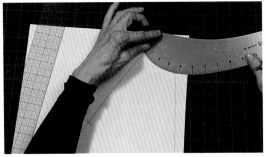

步骤3J

然后，描出领口。

步骤3K

距前中5cm画出经向线，并在经向线的两端加上箭头。

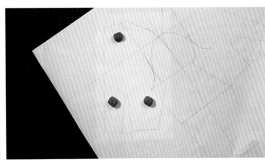

步骤4A

现在重复复制后片的过程，将30.5cm×51cm的纸放在后衣片纸样的下面，并用压铁固定住。

步骤4B

现在复制所有的关键点。首先，在后中与腰围线的交点拓出十字标记并拓出腰围线和腰省。

步骤4C

根据的衣片上的红色标记，从侧缝到领口拓出后窿。拓出后剪口。

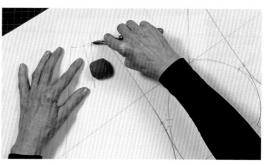

步骤4D

拓出后领，在后中与领口的交点拓出十字标记，然后拓出后领省。拓出全部的标记后，移走压铁，并将后衣片与纸样分开。

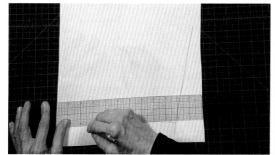

步骤5A

重复描出后衣片这个过程，就像前衣片一样，描出所有的关键部位，像前、后中与腰围线的交点和前、后中与领口的交点。

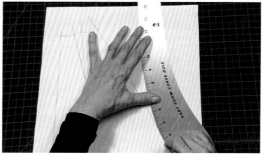

步骤5B

将尺子和大弯尺结合描线，并描出所有剪口。

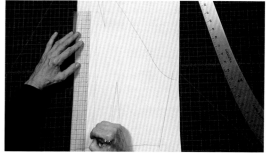

步骤5C

距后中2.5cm画出后衣片的经向线，并在两端画上箭头。

模块6：

描出衣片与描出一片式插肩袖和两片式插肩袖

步骤1A

接着，用锥子和尺子画出从领口到后片顶部剪口的后衣片插肩袖窿。

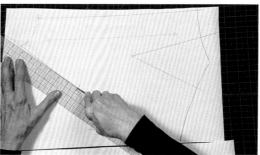

步骤1B

在前衣片插肩袖窿上重复这个步骤。

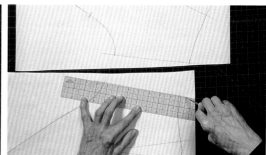

步骤1C

从袖窿到腰部画出后侧缝。

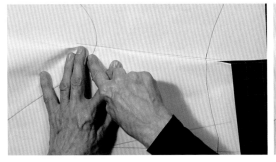

步骤2A

现在将后侧缝的缝份折在下面，并将前后片的侧缝、袖窿、腰部对齐。如图所示，袖窿是一个圆顺的弧线。

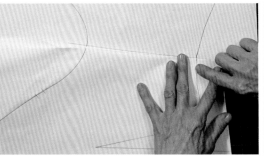

步骤2B

检查腰部与侧缝交点的弧线。

然后用红色铅笔做出一些调整。

步骤3A

接着，将两片前袖片沿着前衣片的袖窿运动。

步骤3B

为了做到这一点，沿前袖片的画线折叠，当袖片的袖窿沿前衣片袖窿从剪口到领口运动时，对应剪口。

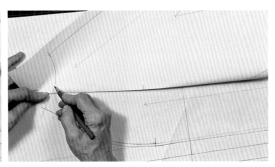

步骤3C

如果袖窿缝并不完全对应，然后用大弯尺和红色铅笔做一些必要的调整。

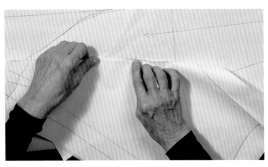

步骤3D

对两片袖的后袖片重复这个步骤，将两片袖后袖片的顶部剪口与后衣片的顶部剪口对应。然后将袖片的袖窿沿着后衣片袖窿运动。以小的间隔转动袖片，确保正确的沿缝运动。

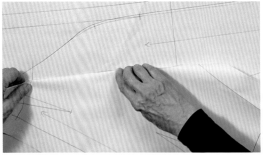

步骤3E

如果在领口发现了不同之处，用红色铅笔做出必要的调整。

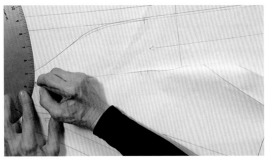

步骤3F

再次，用大弯尺和红色铅笔进行修正。

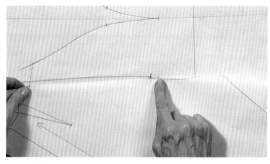

步骤4A

现在重复这个过程，但是这次将一片后袖片袖窿沿后衣片的袖窿从顶部剪口到领口运动。如果有必要，可以做一些调整。

步骤4B

然后将一片前袖片袖窿沿前衣片袖窿运动，用红色铅笔做一些调整。

步骤5A

在前衣片上标注"前插肩袖样版"和"尺码6"或者其他任何号型。

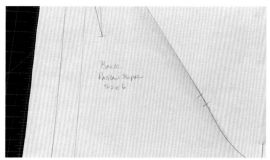

步骤5B

在后衣片上标注"后插肩样版"和"6码"，或者其他任何号型。

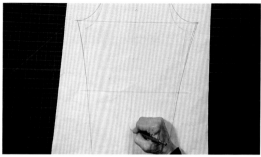

步骤6A

现在在一片插肩袖的中线上画箭头，代表袖片的经向线。

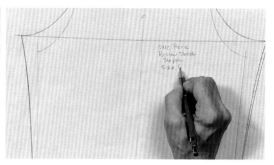

步骤6B

在一片袖上标注"一片式插肩袖样版"和相应的号型。

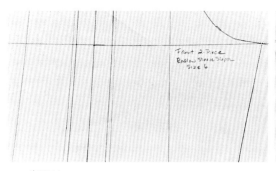

步骤7A

在前袖片上以同样的方法标注"两片式插肩袖的前袖片样版"。

步骤7B

标注上"两片插肩袖的后袖片"。

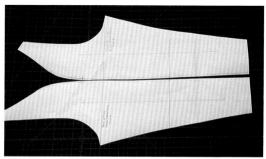

步骤8

完成绘制后，沿着正确的线迹，裁下每一片。

步骤9

现在裁下一片袖。

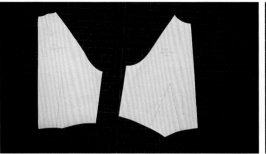

步骤10

最后裁下插肩袖的前、后衣片。

步骤11

用剪口钳来打出所有衣片的省和袖窿剪口。

步骤12

在一片袖的肘部、袖窿、中线和肩部打剪口。

步骤13A

然后，在两片袖的在袖窿、肩部、肘部上打剪口。

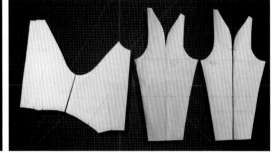

步骤13B

现在完成了一片插肩袖和两片插肩袖样版的绘制。

自我检查

☐ 在这节课上是否使用有一个腰省的前衣片纸样，有后领省的后衣片纸样
和一个直袖纸样？

☐ 是否将纸样合理地放在辅助线上？

☐ 是否在袖片正确的位置上打剪口？

☐ 是否准确地画出袖中线？

☐ 在袖片和肩部打的剪口是否合理？

齐藤上太郎（Jotaro Saito），以和服袖为基础，可以创造出很多变化款，2015年秋/冬

和服袖样版

学习内容

☐ 准备打版纸并画出辅助线；

☐ 拓出样片——拓出将后领省移到袖窿的后片样版并画出袖线，拓出将部分腰省移到袖窿的前片样版；

☐ 添加标注——在样版、绘制的线条、关键剪口上作标记；

☐ 裁出样版——在新的打版纸上复制出前、后片，拓出线迹并添加剪口，然后裁片。

工具和用品：

• 一个腰省的前衣片样版（详见3.3章）

• 有后领省的后衣片样版（详见3.6章）

• 直筒袖样版（详见1.1章）

• 5张白色打版纸

模块1：
课程准备与绘制和服的后片

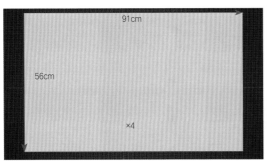

步骤1A
课前准备4张91cm×56cm的白色打版纸。

步骤1B
再准备一张35.5cm×56cm的白色打版纸。

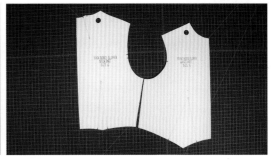

步骤2
准备一个腰省的前衣片样版和有后领省的后衣片样版，将前、后衣片复制在牛皮纸上（详见3.1章）。

步骤3
准备一片1.1章中的直筒袖样版。

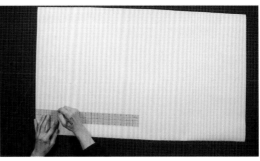

步骤4A
拿一张91cm×56cm的打版纸，以长边为底放在桌上。沿左边测量10cm，并在左边的顶部和底部作标记。

步骤4B
用金属尺将左边10cm的标记点连起来，代表后中线。

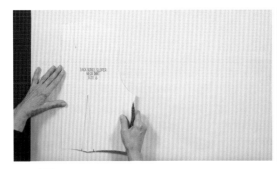

步骤5A
将后衣片的后中线距顶部5cm与打版纸上的后中线对齐。

步骤5B
从最靠近后中的省道剪口到后中线，拓出后领。

步骤5C
然后，从后中线到最靠近后中的腰省剪口，拓出腰围线。

步骤5D
接着拓出腰省的省尖。

步骤5E
继续拓出腰围线、侧缝和袖窿，在最靠近肩线的袖窿剪口处结束。

步骤6A
现在合上后领省，通过转动后腰省的省尖将后领省转移到袖窿。

步骤6B
合上后领省，将省道余量放到袖窿。

步骤6C
合上后领省后，从后领省开始，沿着肩线，拓到第一个袖窿剪口。

步骤6D
移走后衣片样版。注意如何将省道的余量转移到袖窿。

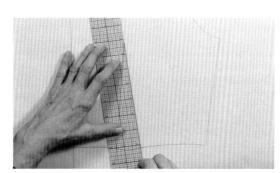

步骤7
用透明塑料尺画出腰省。

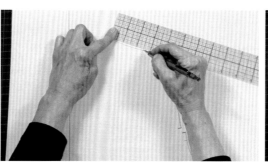

步骤8
找出后肩的中点并作标记。

步骤9A
接着，将肩线与袖窿的交点提升6mm并作标记。

241

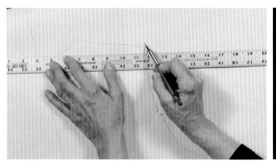

步骤9B

为了绘制出后肩线和袖线，用金属尺连接肩线的中点到提升6mm的标记。

步骤9C

从肩中点到6mm的标记点画出肩线。

步骤10A

将袖片的样版对折后与和服的袖线对齐，将袖山点和肩线与袖窿的交点对应。

步骤10B

拓出腕部和袖底缝，拓出袖肘部的剪口。

步骤10C

继续拓出袖底缝，一直到袖底缝与袖山的交点处。

步骤10D

在和服袖的袖线上标记出袖肘线。然后，移走袖片样版。

步骤10E

然后，通过作袖线的垂线连接袖肘线标记。

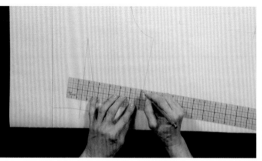

步骤11A

从后衣片的腰围线沿侧缝线向上测量5cm并作标记，为绘制和服的侧缝做准备。

步骤11B

下一步是绘制和服袖的腋下，用大弯尺从袖肘线连接到5cm的标记，徒手画可能更容易。如果有必要可以擦除，并重新圆顺曲线。

步骤1A

在绘制前，先在35.3cm×56cm的打版纸上复制出一个腰省的前衣片样版。

步骤1B

拓出前衣片样版的所有部位，包括省尖、胸点和所有剪口，然后移走前片样版。

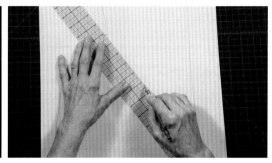

步骤2A

连接胸点和前袖窿剪口。

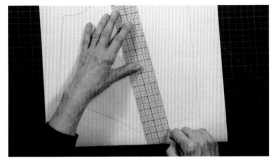

步骤2B

连接胸点到最靠近前中的腰部剪口。

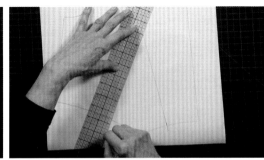

步骤2C

转动尺子连接胸点到最靠近侧缝的省道剪口。

步骤3

用剪刀裁出前衣片。

步骤4A

沿着最靠近前中的腰省边裁到胸点。

步骤4B

重新放置前衣片，然后从袖窿线裁到胸点，在到达胸点前停止。

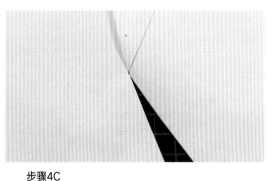

步骤4C

恰好裁到胸点，不要穿过，以胸点为中心转动使腰省合上。如果失误剪穿胸点，用一小块胶带重新连接这个点。

步骤5A

将前衣片翻过来，使前肩线与和服的后衣片的后肩线对齐，用图钉（或大头针）固定住前、后肩与领口的交点。

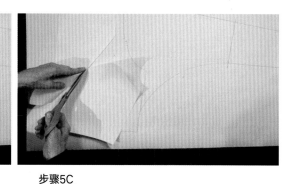

步骤5B

现在将前侧缝与后侧缝上做的标记点对齐，使前、后腰的转角对齐。

步骤5C

需要裁开一点靠近胸点，这样才能放平前侧缝。

步骤5D

重新放置前侧缝，再次将前侧缝与后侧缝以及腰部转角点对齐。

步骤5E

用胶带固定住前、后片侧缝，以及前、后片的袖窿和腰部的转角点。

步骤6A

固定住侧缝后，前腰省如果出现重叠，这种现象会很好。

步骤6B

出现重叠的原因是一些前腰省的余量被转移到前袖窿上。

步骤6C

用胶带固定住前袖窿、前肩和腰省，使前衣片固定在打版纸上。

步骤6D

然后用胶带固定住衣片的前中、下摆。

固定领口。

步骤7A

用红铅笔标出前肩线与领口的交点，沿着前领与前中和领口的交点画在下面的纸上。

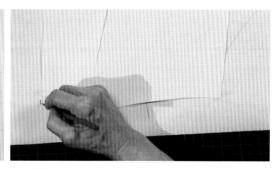

步骤7B

在下面的纸上标出前中与腰围线的交点。

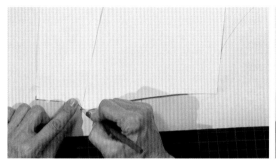

步骤7C

继续在下面的纸上标出前腰围线，用虚线画出靠近前中的省量线。

步骤7D

通过翻折后片样版的腰部使前省量线靠近侧缝线。

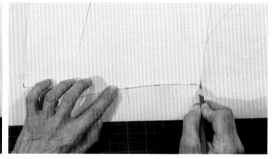

步骤7E

现在在下面的纸上画出虚线表示前省量线。

步骤7F

从省量线到侧缝画出前腰围线。

步骤8

用锥子将前衣片的胸点复制到下面的纸上。

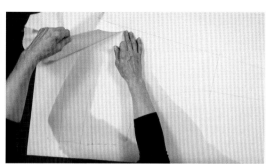

步骤9

移走前衣片。

步骤1A

完成和服的后片绘制，需要在前、后衣片上做出明确的标注。用铅笔在后领处标上"后领"。

步骤1B

在后中标注"后中"。

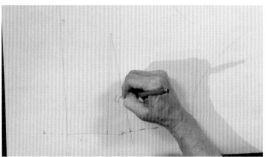

步骤1C

在后省量上标注"后省"。

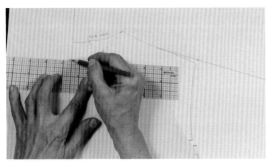

步骤2A

用红笔标出和服的前片。通过在前中领作1.3cm的标记线开始标记领口。

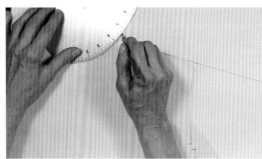

步骤2B

用袖窿尺连接标记。

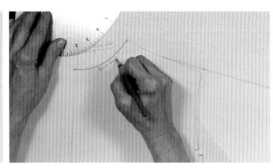

步骤2C

如图所示，在前领口上作标记。

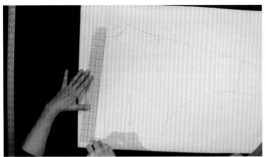

步骤3A

下一步根据红色的标记，画出前中线。用尺子将领口与腰部的红标记线连接起来。

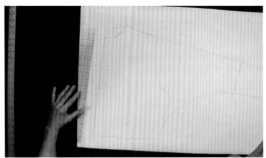

步骤3B

用红铅笔在前中标注"前中"。

步骤4A

为了画出前省，将红色的腰省标记与打孔的标记连接起来。

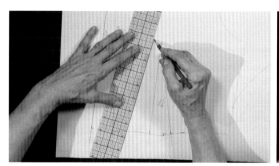

步骤4B

从胸点标记到最靠近前中的省量标记画一条线。

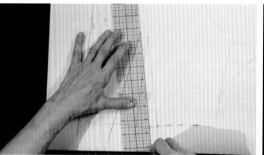

步骤4C

然后转动尺子连接胸点标记与最靠近侧缝的红色省量标记。

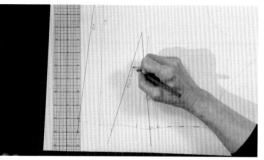

步骤4D

用红色铅笔在这个省道上标注"前省"。

步骤5

在腋下弧度最大的部位，每个隔1.3cm，画三个剪口。

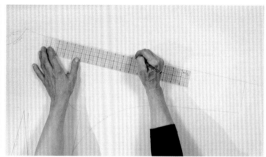

步骤6A

标出肩中点到腕部之间线段上的中点。

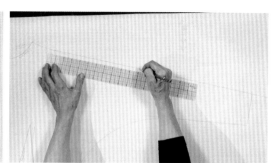

步骤6B

在肩线的这个点上做剪口。

模块4：
拓出前、后片

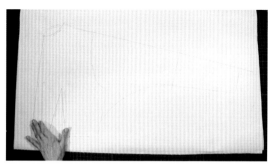

步骤1A

再准备一张91cm×56cm的白色打版纸放在桌上，为裁出后衣片做准备。

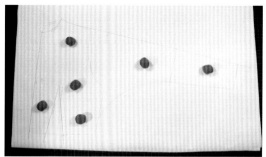

步骤1B

将和服的后片正面朝上放在纸上，将纸的边缘对齐并用压铁固定。

步骤2A

从后腰围线开始在下面纸上拓出后片，从红色的省量线开始拓到后中。

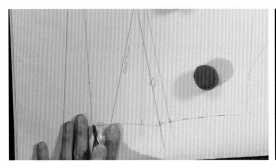

步骤2B

由于后面需要用尺子描出后中，需要拓出后中线与腰线的交点。

拓出后中线与领口线的交点。

步骤2C

从肩部到后中，拓出后领口。

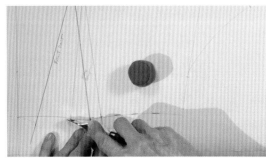

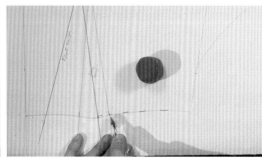

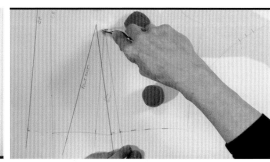

步骤2D

从省量线到后中，拓出后腰部的铅笔线。

步骤2E

拓出腰部的后省量线和省量的剪口。

步骤2F

拓出后省的省尖，不是前胸点。

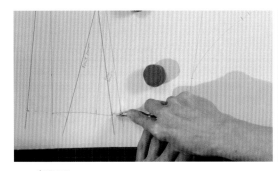

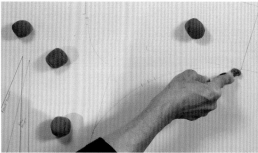

步骤2G

从侧缝到省量的剪口拓出后腰线。

步骤3A

现在从腰部沿着弧线到肘线拓出侧缝。

步骤3B

拓出三个侧缝剪口。

步骤3C

现在从腕部到肘线继续拓出袖底缝。

步骤3D

拓出袖肘上的剪口。

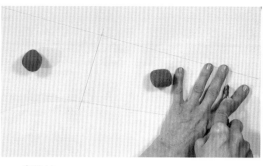

步骤4A

继续像演示的那样，压着纸样，沿着腕部拓印，防止纸样滑动。

步骤4B

接着，拓出腕部和肩缝的交点。

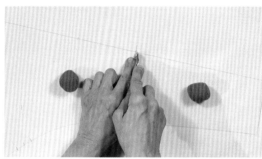

步骤5A

然后，拓出肘线的交点。

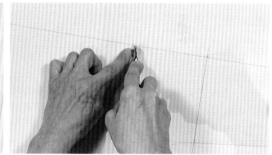

步骤5B

拓出中点处的剪口。

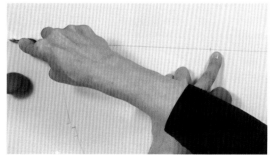

步骤5C

然后，从剪口到领口拓出肩线。

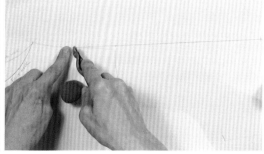

步骤5D

拓出肩部中间的剪口。完成拓印后，从桌上移走压铁和原样版。

步骤1

下一步标记并描出和服的后片样版。先连接后领和腰部的标记。

步骤2A

用尺子在后领处画一条大约2.5cm的线，且与后中垂直。

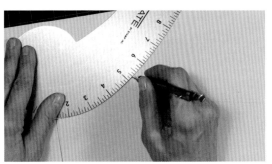

步骤2B

根据拓印的标记，用袖窿尺描出后领。

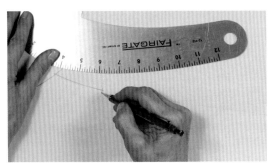

步骤3

根据拓印的标记，移到后肩并用袖窿尺在肩部到肩部中间的剪口作标记。

步骤4

现在用卷尺从腕部到肩部中点的剪口描出的肩线。

步骤5

标记出中点的剪口。

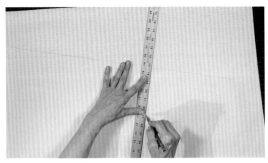

标记和袖肘线。

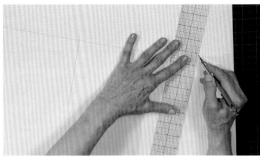

步骤6

现在从肩线到袖底缝标记出腕部。

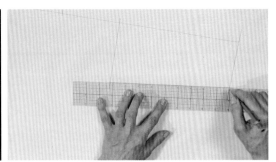

步骤7

由于从腕部到肘部的袖底缝是直线，可以用直尺完成。

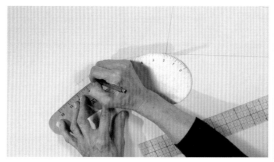

步骤8A

用袖窿尺沿着腋下的弧度描出线迹，描出腋下的三个剪口。

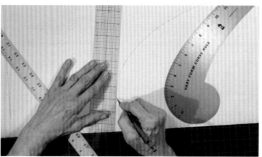

步骤8B

现在翻转曲线尺，描出腋下5cm的平衡点。根据拓印的标记，用尺子从侧缝连接到腰线。

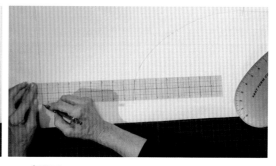

步骤9A

接下来移到腰部，从后中到省量剪口画一条线。

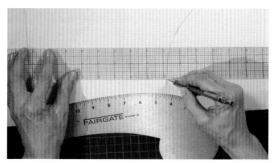

步骤9B

用直尺在侧缝线和腰围线的交点处画一条约2.5cm的垂线。

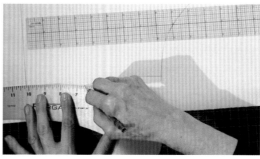

步骤9C

根据拓印的标记，用袖窿尺描出腰围线和省量的区域。

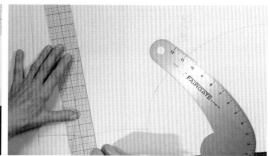

步骤10

标出省道的剪口，然后标出后腰省，在腰部连接省尖到省量剪口的两侧。

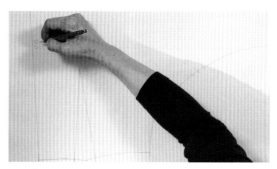

步骤11

在后中标注"后中"。

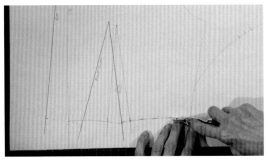

步骤1A

用滚轮在纸的另一面拓出前片的线迹，拓出前侧缝和腰部的交点，以及腰部到前腰省的剪口，为标出和服的前片纸样做准备。

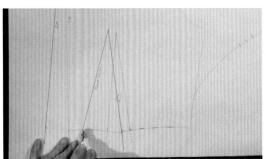

步骤1B

拓出前腰省的两个剪口，之后拓出省量区域。

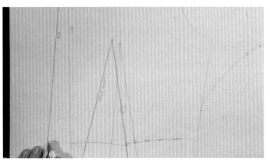

步骤1C

继续从前腰围线拓到前中线。然后，拓出前中线和腰围线的交点。

步骤2

现在拓出前腰省的省尖，先水平拓印。

然后垂直拓印。

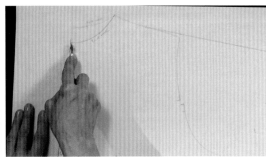

步骤3

拓出前中线和领口的交点。

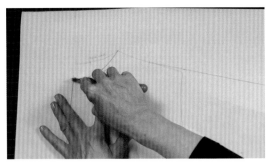

步骤4

沿着红色的铅笔线从前肩线到前中线拓出领口。

步骤5A

在样版下再放一张91cm×56cm的白色打版纸。

步骤5B

现在把纸翻过来，将边缘对齐。

步骤6A

下一步将前片拓出的标记复制到下面的纸上。

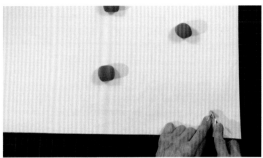

步骤6B

用压铁固定。根据拓印的标记，在纸上拓出前中线与腰部的交点。

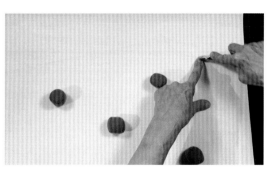

步骤6C

移动到前中线与领口线交点，拓出交点和前领。

253

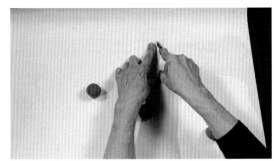

步骤6D

继续拓出肩缝，包括肩部的剪口。

由于肩部中点的剪口与肘线的这个区域是直线，可以用尺子直接完成。

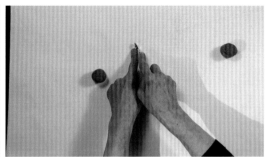

步骤6E

现在拓出肘线。

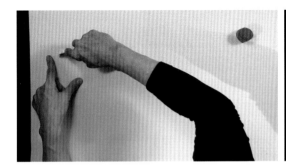

步骤6F

然后拓出肩部与腕部的交点。

拓出袖底缝。

步骤6G

移动到侧缝并拓出侧缝与腰部的交点。

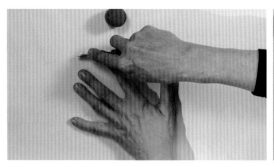

步骤6H

用一只手紧紧压着纸样，从前侧缝和袖底缝的弧线，一直拓到腕部。

步骤7

拓出腋下弧线的三个剪口。

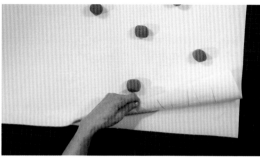

步骤8A

最后一步是拓出前腰围线。将纸张对折确认前腰部需要拓印的位置。

步骤8B

现在透过这张纸，根据标记拓出前腰围线。

步骤8C

拓出第一个省量剪口，接着在省尖拓出十字标记。

步骤8D

在另一个省量上拓出十字标记，然后继续拓出腰部到侧缝的线迹。

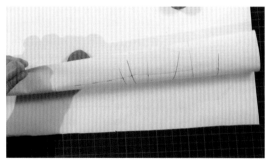

步骤8E

在腰部翻折纸张检查是否拓出了所有的标记。

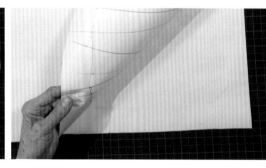

步骤8F

然后移走纸上的压铁。

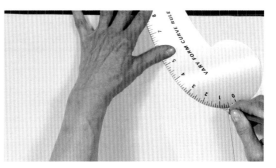
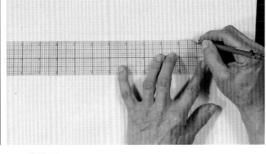

步骤1
用金属尺画出和服前片的前中线，连接前中线与腰部的交点和前中线与领口的交点，并在前中线标上CF。

步骤2A
在领口的前中画出一条约1.3cm的垂线。

步骤2B
根据拓印的标记，用袖窿尺描出前领。

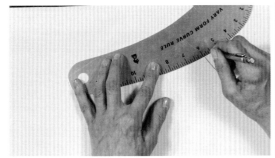

步骤3A
用袖窿尺从肩部与领口的交点到肩部中点描出肩缝。

步骤3B
用金属尺将肩部中点的剪口与腕部连接描出肩缝。

步骤3C
描出肩中点的剪口。

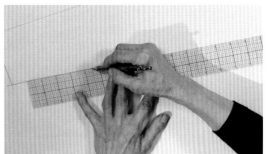

然后描出肘部的剪口。

步骤3D
如果有必要加重剪口的线迹，并重新圆顺线条。

步骤4A
根据拓印的标记转动直尺，描出腕部和袖底缝以及腰部。然而，对于腋下的弧度部分，可以换用大弯尺完成。

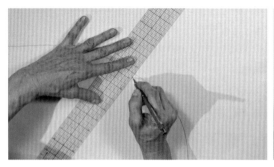

步骤4B

用尺子描出三个腋下的剪口。

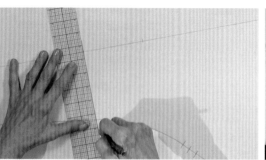

步骤5

从肩缝处画一条垂线，标出肘线。

步骤6A

现在移到胸点。

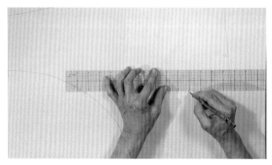

步骤6B

描出前腰省，从胸点向下2.5cm并作标记，这是前腰省的省尖。

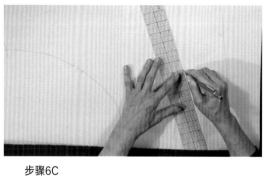

步骤6C

在前腰省的两侧作标记，转动尺子在下端的省尖作标记。

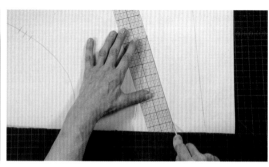

步骤7A

现在确定腰围线，用锥子和尺子刻出最靠近前中的省线。

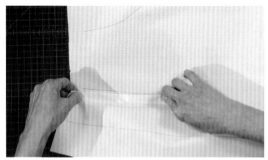

步骤7B

用手指折划出折痕，合上省道，将省余量转到前中。然后用可拆卸胶带固定省道。

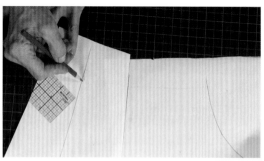

步骤8A

重新放置纸张，为描出前腰围线做准备。从前中到侧缝用红色铅笔描出。

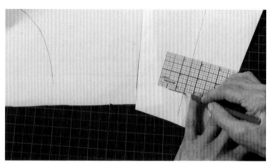

步骤8B

从前中画一条约2.5cm的垂线。

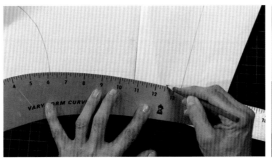

步骤8C

用大弯尺从侧缝到红铅笔的标记调整前腰围线。将发现前腰围线与原来的拓出的标记不同。

步骤8D

用红笔描出新腰围线。

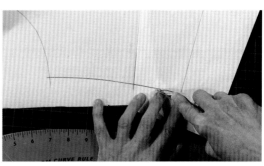

步骤9A

用滚轮拓出前腰省的区域。

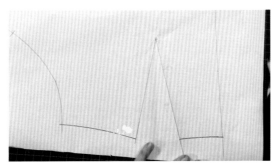

步骤9B

取下胶带，打开省道，平放在桌上。

步骤9C

然后，用袖窿尺和红色铅笔调整省量的线迹。

模块8：

裁出前、后片

步骤1

下一步沿着铅笔线裁出和服的前袖片纸样。

首先确保前后腰围线、领口和腕部这些区域多余的纸不被裁掉。

步骤2

现在沿着铅笔线裁剪，裁出和服的后袖片纸样。这次同样不要剪掉在腰围线、领口，或者腕部多余的纸张。

步骤3A

下一步将前、后片肩部与领口的交点对齐，如图所示。

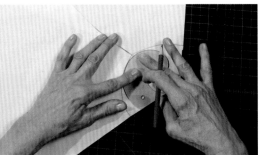

步骤3B

用红色铅笔和云尺，调整肩部与领口区域使其变成圆顺的弧线。

步骤3C

现在沿侧缝边对边将前、后片腰围线放在一起。检查腰围线是否形成了一个圆顺的弧线，用大弯尺和红铅笔做出调整。

步骤3D

沿着肩缝边对边放置将和服的前、后片。将领口、袖肘和腕部对齐。

步骤3E

用尺子和红色铅笔画出袖口线，与前、后袖片的肩缝垂直。

步骤4A

现在沿着前、后袖片的腕部裁掉多余的纸。

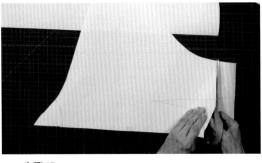

步骤4B

沿着前、后袖片的腰线裁掉多余的纸。

步骤4C

然后沿着前、后领线裁掉多余的纸。

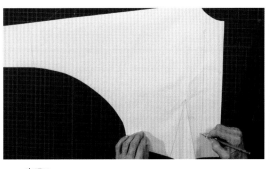

步骤1

在和服的前片纸样上添加经向线，距前中5cm画出经向线并在两端画上箭头。

步骤2

在纸板上标注"和服袖样版"和"尺码6"或者无论其他的尺码，并标注"前片"。

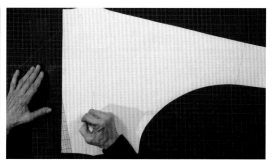

步骤3A

在和服的后片距后中线5cm添加经向线，并在线段的两端加上箭头。在样版上标注"后片和服袖样版""6码"，或者任何其他的尺码。

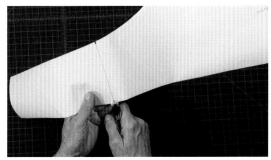

步骤4A

最后一步，用剪口钳在纸样上打剪口。在腰省打剪口，沿着袖腋下的弧线部分打三个剪口，然后在袖肘的两侧打剪口。

步骤4B

并在肩部的中点处和肩部剪口处打剪口。

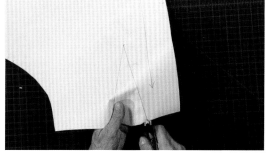

步骤5A

然后，在后片样版打上与前片和服样版相同的剪口。

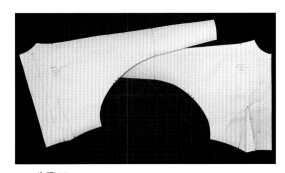

步骤5B

现在完成了和服袖样版。

自我检查

☐ 在这节课上是否用过一个省道的前衣片样版、有后领省的后衣片样版和直筒袖样版？

☐ 当合上省道时，后领省的余量是否移到了后袖窿上？

☐ 是否在袖底缝画出一个圆顺的弧线？

☐ 在没有分开样片的情况下，是否将前片省道和袖窿的标记裁开？

☐ 是否在前、后腰省上都作了精确的标记和描线？

第4章

领子

　　添加领子不仅可以修饰衣服的领口，还可以作为设计细节来衬托脸部。本章将学习如何绘制三种类型的衣领："立领"，贴近颈部，领身呈竖立（垂直）状态，而不固定在肩膀上；"两用领"，可在颈部呈敞开或闭合状态；"翻领"，沿后领翻折，与领口一致，不能敞开着穿，靠在肩上。中式领（旗袍领）和单立领（直立领）都属于立领，也是最容易绘制的衣领。中式领领口远离颈部，而单立领领口更贴近颈部。

　　两用领是一种非常受欢迎的衣领，因为它用途广泛，既可以不系扣敞开穿又可以系着扣闭合穿。彼得潘衣领是翻领的一种。本课程将学习如何绘制三种不同的翻领，每种翻领都以不同的翻折松度贴伏在肩部。虽然本课程只演示一个圆领角翻领的样版制作过程，但其他领型绘制原理与其相同，例如尖领角或其他造型的领型。最后的衣领课程是绘制海军领（水手领），这是一种具有造型化的宽背翻领。

中式领

学习内容

☐ 绘制衣领——准备带有标记和参考线的纸张，提取尺寸，画出领子；

☐ 制作样版——将衣领纸样描画在打版纸上，添加剪口、缝份和经向线，裁剪出样版。

工具和用品：

- 合适的衣身纸样(见第3.8章)
- 白色打版纸——边长41cm的正方形

Iris van Herpen将传统的中式立领加入到风格化的旗袍中，2016/2017秋冬

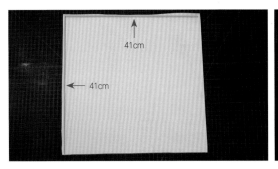

步骤1

准备一张41cm见方的打版纸。

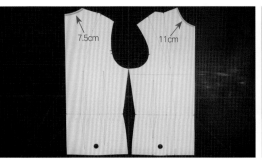

步骤2

需要测量前后领围数据。参考合适的衣身纸样，从前中至肩部测量前领围长度，从肩部到后中测量后领围长度。

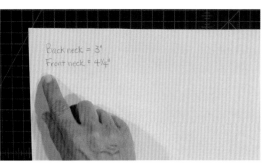

步骤3

将这些数据记录在纸张的左上角。后领围长度为7.5cm，前领围长度为11cm。

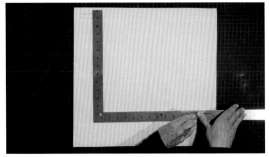

步骤4

将L形直角尺放在距纸张左边缘约10cm、底边向上10cm处，这表示后领中心位置与领口位置。在L形直角尺的两边各画一条约25.5cm的直线。

步骤5A

用直尺从后领中线沿领口线测量后领围尺寸，并作标记，这表示肩部位置。

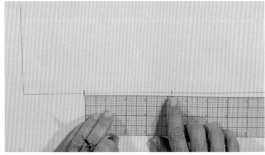

步骤5B

在肩部右边测量前领围尺寸，并作标记，这表示前领中线/领口线位置。

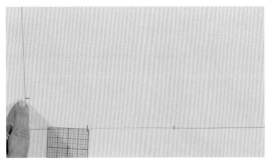

步骤6A

在后领中线上，从领口处向上测量3.8cm，并作标记，这表示领座（高度）位置。

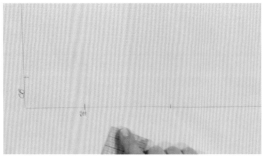

步骤6B

后领中线处标注CB，肩部处标注SH。

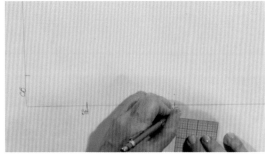

步骤6C

前领中线向上测量1.3cm，并作圆点标记。前领中线处标注CF。

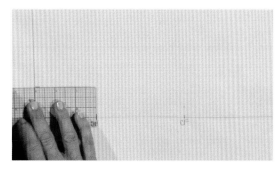

步骤7

沿后领中心领座位置画一条垂线（与领口线平行），长度至肩部标记。

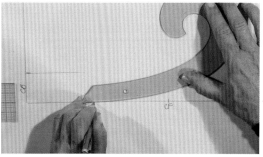

步骤8A

将领口从肩部标记向上弯曲至前领中线1.3cm的圆点处，用曲线尺画顺，这是新的领口线。接下来，将绘制中式领的外领口线。

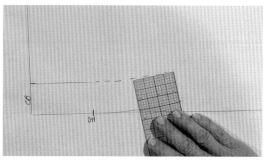

步骤8B

将直尺放在新领口线3.8cm处，并将外领口线的肩部至前中处连接画顺。

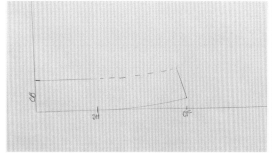

从前领中心至外领口线作一条垂线。

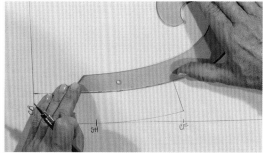

步骤8C

用曲线尺将外领口线的前领中心至肩部的虚线画实。

步骤9

将纸样标注为"中式领纸样"。

模块2：
制作样版

步骤1

将打版纸在中式领纸样上方剪成两半，并用多余的部分制作领子样版。为此，把多余的打版纸对折，形成折痕，并用手指压平。折痕将表示后领中线。

步骤2

将中式领纸样和下面打版纸的折叠边对齐。

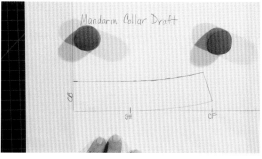

步骤3

中式领纸样与下面第二个打版纸的后领中心对齐后，用压铁将其固定到位。

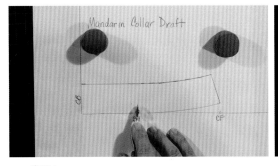

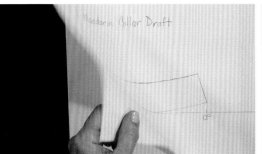

步骤4

使用描线滚轮将衣领轮廓线描到下面的打版纸上。画出内领口线、前领中线和外领口线以及肩部的剪口。

步骤5

移开压铁，然后将纸样拿开。

步骤6

接下来，沿着描线画出样版轮廓线。

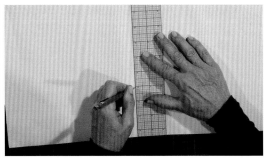

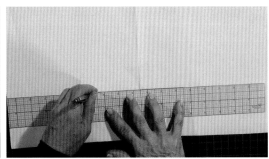

步骤7

首先，打开打版纸，将其平放在桌子上。

步骤8

用直尺标出后领中线。

步骤9A

在后领口线处，调整直尺从肩部到肩部作标记。

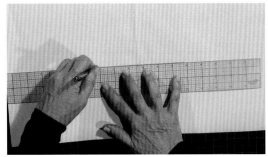

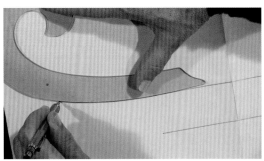

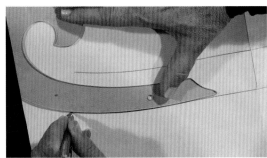

从肩部到肩部标记衣领外口线。

步骤9B

用曲线尺沿着描线标记绘制衣领边缘的曲线。

领口线（从肩部到前领中心位置）。

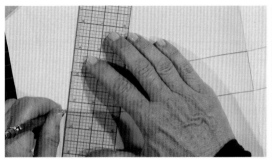

步骤9C

然后，标记前领中线。

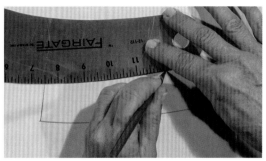

步骤9D

画顺衣领轮廓线。使用曲线尺和红笔来调整圆顺衣领轮廓，以获得更平滑的线条。

步骤10

移至衣领的另一侧，重复标记线条的过程，从内领口线开始，然后移至外领口线，最后是前领中线。

小技巧：

*根据设计师的选择，衣领也可以裁切成一定长度，在这种情况下，经向线将与后领中线方向一致。

步骤11

最后，标记肩部剪口。

步骤12

将直尺与后领中心对齐，并在后中线的两侧画出一条12.5cm的线，作为领子的经向线。经向线的两端加上箭头。*

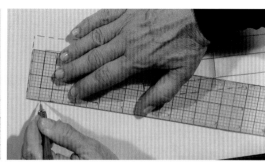

步骤13A

接下来，使用虚线在整个领子轮廓线周围增加1.3cm的缝份量，从前领中线开始。

小技巧：

*虽然在衣领上增加1.3cm的缝份量，但行业内通常在衣领的外边缘增加6mm的缝份量，在领口处增加1cm的缝份量。

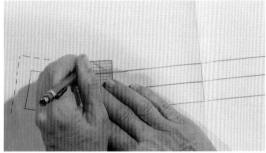

步骤13B

重新调整直尺，用直尺的长边标记衣领的笔直区域会画得更快。

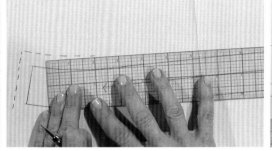

然后在绘制曲线时转动直尺。*

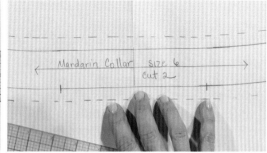

步骤14

将样版标注为"中式领"，"尺码6"和"裁剪2"。

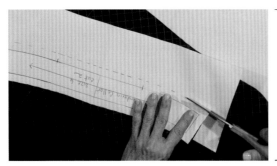

步骤15A

最后一步，沿着缝份的边缘，将衣领样版多余的部分剪掉。

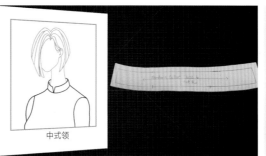

中式领

步骤15B

中式领样版制作完成。

266

小技巧：

中式领（也可用作毛领），前领中心的领高通常在2~3.2cm之间。领高超过5.1cm会影响脖子活动，低头不方便。

自我检查

- ☐ 是否正确测量了前后领围？
- ☐ 是否指出了肩部剪口？
- ☐ 是否增加了适当的缝份量？
- ☐ 是否添加了经向线？
- ☐ 是否增加了缝份量并标注样版？

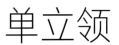

单立领

学习内容

☐ 准备带有标记和参考线的纸张，提取尺寸，画出领子；

☐ 将衣领纸样描画在打版纸上，添加剪口、缝份和经向线，标记扣位，裁剪出样版。

工具和用品：

• 合适的衣身样版（见第3.8章）

• 白色打版纸——边长41cm的正方形

Julianna Bass在纽约时装周上为这款拖地晚礼服增加了对比鲜明的领子，2017年秋季

模块1

绘制衣领

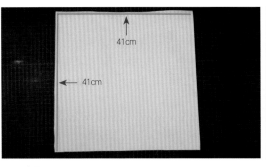

步骤1

准备一张41cm见方的打版纸。

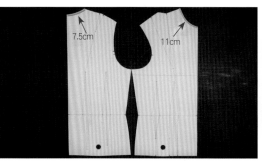

步骤2

需要测量前后领围数据。参考合适的衣身纸样，从前中至肩部测量前领围长度，从肩部到后中测量后领围长度。

步骤3

将这些数据记录在纸张的左上角。后领围长度为7.5cm，前领围长度为11cm。

步骤4

将L形直角尺放在距纸张左边缘约2.5cm、底边向上2.5cm处，这表示后领中心位置与领口位置。在L形直角尺的两边各画一条长约25.5cm的直线。

步骤5A

用直尺从后领中线沿领口线测量后领围尺寸，并作标记，这表示肩部位置。

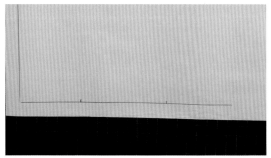

步骤5B

在肩部右边测量前领围尺寸，并作标记，这表示前领中线/领口线位置。

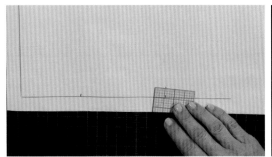

步骤5C

前领中线向上测量1.3cm，并作圆点标记。

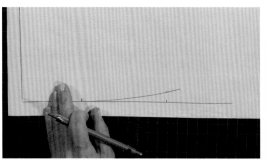

步骤5D

用曲线尺将肩部与前领中线上刚作的1.3cm处标记连接画顺，成为新的领口线。注意，如何将2.5cm的线延伸到前中线标记外。

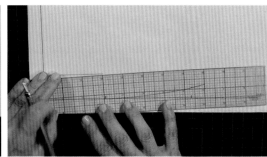

步骤6A

在后领中线上，用直尺从领口向上测量3cm，并画一条线横过肩部标记，这表示单立领的外口线。

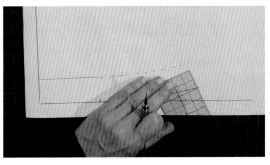

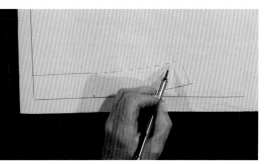

步骤6B

将直尺放在领口3cm处，沿新领口转动直尺，从肩部到前领中心，形成领上口线。

步骤6C

在距前领中线标记1.3cm处，沿衣领边缘画一条线。这将是衣领前中心的延伸部分。

将领外口线连接成领角。

269

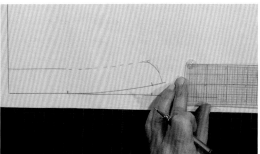

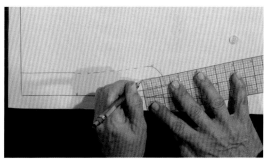

步骤6D

用曲线尺绘制出一个好看的圆领角。重新放置曲线尺调整好曲线弧度。

步骤7A

接下来，测量纽扣的大小，以便闭合衣领。一般，可使用20号纽扣（1.3cm宽）。

步骤7B

把直尺放在内领口线上，使其处于衣领宽度的中间，3cm宽的衣领是1.5cm。距前领中线1.5cm作标记。

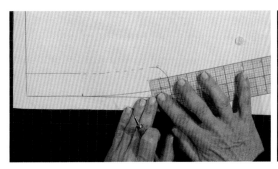

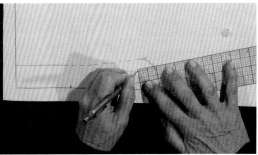

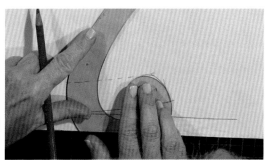

步骤7C

在前领中线标记外测量3mm，并作一个十字标记。这是为了绘制扣眼时补偿扣眼的螺纹线量。

步骤7D

从前领中线标记向后测量1.3cm，然后在扣眼的另一端作一个十字标记。

步骤8A

用曲线尺和红笔将领子的曲线补充完整。可使用橡皮擦消除不必要的线条。

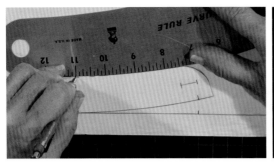

步骤8B
用曲线尺画好外领口线，完成领子纸样。

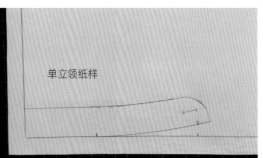

单立领纸样

步骤9
将纸样标注为"单立领纸样"。

模块2：
制作样版

步骤1
　　将打版纸在单立领纸样上方剪成两半，并用多余的部分制作领子样版。为此，把多余的打版纸对折，形成折痕，并用手指压平。折痕将表示后领中线。

Band collar draft

步骤2
将单立领纸样和下面打版纸的折叠边对齐。

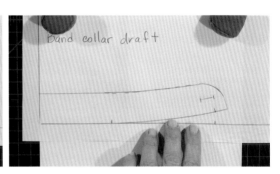

Band collar draft

步骤3
单立领纸样与下面第二个打版纸的后领中心对齐后，用压铁将其固定到位。

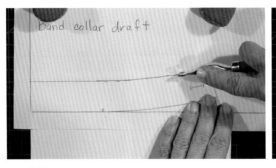

Band collar draft

步骤4
　　使用描线滚轮将衣领轮廓线描到下面的样版纸上。将滚轮施加压力，使穿孔在下面的纸上可见。画出领口线、前领中线、肩部的剪口以及扣眼位。

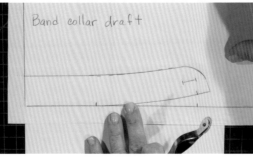

Band collar draft

步骤5
移开压铁，然后将纸样拿开。准备沿描线绘制样版轮廓线。

步骤6
首先，打开打版纸，将其平放在桌子上。

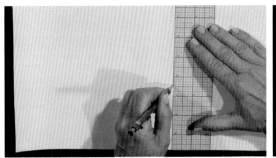

步骤7

用直尺标出后领中线。

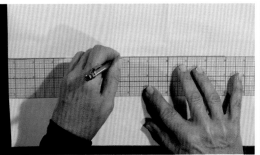

步骤8

在后领口线处，调整直尺并沿着描迹线从肩部到肩部作标记。

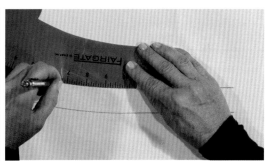

步骤9A

用曲线尺，沿描迹线标记绘制从肩部到前领中心位置的领口曲线。然后，画出外领口线。

步骤9B

绘制领子的圆形领角。可能需要多次调整曲线位置，以便沿着描线绘制出美观的弧线。

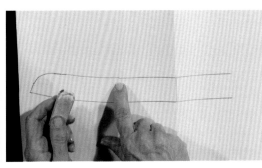

步骤9C

用橡皮擦去除不必要的线条，并对领子曲线和边缘进行校正。然后，用曲线尺或直尺重新调整所有线条。

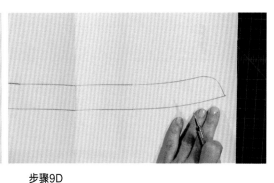

步骤9D

接下来，用曲线尺沿着描线重复标记领口线。标记外领口线和圆形领角边缘。

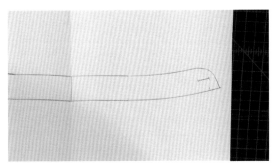

步骤10

标记前领中心剪口和扣眼位末端。

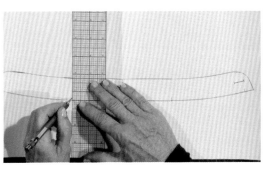

步骤11

然后，标记肩部剪口。

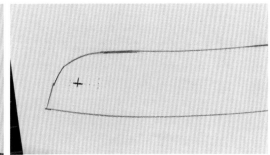

步骤12

移至衣领的左侧，标记纽扣位置。这是通过最靠近边缘的扣眼位末端的十字标记完成的。

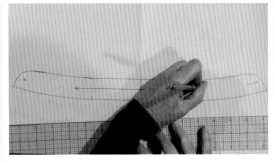

步骤13
将直尺放在领口线的1.5cm处，在后领中心两侧各画一条约10cm的线。这是领子的经向线。经向线的两端加上箭头。*

步骤14A
接下来，在整个领子轮廓线周围增加缝份量。从前领中线开始，用虚线绘制1.3cm的缝份量，直到领子较直区域，用实线绘制。*

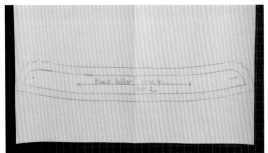

步骤15
将样版标注为"单立领""尺码6"和"裁剪2"。

步骤16A
最后一步，剪掉衣领样版多余的部分。

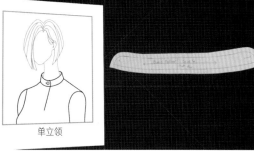

单立领

步骤16B
单立领样版制作完成。

自我检查

☐ 是否正确测量了衣身样版的前后领围？

☐ 是否呈现出了单立领的造型？

☐ 是否指出了肩部剪口？

☐ 纽扣 / 扣眼的位置是否正确？

☐ 是否添加了经向线？

Phillip Lim 通过两用领和拉链的细节来设计标志性的"牛仔夹克"，2016.9

两用领

学习内容

☐ 绘制衣领——准备带有标记和参考线的纸张，提取尺寸，画出领子；

☐ 制作面领样版——将面领纸样描画在打版纸上，修正线条，添加剪口，缝份和经向线，裁剪出样版；

☐ 制作底领样版——将底领纸样描画在打版纸上，修正并添加标记，裁剪出样版。

工具和用品：

• 合适的衣身纸样(见第3.8章)

• 白色打版纸——边长41cm的正方形

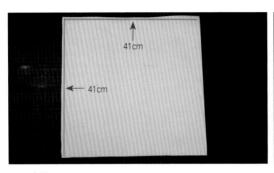

步骤1
准备一张41cm见方的打版纸。

步骤2
需要测量前后领围数据。参考合适的衣身纸样，从前中至肩部测量前领围长度，从肩部到后中测量后领围长度。

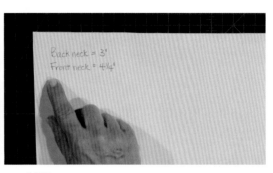

步骤3
将这些数据记录在纸张的左上角。后领围长度为7.5cm，前领围长度为11cm。

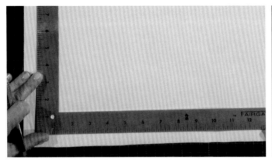

步骤4
将L形直角尺放在距纸张左边缘约2.5cm、底边向上2.5cm处，这表示后领中心位置与领口位置。在L形直角尺的两边各画一条约23cm的直线。

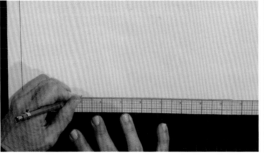

步骤5A
用直尺从后领中线沿领口线测量后领围尺寸，并作标记，这表示肩部位置。

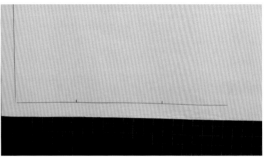

步骤5B
在肩部右边测量前领围尺寸，并作标记，这表示前领中线/领口线位置。

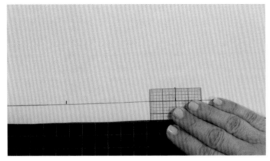

步骤5C
前领中线向上测量1.3cm，并作圆点标记。

步骤5D
用曲线尺将肩部与前领中线上刚作的1.3cm处标记连接画顺，成为新的领口线。

步骤6A
在后领中线上，用直尺从领口向上测量7.5cm，并画一条3.8cm的线横过肩部标记，这表示领子的外口线。

步骤6B

将直尺放在原领口的7.5cm处，继续从原领口处用虚线绘制，从肩部到前领中心，形成领上口线。

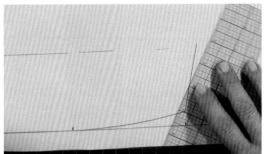

步骤6C

在距前领中线标记1.3cm处，画出所需的领角，这将是衣领的前边缘。

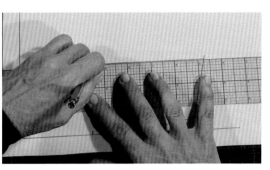

步骤6D

用直尺连接衣领的外边缘。

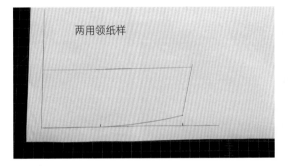

两用领纸样

步骤7

将纸样标注为"两用领纸样"。

小技巧:

另一种衣领的设计是圆领角而不是尖领角。

模块2:
制作面领样版

步骤1

将打版纸在两用领纸样上方裁切下纸样，并用多余的部分制作面领样版。为此，把多余的打版纸对折，形成折痕，并用手指压平。折痕将表示后领中线。

步骤2

将两用领纸样和下面打版纸的折叠边对齐。

步骤3

将折叠的打版样与两用领纸样的后领中心对齐后，用压铁将其固定。

步骤4

使用滚轮将衣领轮廓线描到下面的打版纸上。描画衣领的外口线时，将滚轮施加压力，使穿孔在下面的打版纸上可见。然后从后领中线向前领中线沿着领角边缘画出领口线，包括肩部的剪口。

步骤5

移开压铁，然后将纸样拿开，并展开打版纸，准备标记描线。

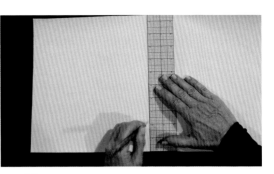

步骤6

用直尺标出后领中线。

步骤7

在后领口线处，将直尺沿着领子描迹线重新调整，然后将领子的两侧边及肩部的剪口对齐。

步骤8

用曲线尺调整肩部到领角的领型。

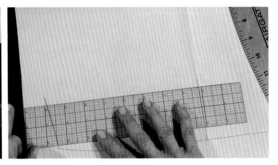

步骤9A

从领口线到领角，用直尺沿着描迹线描画领尖。

步骤9B

下一步，标记衣领边缘。领子的直边缘用直尺，曲线边缘用曲线尺。

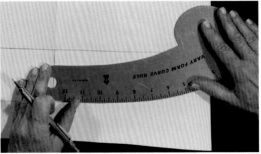

步骤9C

修正另一侧领子时，可重复此过程，从衣领边缘开始，然后是领角，最后是领子的曲线。

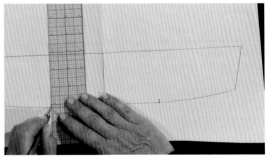

步骤9D

添加肩部的剪口，先标记一侧，然后重复另一侧。

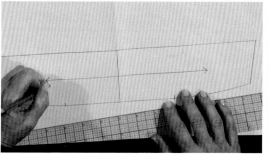

步骤10

领子中间绘制衣领的经向线,在后领中心的两侧各画一条12.5cm的直线。经向线两端各加上一个箭头。

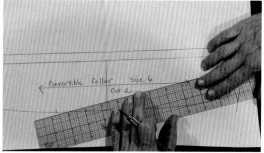

步骤11

在经向线上方标注"两用领"和"尺码6",经向线下方标注"裁剪2"。最后,在样版轮廓线周围增加1.3cm的缝份量。*

步骤12

沿衣领缝份的外边缘剪去多余的部分。

模块3:
制作底领样版

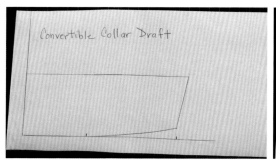

步骤1

要为两用领设计底领,首先要把领子纸样的正面朝上放在桌子上。

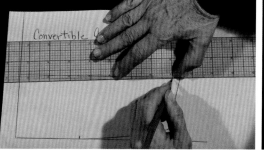

步骤2

用红笔和直尺,从衣领边缘画一条线,使其距衣领边缘3mm,以降低衣领。从后领中线开始,直至与领角重合。*

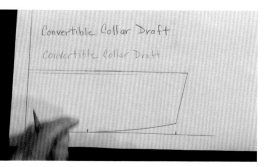

步骤3

用红笔标注底领纸样。

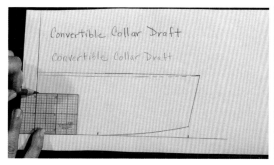

步骤4A

为使翻领效果更好,下领通常为斜裁。在后领中心/领口线的交点处标记一个5cm×5cm的框。

以标记为导向,在标记外画一条约2.5cm的斜线,然后在每端添加箭头。

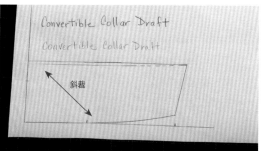

步骤4B

沿着经向线的顶部写下"斜裁"一词。

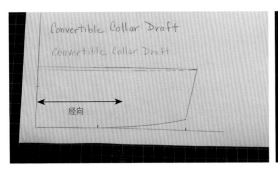

步骤4C

如果不选择斜裁领子，在后领中心处画一条线，并标记为"经向"。

步骤5

将另一张打版纸对折大小与面领纸样相同。将两用领底领的后领中心与下面打版纸的折叠边对齐。

步骤6A

将压铁放在样版边缘，使其固定。

278

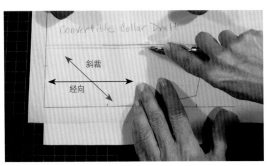

步骤6B

使用滚轮从领口线描画底领，然后沿着新的(红笔)衣领边缘描画领尖。用力按压滚轮，以便将所有描线标记印在下层纸张。

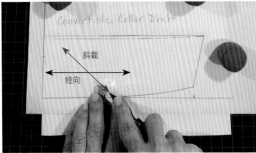

步骤6C

绘制斜裁线。由于选择斜裁衣领，因此要标记出肩部的剪口。

步骤6D

移开压铁，将纸样拿开。

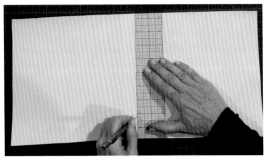

步骤7A

展开底领纸样，画出后领中线。

步骤7B

描画出衣领轮廓线，用曲线尺将肩部到领尖的弧线部分画圆顺。

步骤7C

将底领的衣领边缘缩小到零，使用曲线尺和直尺调整衣领外边缘。

另一种方法是转动直尺来调整曲线，而不是直接使用曲线尺，如图例所示。沿着描迹线绘制。

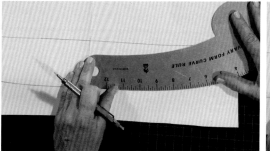

步骤7D

在衣领的另一侧画出领角，最后使用曲线尺画出领子的其余部分。

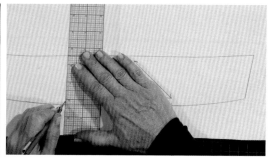

步骤7E

标记肩部的剪口、带有箭头的斜向经向线和另一个肩部剪口。

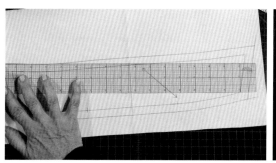

步骤8

从底领的外领口线开始增加1.3cm的缝份，围绕领尖的一侧到内领口线，然后在领尖的另一侧完成。

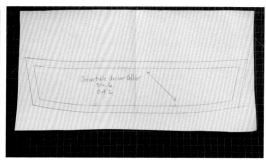

步骤9

将样版标注为"两用领底领纸样""尺码6"和"裁剪1"。

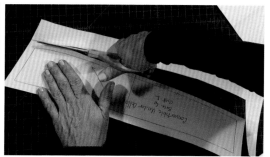

步骤10A

沿纸样轮廓线的外边缘剪出底领样版，剪掉多余的部分。

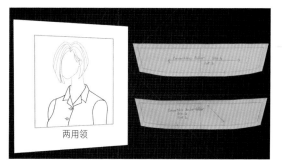

两用领

步骤10B

两用领的样版制作完成。

自我检查

- ☐ 是否正确测量了前后领围？
- ☐ 是否呈现出了两用领的造型？
- ☐ 是否指出了肩部剪口？
- ☐ 是否减小了底领纸样的宽度？
- ☐ 是否正确标注面领与底领？

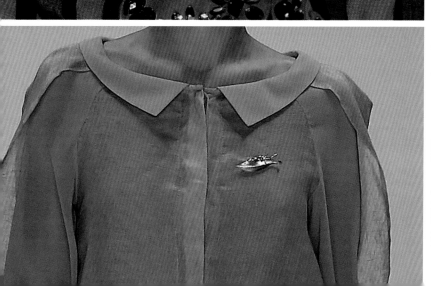

彼得潘领——
三种变化领

学习内容

☐ 准备带有标记和参考线的纸张，提取尺寸，画出带有领座的领子；

☐ 绘制衣领——用不同高度的领座绘制三种领型；

☐ 制作面领样版——将面领纸样描画在打版纸上，修正线条，添加剪口，缝份和经向线，裁剪出样版；

☐ 制作底领样版——将底领纸样描画在打版纸上，修正并添加标记，裁剪出样版。

工具和用品：

• 合适的衣身样版（见第3.8章）

• 白色打版纸——边长41cm的正方形

上图：领座高为2.5cm的翻领，Gucci, 2013春夏；中图：领座高为1.3cm的翻领，Anna Sui, 2012秋季；下图：领座高为3mm的平领，Yuxin, 2016.5；上页图：彼得潘领，Chanel, 2016/2017邮轮系列

模块1:
绘制领座高为2.5cm的翻领

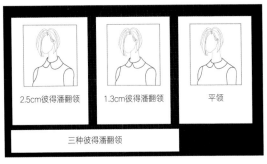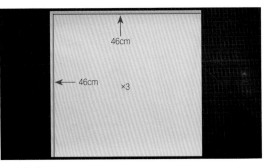

2.5cm彼得潘翻领　　1.3cm彼得潘翻领　　平领

三种彼得潘翻领

步骤1A

　　本课将讲述学如何绘制彼得潘翻领的三种领型，首先是领座为2.5cm的衣领，然后是领座为1.3cm的衣领，最后是领座为3mm的平领。注意每个衣领在颈部的位置，以及它如何贴伏在肩上；领座为3mm的衣领平放在肩

步骤1B

　　使用前后衣身样版或胸围样版。本课将使用带有侧缝省而不是肩省的前衣片和带有肩省的后衣片。

步骤2

　　若要完成每个彼得潘翻领的纸样和样版，需准备三张46cm见方的白色打版纸。

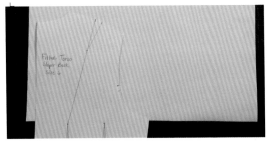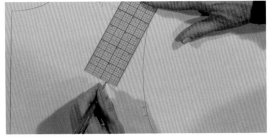

步骤3A

　　将后衣片与一张打版纸的左侧平行，距纸张边缘2.5cm，袖窿底处紧贴纸张的底边。

步骤3B

　　将后衣片描画在打版纸上，从后领中心的底边开始，沿着领口线、肩部直至袖窿处。描画时一定要沿着描迹线。然后，将后衣片拿开。

步骤4

　　将直尺放在后肩袖窿处，向下测量10cm，并在后肩上作标记。

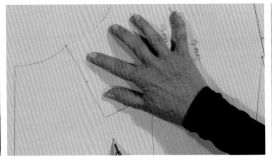

步骤5A

　　用前衣片，将前领、肩部的交点与后领相匹配。用铅笔按住前衣片的领口处，并转动前衣片，使前肩与后衣片上的10cm标记相吻合。

步骤5B

　　将前肩重叠在10cm标记处的后领上，会产生稍微弯曲的领口，从而形成更高的领座。

步骤6A

　　一只手按住前领，另一只手描画前领，前领中线约为7.5cm。然后将前衣片拿开。

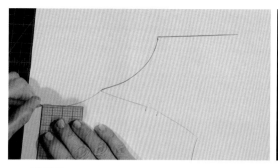

步骤6B

注意领口与肩部处有一个奇怪的凸起。稍后会处理。首先，使用红笔距原领口向上3mm处，在后领中心处画一条约1.3cm的线。

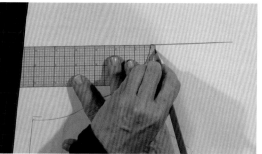

步骤6C

现在，将前领口降低6mm，使其在前领中心处形成直角。

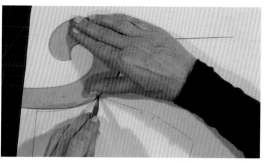

步骤6D

用曲线尺和红笔，调整一条新后领中线（红色标记）到肩部的曲线。

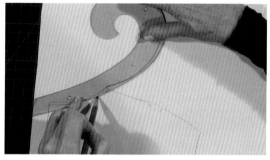

步骤6E

然后翻转曲线尺，将领口降低到肩部，形成新的前领口。轻轻标记以绘制曲线，调整好领口曲线后，用红笔将该线变暗。

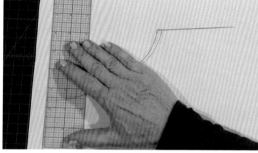

步骤7A

从新的（凸起的）后领中线向下测量6.3cm，形成后领的内领口线边缘。用虚线标出衣领边缘。确保衣领的后中线垂直于后衣片纸样的后领中线。

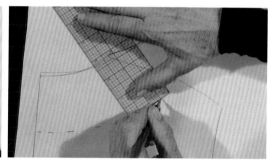

步骤7B

在6.3cm的标记处，将直尺沿新领口至肩部绘制外领口线，并用虚线标出。

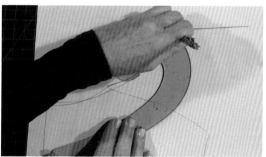

步骤7C

使用曲线尺绘制从肩部到前领中线形成的衣领边缘，如果绘制尖领，可使用直尺。调整好衣领边缘的曲线形状，确保衣领符合降低后的前领中心。

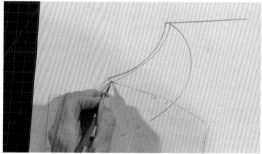

步骤8

在肩部作剪口标记。

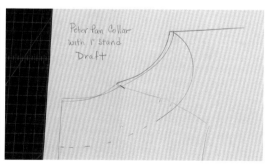

步骤9

在打版纸的左上角标注"领座高为2.5cm的彼得潘领"和"纸样"。

步骤1A

绘制领座高为2.5cm高的翻领。首先，将后衣片平行于打版纸的左侧，距纸张边缘2.5cm，袖窿底紧贴纸张的底边。

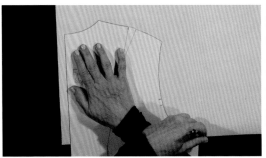

步骤1B

将后衣片描画在打版纸上，从后领中心的底边开始，沿着领口线、肩部直至袖窿处。描画时一定要沿着描迹线。然后，将后衣片拿开。

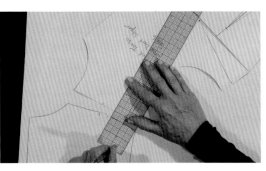

步骤2

将前衣片的肩部与打版纸上的后片纸样的肩部相贴。将直尺放在后肩袖窿处，向下测量5cm，然后在后肩上作标记。

步骤3A

用前衣片，将前肩、袖窿交点与后片标记进行匹配。

步骤3B

用铅笔按住前衣片的领口处，并转动前衣片，使前肩与后衣片上的5cm标记重合。

步骤3C

将前肩重叠在5cm标记处的后领上，绘制出一个高1.3cm的领座，该领座的领口位置比上一个领型略低些。

步骤4A

一只手按住前领，另一只手描画前领，前领中线约为7.5cm。然后将前衣片拿开。

步骤4B

注意领口与肩部处有奇怪的凸起。稍后会处理，首先，用红笔在后领中心画一条线，在原来的领口处向上约1.3cm。

步骤4C

将前领口降低6mm，使其在前领中心处形成直角。

步骤4D

用曲线尺和红笔，调整一条新后领中线（红色标记）到肩部的曲线。

步骤4E

然后翻转曲线尺，将领口降低到肩部，形成新的前领口。轻轻标记以绘制曲线，调整好领口曲线后，用红笔将该线变暗。

步骤5A

用虚线标出衣领边缘，在新的后领中线向下9cm。确保衣领的后中线垂直于后衣片纸样的后领中线。从背中部开始，沿着肩部，距肩缝约7.5cm作标记。

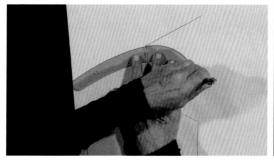

步骤5B

用曲线尺来完成衣领（可用直尺绘制尖领）。调整曲线至需要的领型，但要将前领中心与降低后的领口连接。调整好领型曲线后，标记衣领，将前领中心与衣领边缘标记连接起来。

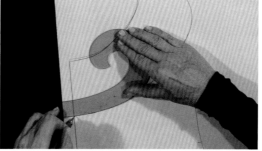

步骤5C

调整衣领的其余部分，可不断调整曲线尺，直至完成。确保后领中线与衣身后中线成直角。

步骤6

在肩部作剪口标记。

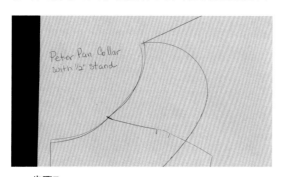

步骤7

在打版纸的左上角标注"领座高为1.3cm的彼得潘领"和"纸样"。

平领

步骤1

绘制领座高为3mm的翻领。这种衣领平贴在身上，只有轻微的翻起。

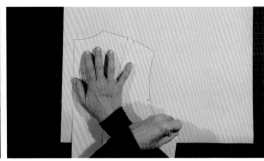

步骤2A

与领座高为2.5cm和1.3cm的翻领一样，将后衣片平行于打版纸的左侧，距纸张边缘2.5cm，袖窿底处紧贴纸张的底边。将后衣片描画在打版纸上，沿着描迹线绘制，然后将后衣片拿开。

步骤2B

将前衣片的肩部与打版纸上的后片纸样的肩部相贴，并重复上述步骤，将前肩部重叠并转动到后肩部。首先，将直尺放在后肩袖窿处，向下测量1.3cm，然后在后肩上作标记。

步骤2C

用铅笔按住前衣片的领口处，并转动前衣片，使前肩与后衣片上的1.3cm标记相吻合。一只手按住前领，另一只手描画前领，前领中线约为7.5cm。然后将前衣片拿开。

步骤3A

用红笔和直尺距原领口往上3mm处，在后领中心画一条线。

步骤3B

将前领口降低6mm，使其在前领中心处形成直角。

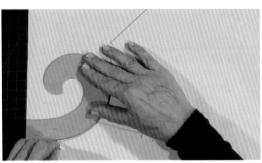

步骤3C

使用曲线尺和红笔，调整一条新的后领中线（红色标记）到肩部的曲线。

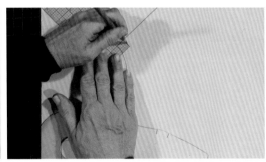

步骤4A

用直尺在降低的领口上画一条约1.3cm的直线。

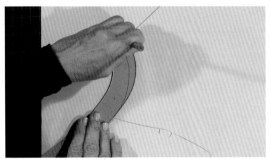

步骤4B

重新调整曲线尺，并从肩部到新的低领口作标记。

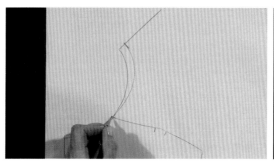

步骤4C

接下来,标记肩部剪口。

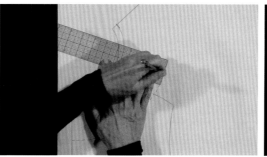

步骤4D

用虚线标出衣领边缘,在新的后领中线向下9cm。确保衣领的后中线垂直于后衣片纸样的后领中线。从背中部开始,沿着肩部,距肩缝约7.5cm作标记。

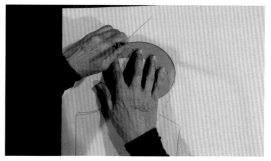

步骤4E

使用曲线尺来完成衣领(可用直尺绘制尖领)。调整曲线至需要的领型,但要将前领中心与降低后的领口连接。调整好领型曲线后,标记衣领,将前领中心与衣领边缘标记连接起来。

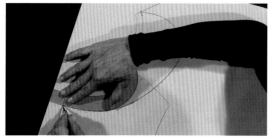

步骤5A

调整衣领的其余部分,可不断调整曲线尺,直至完成。确保后领中线与衣身后中线成直角。

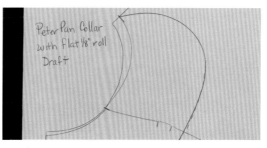

步骤5B

在肩部作剪口标记,并在打版纸的左上角标注"领座高为3mm的彼得潘领"和"纸样"。

模块4:
制作面领样版

步骤1

从面领开始制作彼得潘衣领样版。此过程可用于三种不同的领型。将第二张46cm见方的打版纸对折,并在折叠处形成折痕。

步骤2

将翻领纸样的后领中心与下面打版纸的折叠边对齐。翻领纸样放在打版纸上以转移整个翻领纸样,如图例所示。

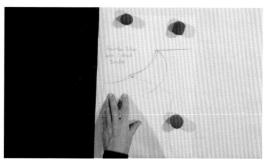

步骤3

折痕上对齐纸样后,用压铁将其固定。

步骤4A

接下来，将衣领轮廓线描到下面的打版纸上。用力按压滚轮，使穿孔在下面的纸上可见。从后领中心到前领中心开始描画新领口。

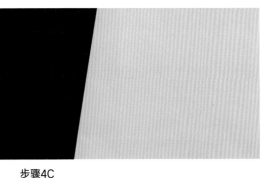

步骤4B

从后领中心到前领中心，描画衣领的外边缘。用手按住纸，防止纸样移动。一定要标记肩部剪口。

步骤4C

将压铁和纸样拿开。

步骤5A

下一步，描线标记后，标记衣领样版。

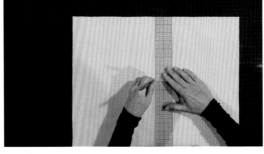

步骤5B

展开打版纸，压平折痕，并用直尺标记后领中线。

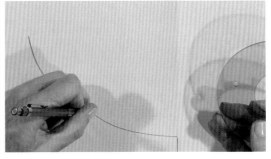

步骤5C

用曲线尺沿着描边标记描画，标记领口曲线的一边，从前领中心到肩部，从肩部到后领中心，在移动时重新调整曲线。标记肩部剪口。

步骤5D

接下来，沿着从前中心到后中心的描迹线，标记衣领外边缘的一侧。在此过程中，需要不断地调整曲线尺，以获得一条平滑圆顺的曲线。

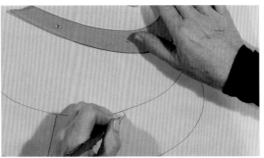

步骤5E

翻转曲线尺，并以同样的方式调整衣领的另一侧，不断调整曲线尺按照描迹线标记。记住在肩部剪口作标记。

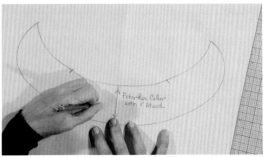

步骤6

将经向线箭头添加到后领中心线上。然后标注"领座高为2.5cm的彼得潘领""尺码6"（或者其他尺寸），以及"裁剪1"。

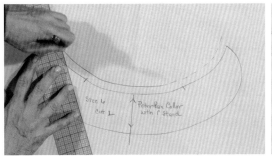

步骤7A

整个衣领轮廓线周围增加1.3cm的缝份，从一端开始并沿着领子移动。可使用直尺先标记为虚线，也可以沿着衣领的轮廓线移动并转动尺子，将缝份标记为实线。

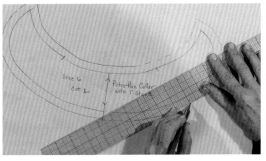

步骤7B

继续在衣领外边缘增加1.3cm的缝份。此领增加的1.3cm缝份量可能会与行业规定的缝份量有所不同。

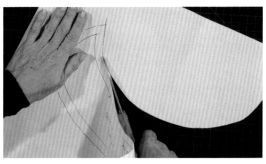

步骤8A

沿缝份的边缘修剪领子纸样。用手把打版纸放在桌子上，让剪刀贴着桌子裁剪会更省事。随手撕掉多余的纸张，会使裁切过程更容易。

步骤8B

裁切的一个技巧是永远不要把样版从桌子上抬起。但，快裁剪完成或需要修剪某处时，可以将其抬起。

小技巧：

行业中的生产模式，最常见的缝份量是领口处为1cm，领口边缘为6mm。

模块5：

绘制底领样版

小技巧：

*减少底领的宽度将会防止面料在衣领缝好后从右侧露出。面料越厚，需要减少的越多。

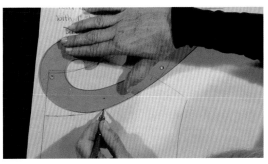

步骤1

彼得潘领的三种变化领型，其底领纸样的绘制步骤是相同的。开始前，必须先用曲线尺来修正底领的外弧线边缘。

步骤2

用直尺和红笔在后领中线上的内领边缘向上画一条3mm的虚线，从后领中心开始，沿着内领边缘绘制，直至前领中线处减小到零。*

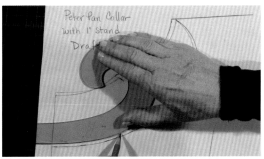

步骤3

用曲线尺将衣领边缘从前领中心到后领中心的虚线转为实线。

模块6：
制作底领样版

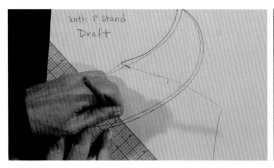

步骤4A

为使翻领效果更好，下领通常为斜裁。为找到偏斜度，将直尺放在距后领中线5cm处的对角线两端处，然后画一条平行线，并与对角线相距2.5cm。

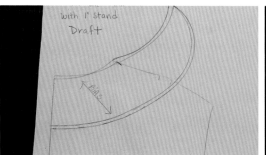

步骤4B

在经向线上方标注"斜裁"。

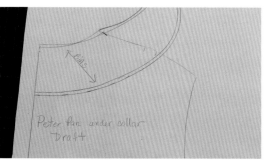

步骤4C

在衣领边缘下方标注"彼得潘底领"和"纸样"。

步骤1

彼得潘领的三种变化领型，其底领样版的制作步骤都是相同的。首先，将第三张46cm见方的打版纸对折，并在折叠处形成折痕。

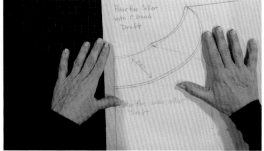

步骤2

将翻领的后领中心与下面打版纸的折叠边对齐，与面领样版的制作方法一样。

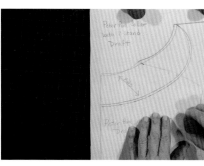

步骤3

折痕上对齐纸样后，用压铁将其固定。

步骤4A

接下来，将衣领轮廓线描到下面的打版纸上。再次，用力按压滚轮，因为此标记需要渗透三层。从后领中心到前领中心开始描画新领口。

步骤4B

从后领中心到前领中心，描画衣领的外边缘。描画时，一定要用手按住纸，防止纸样移动。

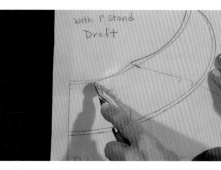

步骤4C

标记肩部剪口和斜向经向线，然后把压铁拿开。

步骤5

将纸样从下面的打版纸中拿开。

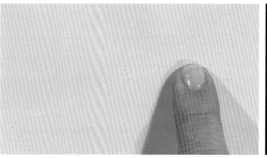

步骤6

下一步，描线标记后，标记底领样版。

步骤7

展开打版纸，压平折痕，并用直尺在折线上作标记。

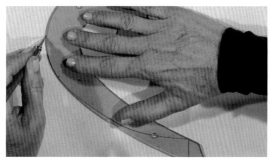

步骤8A

用直尺标出后领中线，然后用曲线尺沿着描边标记，从后中线到前中线标记出内领口曲线的一侧。

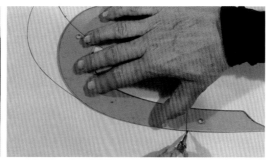

步骤8B

沿着从前中心到后中心的描迹线，标记衣领外边缘的一侧，并根据需要重新调整曲线尺，也可以重新修正曲线，使其平滑圆顺。

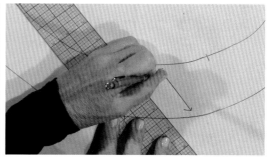

步骤8C

接下来，标记底领的另一侧，从后中心开始，围绕领子向前中心移动，然后标记领口。标记第一个肩部剪口、斜向经向线，然后标记另一个肩部剪口。

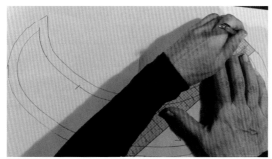

步骤9

在底领轮廓线周围增加1.3cm的缝份，与面领样版做法相同。

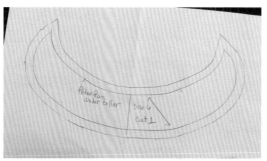

步骤10

在衣领边缘下方标注"彼得潘底领""尺码6"（或者其他尺寸），以及"裁剪1"。

步骤11A

沿领子缝份的边缘剪切掉多余的纸张。彼得潘翻领的三种变化领型样版制作完成。

自我检查

☐ 是否正确提取了衣身样版的前后领围尺寸？

☐ 是否能画出三种造型的翻领纸样？

☐ 是否指出了肩部剪口？

☐ 是否减小了每个底领纸样的宽度？

☐ 是否增加了适当的缝份量并标注了衣领样版？

Lena Hoschek在柏林展出的海军领连衣裙增添了航海气息，2017春夏

海军领

学习内容

☐ 绘制衣领——准备带有标记和参考线的纸张，选择合适的衣片，将衣片描画到打版纸上，绘制衣领；

☐ 制作面领样版——将面领纸样描画在打版纸上，修正线条，添加剪口，缝份和经向线，裁剪出样版；

☐ 制作底领样版——将底领纸样描画在打版纸上，修正并添加标记，裁剪出样版。

工具和用品：

• 合适的衣身样版（见第3.8章）

• 三张白色打版纸——每张边51cm的正方形

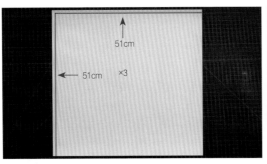

步骤1

准备三张51cm见方的打版纸。

步骤2

可使用前胸省、后肩省的上衣纸样,也可以使用带有后肩省和前胸省的衣身纸样。有关如何将肩省转移到侧缝的说明,请参见第3.2章。不过,一定要确保使用的是带有侧缝省道的前衣片,而不是带有肩省的前衣片。

对于后衣片,只能使用有肩省的纸样。

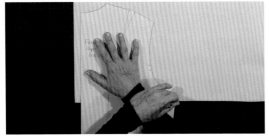

步骤3A

将后衣片与打版纸的左侧平行,并距纸张边缘2.5cm,袖窿底处紧贴纸张的底边。将后衣片沿着描迹线描画,从后领中线的底边开始,沿着领口线、肩部,直到袖窿,包括剪口。

步骤3B

将直尺放在后肩袖窿处,向下测量1.3cm,并在后肩上作标记。

步骤3C

拿起前衣片,将前领、肩的交点与后衣片相匹配。用铅笔按住前衣片的领口处,并转动前衣片,使前肩与后衣片上的1.3cm标记相吻合。

步骤3D

一只手按住前领,另一只手沿前领口和前中线描画至胸围水平。

步骤3E

将前衣片的袖窿描画在下面的打版纸上,会发现与后衣片相比,其肩部到袖窿处有约5cm的缺口。然后将前衣片拿开。

因为使用的是带肩省的后衣片,所以前后肩长度不一致。不用担心这种情况。

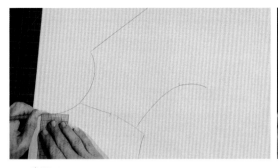

步骤4A

用直尺和红笔，距原领口往上3mm处，在后领中心画一条1.3cm的线。

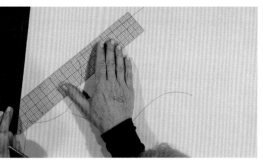

步骤4B

降低前领口。从前中线、领口线交点向下测量14cm，并作个标记。

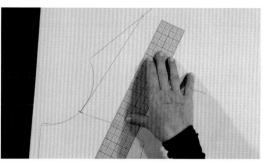

步骤5A

在此标记处，画一条线连接到肩部、领口交点，形成海军领的前领口。然后用红笔标出肩部剪口。

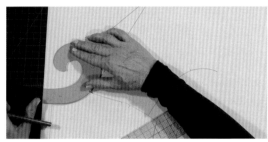

步骤5B

接下来，使用曲线尺调整凸起的后领口。将肩缝到后领中线的线画实。确保后领中线成直角。

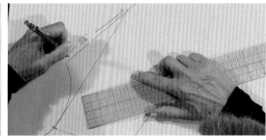

步骤5C

在纸样上标注，表明领口已降低14cm。

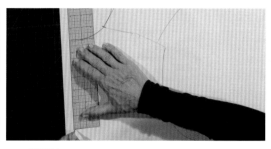

步骤6A

移到后片，用直尺从后领中线、领口线交点至后领中线18cm处作标记。

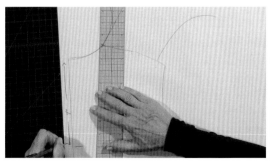

将尺寸记录在纸样上，并用箭头以表明海军领后片的长度。

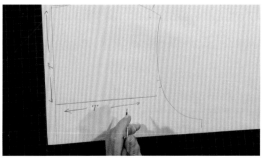

步骤6B

从18cm标记处，作一条18cm的垂线，并用箭头记录尺寸，这是海军领后片的宽度。

步骤6C

用L形直角尺方块，画一条线，将海军领后片最靠近袖窿的外边缘与降低的领口标记连接起来。注意，衣领边缘和后领中线呈方形，如图所示。

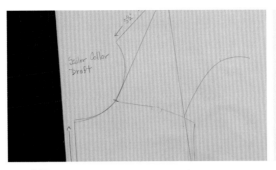

小技巧：

海军领的造型还包括前领结、圆形后领、扇形领边或其他造型变化。

步骤7
在打版纸的左上角标注"海军领纸样"。

模块2：

制作面领样版

步骤1
将第二张51cm见方的打版纸对折，并在折叠处形成折痕。

步骤2A
将海军领纸样的后领中心与下面打版纸的折叠边对齐，同时还要匹配外领口线与内领口线。

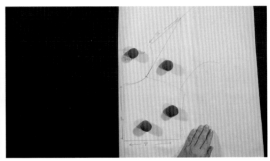

步骤2B
用压铁将纸样固定。

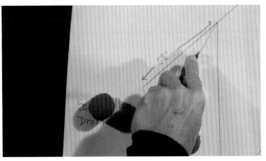

步骤3A
用滚轮从后领中心到降低的前领中心，标记衣领边缘。用力按压滚轮，因为此标记需要渗透三层。

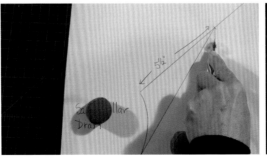

步骤3B
然后转移描画衣领外边缘，从后领中心直至前领中心。

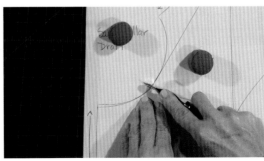

标记出肩部剪口，然后将纸样拿开。

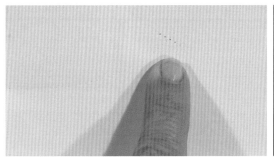

步骤4A

下一步，沿描迹线绘制纸样。

步骤4B

沿着描线，用直尺画出后领的边缘。

步骤4C

然后移到衣领的外边缘。沿着描线，将领外口线与降低的前领中线连接。

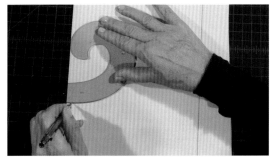

步骤4D

移至后领口处，作1.3cm的直线，然后用曲线尺从肩部至1.3cm标记处，绘制领口曲线。

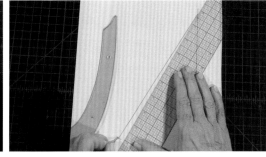

步骤4E

沿着描线，用直尺将肩部与前领中线连接。然后标记出肩部剪口。

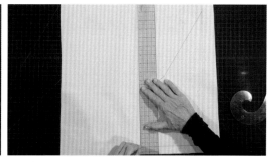

步骤5A

描线标记完成后，展开打版纸，沿着海军领的后领中心画一条线。

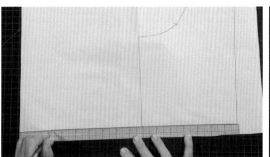

步骤5B

从后领的外边缘开始，画出衣领的另一侧。

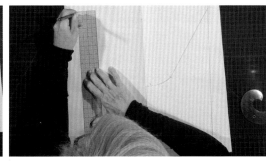

步骤5C

从衣领的底边至前领中心，画出衣领的侧边。

步骤5D

移到后领口处，作1.3cm的直线。

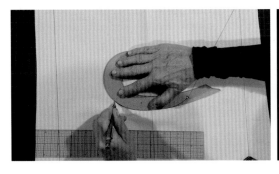

接下来，使用曲线尺绘制从后领中线到肩部的描线。

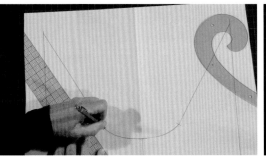

然后，切换直尺，完成从肩部到前领中线的描线。标记出肩部剪口。

步骤6A

在后领中线处，标注经向线箭头。

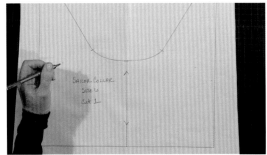

步骤6B

在领口下方的后领处标注"海军领面领纸样"，"尺码6"（或者其他尺寸），以及"裁剪1"。

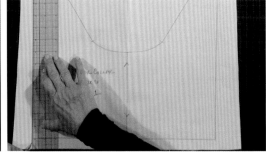

步骤6C

用直尺在海军领轮廓线边缘增加1.3cm的缝份。先绘制衣领的一侧，从前领中心至底边增加缝份。

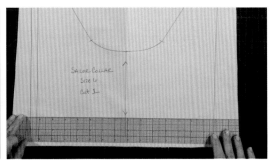

步骤6D

然后，在衣领底边增加缝份。

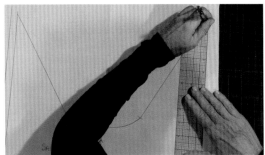

步骤6E

在衣领的另一侧增加缝份。

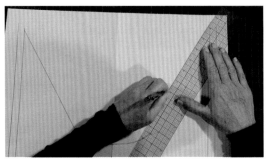

步骤6F

之后，在前片内领口线的一侧增加缝份。

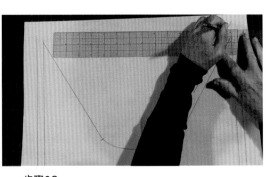

步骤6G

注意，在领口处保持平直。

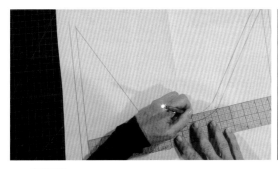

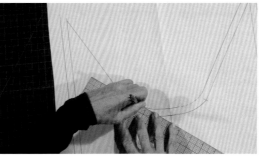

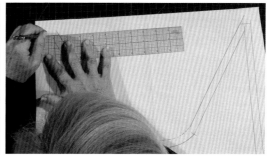

步骤6H

在1.3cm标记处，用直尺继续沿着前领口的这一侧向下绘制到后领中心。并在肩部至后领中间用虚线绘制。

也可以沿着曲线，转动直尺，绘制一条实线，而不是虚线。

步骤6I

继续沿领口的另一侧，从肩部至前中心，增加1.3cm的缝份。

步骤7

沿缝份线的外边缘剪掉多余的纸张，剪出海军领面领样版。

小技巧：

尽管在衣领上增加1.3cm的缝份量，但行业内通常在衣领的外边缘增加6mm的缝份量，在领口处增加1cm缝份量。

模块3：
制作底领样版

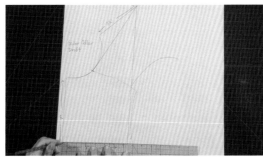

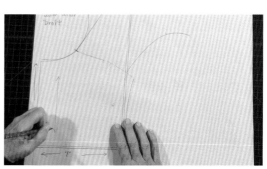

步骤1A

要制作底领样版，首先用红笔将衣领长度减少3mm。从衣领底部向上3mm处，用直尺画一条线。

步骤1B

然后将衣领的外边缘减少3mm，使其在前领中心为零。距衣领边缘3mm处画一条线，这条线不能超过前领中心。

步骤2

距后领中心5cm处绘制一条经向线。

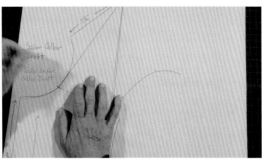

步骤3

在打版纸的左上角标注"海军领底领纸样"。

步骤4A

制作底领样版，需要将所有的红色线条都画到一张单独的打版纸上。

步骤4B

将第二张51cm见方的打版纸对折，并在折叠处形成折痕。

步骤5A

将海军领纸样的后领中心与下面打版纸的折叠边对齐，同时还有匹配外领口线与内领口线。

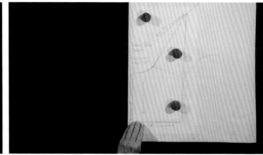

步骤5B

用压铁将纸样固定。

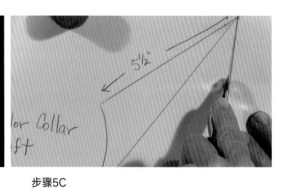

步骤5C

用滚轮从后领中心，沿着衣领边缘标记。用力按压滚轮，因为此标记需要渗透三层。直至前领中心处停止。

步骤5D

从后领中心直至前领中心描画衣领外边缘。

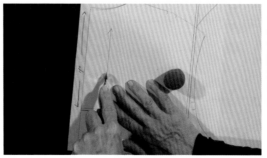

步骤5E

标记出肩部剪口和经向线，然后，将压铁和纸样拿开。

步骤6A

下一步，沿着描线标记绘制纸样。首先，用曲线尺画顺从肩部到后领中线的领口线，确保后领中线、领口线成直角。

步骤6C

沿着描线，用直尺将肩部与前领中线连接。

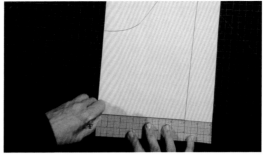

步骤6D

沿着描线，将衣领的外边缘和底边连接起来，然后转动直尺并在衣领的底部作标记，确保后领中线成直角。

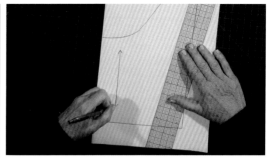

步骤6E

标记经向线，两端添加箭头。

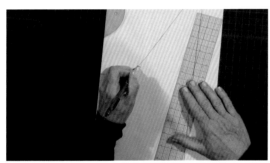

然后标记肩部剪口。

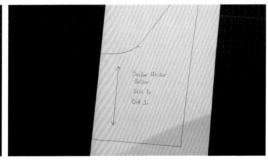

步骤7

在打版纸上标注"海军领底领纸样""尺码6"（或者其他尺寸），以及"裁剪1"。

步骤8A

接下来，在海军领轮廓线边缘增加1.3cm的缝份，从衣领底部的后领中心开始，然后沿着衣领的外边缘向下延伸。

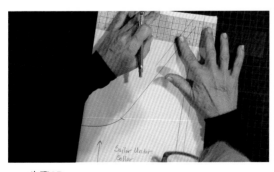

步骤8B

在领口处增加1.3cm的缝份，直至前中点与领口相交。

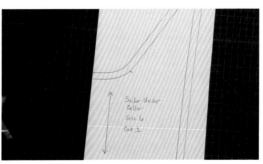

继续在领口增加1.3cm的缝份，直至后领中心处。

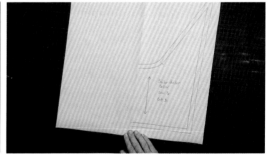

步骤9

展开海军领底领纸样，压平折痕，准备在纸样另一侧作标记。

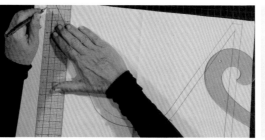

小技巧：

尽管在衣领上增加1.3cm的缝份量，但行业内通常在衣领的外边缘增加6mm的缝份量，在领口处增加1cm缝份量。

步骤10

在衣领的另一侧作标记，与之前做法相同。衣领的底部边缘开始，沿着描线标记绘制。可用直尺绘制领口的外边缘，再使用曲线尺完成后领中心的曲线部分。确保后领中线成直角。

步骤11

在整个衣领轮廓线周围增加1.3cm的缝份，与之前做法相同。一定标记出肩部剪口。此领增加的1.3cm缝份量可能会与行业规定的缝份量有所不同。

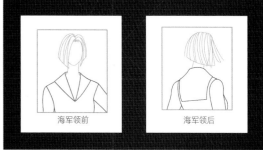

步骤12A

沿缝份线的外边缘剪掉多余的纸张，剪出海军领底领样版。

然后用铅笔沿着折线画出后领中线。

步骤12B

海军领样版制作完成。

自我检查

☐ 是否正确测量了前后领围尺寸？

☐ 前后衣片领口是否对齐？

☐ 是否降低了前领口？

☐ 前后衣领的外边缘是否平滑圆顺？

☐ 是否减小了底领纸样的宽度？

下页图：2014春夏，Laroom的无袖条纹连衣裙上加入了海军领

第5章

裤装

拥有合身的裤子是每个女人的梦想。这一章节中，你将学习如何从人体或人体模型上获得必要的数据并将其记录下来，为了帮助大家更好地进行裤子样版制图，本章提供一个尺寸表和两个插图。另外，你也将学习如何绘制腰围、省道以及前裆和后裆。除此之外，本章也将提供前片和后片的脚口宽，以便设计你想要的效果，其尺寸在41～51cm之间。

通过调整获得合体的裤子样版之后，加上1.3cm的缝份，用白坯布制作样衣。

通过调整这个裤子基础样版，能够获得许多不同风格的裤子样版。

安东尼奥·贝拉尔迪设计了这个基本款经典裤装，2014春夏发布会

裤装纸样

学习内容

☐ 数据测量—— 将裤子抚平固定，测量数据并记录，制成尺寸表；

☐ 制图计算——依据尺寸表计算所需的数据；

☐ 绘制样版——依据这些数据绘制样版并添加腰省；

☐ 调整样版——平滑线条、调整省道、圆顺弧线、裁剪纸样。

工具和用品：

• 122cm长的金属直尺

• 白色打版纸——91cm×122cm

• 标记带

• 裤子（可自由选择裤子款式）

步骤1

对于这一章节的学习，你需要参考裤子尺寸表及裤子各部位名

称#1和#2。

裤子尺寸表

1.侧缝——腰侧缝至脚踝= ____

2.下裆缝——横裆至脚踝= ____

3.臀围= ____

4.腰围= ____

5.立裆长= ____ 减去3cm（L形直角尺的宽度）= ____ 加上2cm松量 = ____

6.腰侧缝至膝盖= ____

7.前片裤折线= ____

8.后片裤折线= ____

9.臀高= ____ (通常在腰线以下18～23cm)

脚口大		
41cm ≈ 后脚口大10.8cm	前脚口大9.5cm
43cm ≈ 后脚口大11.4cm	前脚口大10cm
46cm ≈ 后脚口大12cm	前脚口大10.8cm
48cm ≈ 后脚口大12.5cm	前脚口大11.4cm
51cm ≈ 后脚口大13.3cm	前脚口大12cm

制图计算

10.前片宽度=臀围除以4 = ____ 减去6mm

                 = ____ 加1.3cm松量 = ____ (*1)

11.后片宽度=臀围除以4 = ____ 加6mm

                 = ____ 加1.3cm松量 = ____ (*2)

12.前片腰围=腰围除以4 = ____ 加6mm= ____

             加2.5cm的省量= ____ 加1cm的松量 = ____

13.后片腰围=腰围除以4 = ____ 减去6mm = ____

             加5cm的省量= ____ 加1cm的松量 = ____

14.前裆宽=前片宽度(*1) = ____ 除以4 = ____

15.后裆宽=后片宽度(*2) = ____ 除以2 = ____

16.前片裤折线=前裆线= ____ 除以2 = ____ 加6mm= ____

17.后片裤折线=后裆线= ____ 除以2 = ____ 加6mm= ____

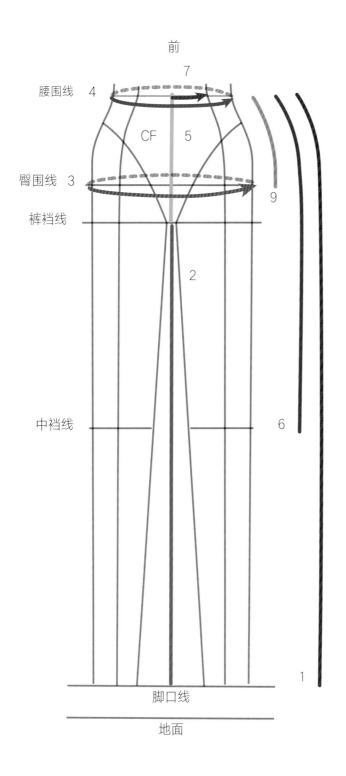

前

腰围线 4

CF 5

7

臀围线 3

9

裤裆线

2

中裆线

6

1

脚口线

地面

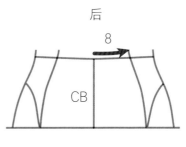

后

8

CB

裤子各部位名称 #1

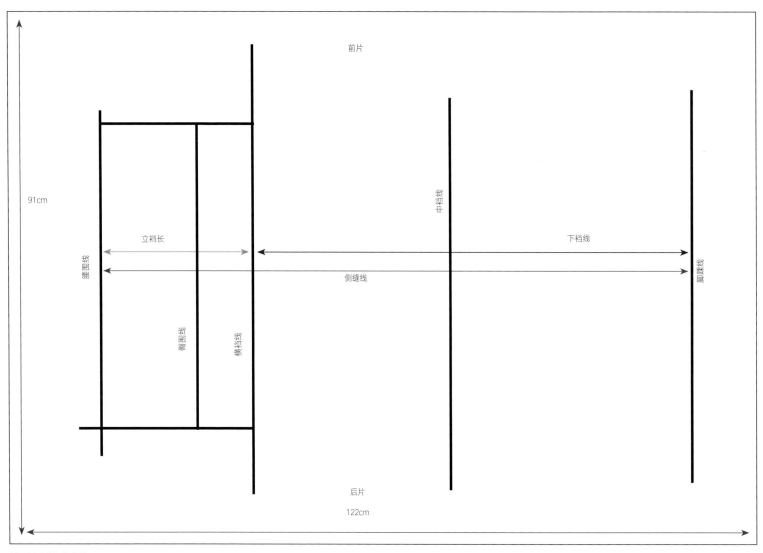

裤子基础线与结构线

裤子各部位名称 #2

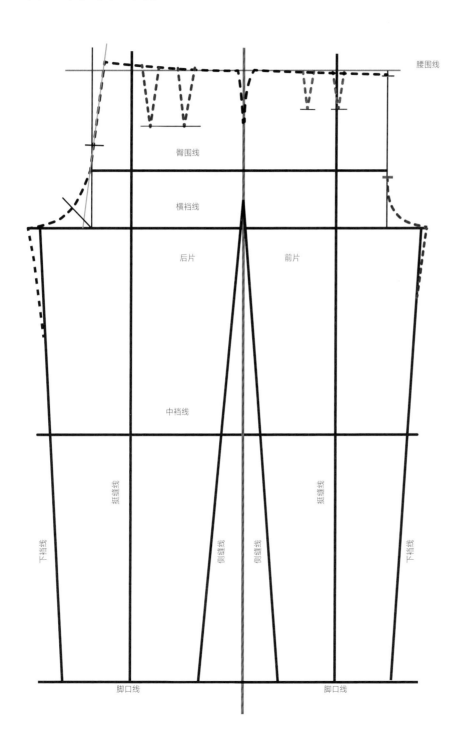

腰围线

臀围线

横裆线

后片　前片

中裆线

挺缝线　挺缝线

下裆线　侧缝线　侧缝线　下裆线

脚口线　脚口线

步骤2

准备一张宽为91cm，长为122cm的白色打版纸。

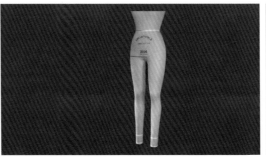

步骤3A

如前所述，依据裤子尺寸表或自己的尺寸绘制样版。由前中腰线向下量取23cm，得到臀围线；

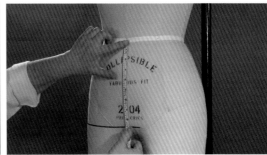

臀高尺寸在前中腰线向下18~23cm之间。

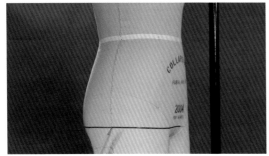

步骤3B

沿臀部最丰满处用标记带水平贴一周，得到臀围线。

步骤3C

将L形直角尺垂直放在桌子上，并转动人体模型检查臀部前后标记带是否处于同一水平线。

步骤4

沿腰部最细处用标记带水平贴一周，得到腰围线。

模块2：

数据测量

步骤1

接下来，测量人体模型数据并将其记录在裤子尺寸表中。首先是侧缝长，也就是腰侧缝至脚踝的长度，尺

裤子尺寸表

1. 侧缝——腰侧缝至脚踝= _40" (102cm)_
2. 下裆缝——横裆至脚踝= ____
3. 臀围= ____
4. 腰围= ____
5. 立裆深= ____ 减去3cm（L形直角尺的宽度）= ____ 加上2cm松量= ____
6. 腰侧缝至膝盖= ____
7. 前片裤折线= ____
8. 后片裤折线= ____
9. 臀高= ____ （通常在腰线以下18~23cm）

脚口大
41cm ≈ 后脚口大10.8cm 前脚口大9.5cm
43cm ≈ 后脚口大11.4cm 前脚口大10cm
46cm ≈ 后脚口大12cm 前脚口大10.8cm
48cm ≈ 后脚口大12.5cm 前脚口大11.4cm
51cm ≈ 后脚口大13.3cm 前脚口大12cm

寸为102cm，记录为1号数据，美国的裤子尺码为6(英国为10)。在测量时，你会注意到腿的底部有两排斜纹布

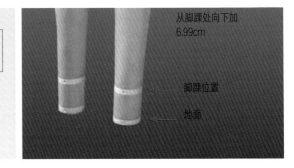

从脚踝处向下加
6.99cm

脚踝位置

地面

带，其中上面代表脚踝，下面代表地面。如果将裤长延长至地面，则需脚踝向下加6.99cm。

步骤2

用卷尺测量横裆至脚踝的长度，得到下裆长，尺寸为76cm，记录为2号数据。

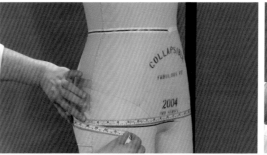

步骤3

测量臀围。在此过程中，确保卷尺一直沿着臀围标记带，可得尺寸为94cm，记录为3号数据。

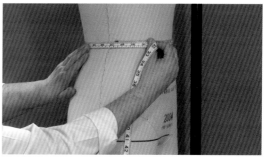

步骤4

测量腰围。在此过程中，同样确保卷尺一直沿着腰围标记带，可得尺寸为68.5cm，记录为4号数据。

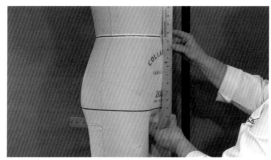

步骤5

下一步，用L形直角尺测量腰线至躯干底部的距离，尺寸为29cm，其中包含了L形直角尺3cm的宽度，

将该尺寸减去L形直角尺的宽度，加上2cm的松量，得到立裆深，尺寸为27.94cm，记录为5号数据。

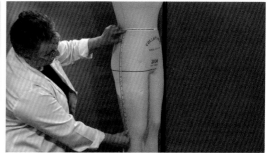

步骤6

测量腰侧缝至膝盖的距离来确定中裆长。

尺寸为34.5cm，记录为6号数据。

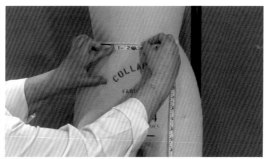

步骤7

确定前片裤折线的位置。沿着腰线，由前中向下右量取8.5cm，也就是7号数据。

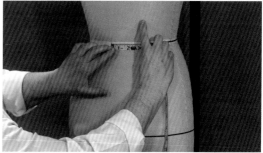

步骤8

重复这一过程，确定后片裤折线的位置，沿着腰线，

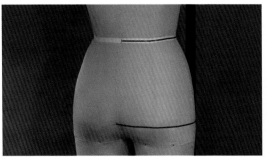

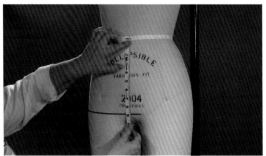

由后中向上量取7.5cm，也就是8号数据。

步骤9

最后，测量腰线至臀围线的垂直距离，得到臀高，尺寸为23cm，记录为9号数据。

模块3：
制图计算

制图计算

10. 前片宽度=臀围除以4 ___ 减去6mm = ___ 加1.3cm松量 = ___ (*1)
11. 后片宽度=臀围除以4 ___ 加6mm = ___ 加1.3cm松量 = ___ (*2)
12. 前片腰围=腰围除以4 ___ 加6mm = ___ 加2.5cm的省量 = ___ 加1cm的松量 = ___
13. 后片腰围=腰围除以4 ___ 减去6mm = ___ 加5cm的省量 = ___ 加1cm的松量 = ___
14. 前档宽=前片宽度(*1) ___ 除以4 ___
15. 后档宽=后片宽度(*2) ___ 除以2 ___
16. 前片裤折线=前档线 ___ 除以2 ___ 加6mm = ___
17. 后片裤折线=后档线 ___ 除以2 ___ 加6mm = ___

步骤1

在绘制纸样之前，需要依据裤子尺寸表计算某些数据。

如需将分数转换为小数，参见88页。

制图计算

10. 前片宽度=臀围除以4 = 9¼" 减去6mm = 9" 加1.3cm松量 = 9½" (*1)
11. 后片宽度=臀围除以4 = ___ 加6mm = ___ 加1.3cm松量 = ___ (*2)
12. 前片腰围=腰围除以4 = ___ 加6mm = ___ 加2.5cm的省量 = ___ 加1cm的松量 = ___
13. 后片腰围=腰围除以4 = ___ 减去6mm = ___ 加5cm的省量 = ___ 加1cm的松量 = ___
14. 前档宽=前片宽度(*1) = ___ 除以4 = ___

步骤2

前片宽度。将臀围尺寸除以4，得到数据23.4cm，将该数据减去6mm之后，再加上1.2cm的松量，尺寸为24cm，记录为10号数据。

制图计算

10. 前片宽度=臀围除以4 = 9¼" 减去6mm = 9" 加1.3cm松量 = 9½" (*1)
11. 后片宽度=臀围除以4 = 9¼" 加6mm = 9½" 加1.3cm松量 = 10" (*2)
12. 前片腰围=腰围除以4 = ___ 加6mm = ___ 加2.5cm的省量 = ___ 加1cm的松量 = ___
13. 后片腰围=腰围除以4 = ___ 减去6mm = ___ 加5cm的省量 = ___ 加1cm的松量 = ___
14. 前档宽=前片宽度(*1) = ___ 除以4 = ___

步骤3

后前片宽度。将臀围尺寸除以4，得到数据23.5cm，将该数据加上6mm之后，再加上1.3cm的松量，尺寸为25.4cm，记录为11号数据。

制图计算

10. 前片宽度=臀围除以4 = 9¼" 减去6mm = 9" 加1.3cm松量 = 9½" (*1)
11. 后片宽度=臀围除以4 = 9¼" 加6mm = 9½" 加1.3cm松量 = 10" (*2)
12. 前片腰围=腰围除以4 = 6¾" 加6mm = 7" 加2.5cm的省量 = 8" 加1cm的松量 = 8⅜"
13. 后片腰围=腰围除以4 = ___ 减去6mm = ___ 加5cm的省量 = ___ 加1cm的松量 = ___
14. 前档宽=前片宽度(*1) = ___ 除以4 = ___

步骤4

前片腰围。将腰围除以4，得到数据17.2cm，将该数据加上6mm之后，再加上2.5cm的省量和1cm的松量，尺寸为21.3cm，记录为12号数据。

制图计算

10. 前片宽度=臀围除以4 = 9¼" 减去6mm = 9" 加1.3cm松量 = 9½" (*1)
11. 后片宽度=臀围除以4 = 9¼" 加6mm = 9½" 加1.3cm松量 = 10" (*2)
12. 前片腰围=腰围除以4 = 6¾" 加6mm = 7" 加2.5cm的省量 = 8" 加1cm的松量 = 8⅜"
13. 后片腰围=腰围除以4 = 6¾" 减去6mm = 6½" 加5cm的省量 = 8½" 加1cm的松量 = 8⅞"
14. 前档宽=前片宽度(*1) = ___ 除以4 = ___

步骤5

后片腰围。将腰围除以4，得到数据17.1cm，将该数据减去6mm之后，再加上5cm的省量和1cm的松量，尺寸为22.5cm，记录为13号数据。

13. 后片腰围=腰围除以4 = 8" 减去6mm= 8⅜"
    加5cm的省量= 8½"
    加1cm的松量= 8⅞"
14. 前裆宽=前片宽度(*1) = 9½" 除以4 = 2⅜"
15. 后裆宽=后片宽度(*2) = ___ 除以2 = ___
16. 前片裤折线=前裆线 = ___ 除以2 = ___
    加6mm= ___
17. 后片裤折线=后裆线 = ___ 除以2 = ___
    加6mm= ___

步骤6

前裆宽。将前片宽度除以4，根据10号数据，可得尺寸为6cm，记录为14号数据。

13. 后片腰围=腰围除以4 = 8" 减去6mm= 8⅜"
    加5cm的省量= 8½"
    加1cm的松量= 8⅞"
14. 前裆宽=前片宽度(*1) = 9½" 除以4 = 2⅜"
15. 后裆宽=后片宽度(*2) = 10" 除以2 = 5"
16. 前片裤折线=前裆线 = ___ 除以2 = ___
    加6mm= ___
17. 后片裤折线=后裆线 = ___ 除以2 = ___
    加6mm= ___

步骤7

后裆宽。将后片宽度除以2，根据11号数据，可得尺寸为12.5cm，记录为15号数据。

13. 后片腰围=腰围除以4 = 8" 减去6mm= 8⅜"
    加5cm的省量= 8½"
    加1cm的松量= 8⅞"
14. 前裆宽=前片宽度(*1) = 9½" 除以4 = 2⅜"
15. 后裆宽=后片宽度(*2) = 10" 除以2 = 5"
16. 前片裤折线=前裆线 = 11⅛" 除以2 = 5¹⁵⁄₁₆"
    加6mm= 6³⁄₁₆"
17. 后片裤折线=后裆线 = ___ 除以2 = ___
    加6mm= ___

步骤8

依据裤子尺寸表可知，如需确定前片裤折线的位置，需将前片宽度和前裆宽两者尺寸之和除以2，再加上6mm的松量，可得尺寸为15.7cm，记录为16号数据。

13. 后片腰围=腰围除以4 = 8" 减去6mm= 8⅜"
    加5cm的省量= 8½"
    加1cm的松量= 8⅞"
14. 前裆宽=前片宽度(*1) = 9½" 除以4 = 2⅜"
15. 后裆宽=后片宽度(*2) = 10" 除以2 = 5"
16. 前片裤折线=前裆线 = 11⅛" 除以2 = 5¹⁵⁄₁₆"
    加6mm= 6³⁄₁₆"
17. 后片裤折线=后裆线 = 15" 除以2 = 7½"
    加6mm= 7¾"

步骤9

如步骤8所述，如需确定后片裤折线的位置，需将后片宽度和后裆宽两者尺寸之和除以2，再加上6mm的松量，可得尺寸为19.6cm。

模块4：
绘制裤子样版辅助线

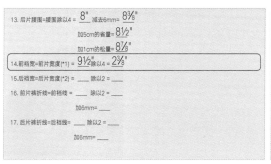

步骤1A

将打版纸放在桌子上，长边朝向自己，从左到右进行制图，有关纸张放置和制图的方向，见图1(第308页)。

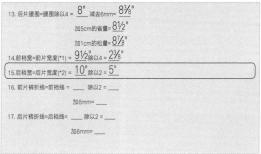

离打版纸左边缘10cm处向右画一条穿过打版纸中心的侧缝线，

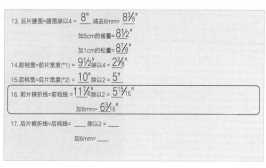

尺寸为102cm，并在侧缝线右端结束处画一个十字标记，来代表脚踝。

步骤2

将L形直角尺沿侧缝线放置，由侧缝线左端点向上画一条大约38cm的线，形成前腰围线。

这是前腰围线。

步骤3

翻转L形直角尺，由侧缝线左端点向下方画一条大约38cm的线，形成后腰围线。

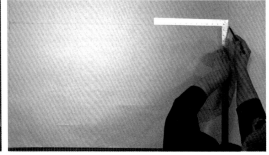

步骤4

与绘制腰围线的方法相同，由十字标记点向上画一条38cm的线，形成前脚口线。

步骤5

翻转L形直角尺，由十字标志点向下画一条38cm的线，形成后脚踝线。

步骤6A

由腰围线与侧缝线交点处开始，向下量取28cm并作标记。

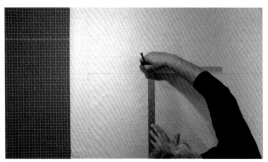

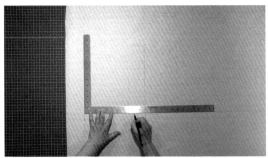

步骤6B

将L形直角尺沿侧缝线放置，由这个标记点向下处画一条38.1cm线，形成后横裆线。

步骤6C

翻转L形直角尺，由这个标记处向上处画一条38.1cm线，形成前横裆线。

步骤7A

接下来，绘制臀围线，由腰围线与侧缝线交点处开始，向下量取23cm并作标记。

步骤7B
由臀围线标记点向上画一条38cm线，形成前臀围线。

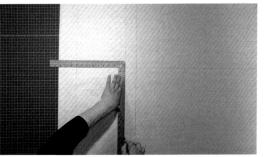

步骤7C
翻转L形直角尺，由臀围线标记点向下画一条38cm线，形成后臀围线。

模块5：
绘制样版

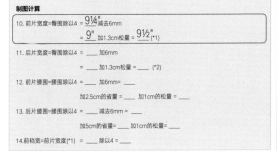

制图计算

10. 前片宽度=臀围除以4 = $9\frac{1}{4}''$ 减去6mm
    = $9''$ 加1.3cm松量 = $9\frac{1}{2}''$ (*1)

11. 后片宽度=臀围除以4 = ___ 加6mm
    = ___ 加1.3cm松量 = ___ (*2)

12. 前片腰围=腰围除以4 = ___ 加6mm= ___
    加2.5cm的省量 = ___ 加1cm的松量 = ___

13. 后片腰围=腰围除以4 = ___ 减去6mm
    加5cm的省量= ___ 加1cm的松量= ___

14. 前裆宽=前片宽度(*1) ___ 除以4 ___

步骤1
计算前片宽度，根据10号数据的计算公式可知前片宽度尺寸为24.2cm。

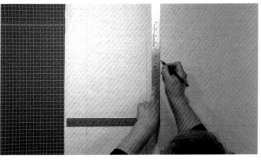

步骤2A
由侧缝与横裆线的交点向上量取24.2cm，作标记。

步骤2B
将L形直角尺沿横裆线放置，过这个标记点作前腰围线的垂线，这条垂线为前中线。

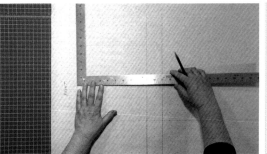

这是前中线。

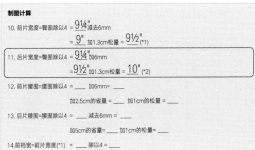

制图计算

10. 前片宽度=臀围除以4 = $9\frac{1}{4}''$ 减去6mm
    = $9''$ 加1.3cm松量 = $9\frac{1}{2}''$ (*1)

11. 后片宽度=臀围除以4 = $9\frac{1}{4}''$ 加6mm
    = $9\frac{1}{2}''$ 加1.3cm松量 = $10''$ (*2)

12. 前片腰围=腰围除以4 = ___ 加6mm=
    加2.5cm的省量 = ___ 加1cm的松量 = ___

13. 后片腰围=腰围除以4 = ___ 减去6mm
    加5cm的省量= ___ 加1cm的松量= ___

14. 前裆宽=前片宽度(*1) ___ 除以4 ___

步骤3A
计算后片宽度，根据11号数据的计算公式可知后片宽度尺寸为25.4cm。

步骤3B
由侧缝与横裆线的交点向下量取25.4cm，同样作标记。

步骤3C

将L形直角尺沿横裆线放置，过这个标记作后腰围线的垂线，这条垂线为后中线。

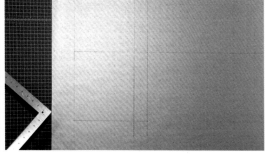

这是后中线。

制图计算

10. 前片宽度=臀围除以4 = $9\frac{1}{4}$" 减去6mm

    = 9" 加1.3cm松量= $9\frac{1}{2}$" (*1)

11. 后片宽度=臀围除以4 = $9\frac{1}{4}$" 加6mm

    = $9\frac{1}{2}$" 加1.3cm松量= 10" (*2)

12. 前片腰围=腰围除以4 = $6\frac{3}{4}$" 加6mm= 7"

    加2.5cm的省量= 8" 加1cm的松量= $8\frac{3}{8}$"

13. 后片腰围=腰围除以4 = ___ 减去6mm = ___

    加5cm的省量= ___ 加1cm的松量= ___

14. 前裆宽=前片宽度(*1) = ___ 除以4 = ___

步骤4A

计算前腰围，根据12号数据的计算公式可知前腰围尺寸为21.3cm。

制图计算

10. 前片宽度=臀围除以4 = $9\frac{1}{4}$" 减去6mm

    = 9" 加1.3cm松量= $9\frac{1}{2}$" (*1)

11. 后片宽度=臀围除以4 = $9\frac{1}{4}$" 加6mm

    = $9\frac{1}{2}$" 加1.3cm松量= 10" (*2)

12. 前片腰围=腰围除以4 = $6\frac{3}{4}$" 加6mm= 7"

    加2.5cm的省量= 8" 加1cm的松量= $8\frac{3}{8}$"

13. 后片腰围=腰围除以4 = $6\frac{3}{4}$" 减去6mm= $6\frac{1}{2}$"

    加5cm的省量= $8\frac{1}{2}$" 加1cm的松量= $8\frac{7}{8}$"

14. 前裆宽=前片宽度(*1) = ___ 除以4 = ___

步骤4B

计算后腰围，根据13号数据的计算公式可知后腰围尺寸为22.5cm 。

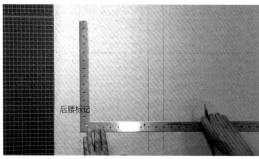

后腰标记

步骤4C

从腰围与后中线的交点开始，在腰围上量取2cm，作标记，这将是新的后腰标记。

步骤4D

由这个新标记向上量取22.5cm，再作标记。

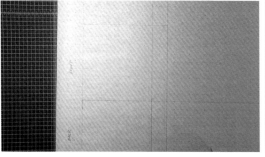

步骤5

在绘制样版时，为了避免前后片混淆，可在样版上标注"前片""后片"进行区分。

步骤6A

从腰围与前中线的交点开始，在腰围上量取用21.3cm，作标记。用铅笔和尺子将标记加深，以便识别。

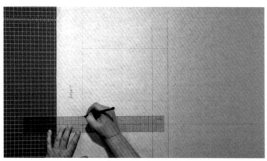

利用铅笔和尺子加深标记。

步骤6B

将L形直角尺沿腰围线放置，从前中与腰围线的交点开始，在腰围上量取用8.5cm，确定省道的中线位置，同时也是裤折线的位置，作标记，从这个标记点开始，向右画一条约7.5cm的垂直线。

更靠近侧缝的位置可能有利于容纳腹部并且只需要一个省道，所以根据腹部的特点设计第一个腰省的位置。

步骤6C

由这个标记向右量取7.5cm，为省道长度，作标记。

步骤6D

找到省道中线与腰围线的交点，用尺子在交点的一侧量取6mm，作标记。

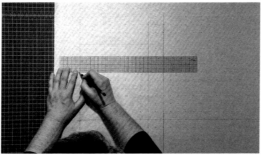

在另一侧重复这个过程。

步骤6E

接着在省道终点出画一个长6mm的线，与省道中线垂直。

步骤6F

将省道中线两侧的标记点分别与省道的省尖点连接，完成前腰省。注意如何将省边延伸到腰围线以外。

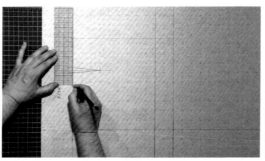

步骤6G

确定第二个腰省的中线位置，同样将L形直角尺沿腰围线放置，在距离第一个省道中线约3.8cm处，作标记。

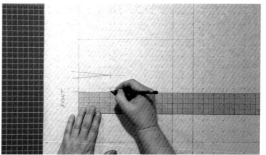

步骤6H

从这个标记点开始，向右画一条约10cm垂直线并在这条垂直线上量取7.5cm，作为省道长度，作标记。

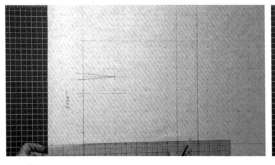

骤6I

找到第二个省道中线与腰围线的交点，在交点的两侧分别量出6mm，作标记。

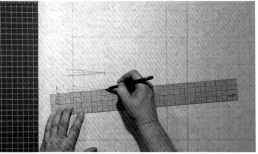

步骤6J

将这两个标记点与省道的省尖点连接。

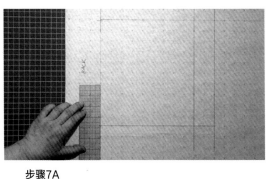

步骤7A

绘制后片省道。从新的后腰标记开始，在腰围上量取用7.5cm，这是第一个腰省中线的位置，同时也是后片裤折线的位置，作标记。

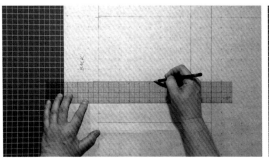

步骤7B

从这个标记点开始，向右画一条约为12.5cm垂直线，得到省道中线。

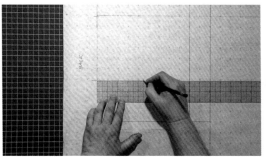

步骤7C

从腰围线与省道中线交点开始，在省道中线上量取11.5cm，得到省长，并标记省道的省尖点。

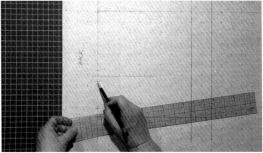

步骤7D

在腰围线与省道中线交点两侧分别量取1.3cm，作标记。

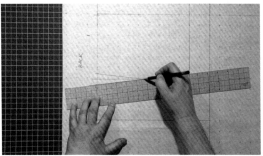

步骤7E

将省道中线两侧的标记点分别与省道的省尖点连接，完成后腰省。

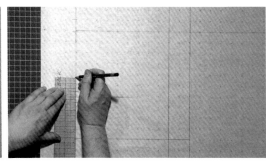

步骤7F

第一个后腰省中线与第二个后腰省中线相距4.5cm。省道的位置根据体型的不同而有所不同，每增大一个尺码，省道的宽度将增加3mm。

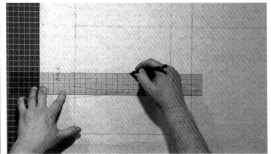

步骤7G

在第二个后腰省中线处作标记，在这个标记开始，向右画一条大约10cm的垂直线，得到省道中线。

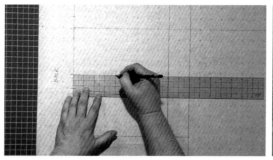

步骤7H

在第二个省道的中线上量取10cm，得到省长，并标记省尖点。

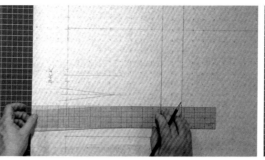

步骤7I

找到省道中线与腰围线的交点，在交点的一侧量出1.3cm，作标记，在交点的另一侧也量出1.3cm，同样作标记。

步骤7J

将省道中线两侧的标记点分别与省尖点连接。注意，如果在布料上绘制省道，它的长度和位置可能会改变。

模块6：
绘制裆弯

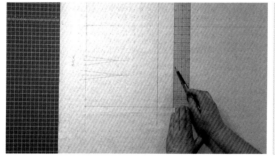

步骤1A

现在画后裆宽，即后片宽度减半。

13. 后片腰围=腰围除以4 = $\underline{8''}$ 减去6mm= $\underline{8\frac{3}{8}''}$

加5cm的省量= $\underline{8\frac{1}{2}''}$

加1cm的松量= $\underline{8\frac{7}{8}''}$

14.前裆宽=前片宽度(*1) $\underline{9\frac{1}{2}''}$ 除以4 = $\underline{2\frac{3}{8}''}$

15.后裆宽=后片宽度(*2) = $\underline{10''}$ 除以2 = $\underline{5''}$

16. 前片裤折线=前裆线 = _____ 除以2 = _____

加6mm= _____

17. 后片裤折线=后裆线 = _____ 除以2 = _____

加6mm= _____

计算后裆宽。将后片宽度（15号数据）减半，可得尺寸为12.7cm。

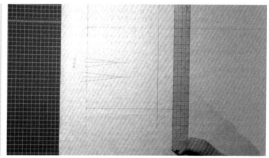

步骤1B

将L形直角尺沿着横裆线放置，从横裆线与后中线的交点开始，向下量出12.7cm，作标记。

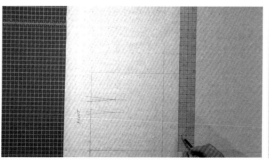

步骤2A

现在调整纸张，准备标前裆宽。

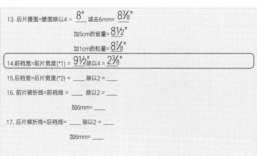

13. 后片腰围=腰围除以4 = $\underline{8''}$ 减去6mm= $\underline{8\frac{3}{8}''}$

加5cm的省量= $\underline{8\frac{1}{2}''}$

加1cm的松量= $\underline{8\frac{7}{8}''}$

14.前裆宽=前片宽度(*1) $\underline{9\frac{1}{2}''}$ 除以4 = $\underline{2\frac{3}{8}''}$

15.后裆宽=后片宽度(*2) = _____ 除以2 = _____

16. 前片裤折线=前裆线 = _____ 除以2 = _____

加6mm= _____

17. 后片裤折线=后裆线 = _____ 除以2 = _____

加6mm= _____

计算前裆宽。将前片宽度（14号数据）除以4，可得尺寸为6cm。

步骤2B

将L形直角尺沿着横裆线放置，从横裆线与前中线的交点开始，向上量出6cm，作标记。

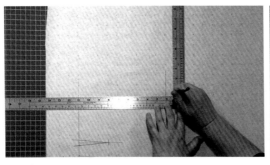

步骤3A

为了绘制前裆弯曲线，首先将L形直角尺沿着前中线和前裆宽放置，并在直尺的内角上作标记。

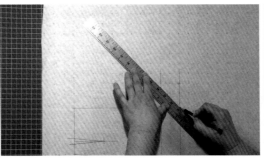

步骤3B

将这个标记点与前中线和横裆线交点连接，画一条5cm的对角线。

步骤3C

从对角线、前中线和横裆线三者的交点开始，在对角线上量取3.8cm并作标记。

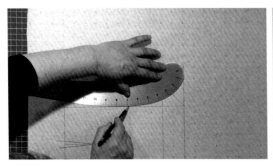

步骤3D

将曲线尺沿前裆宽端点、对角线上的标记并相切于前中线放置，圆顺连接前裆弯曲线。

步骤3E

检查以确保裆弯曲线已过这三个点。

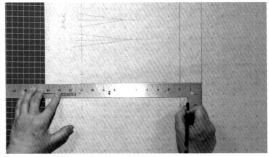

步骤4A

为了绘制后裆弯曲线，首先将L形直角尺沿着后中线和后裆宽放置，同样在直尺的内角上作标记。

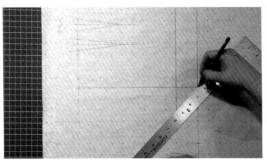

步骤4B

将这个标记点与后中线和横裆线交点连接，画一条6.3cm的对角线。

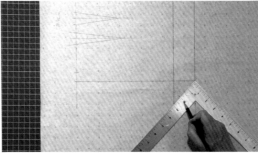

步骤4C

从对角线、后中线和横裆线三者的交点开始，在对角线上量取5cm并作标记。

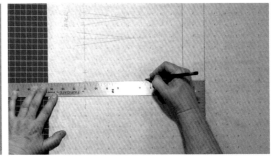

步骤4D

将L形直角尺沿着后中线和后裆宽线放置，找到后中线的中点。

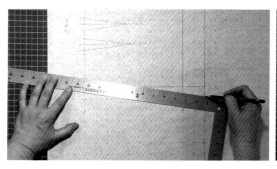

步骤4E

接下来，绘制后中缝。从新的后腰标记开始，经过后中线的中点，止于后档宽。

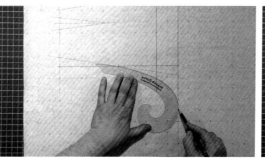

步骤4F

将曲线尺沿着接后中线的中点、对角线上的标记并相切后档宽线放置，圆顺连接后档弯曲线。

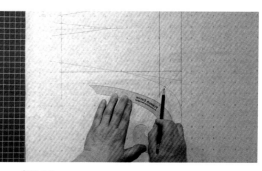

步骤4G

在绘制后档弯曲线之前，先确定绘制弧线的最佳位置。注意，曲线尺不是一定要过后档宽端点，只要形成一条平滑的曲线就可以。

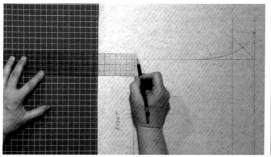

步骤5A

将视线移动到前中线处，从前中线与腰线交点开始，向右量取6mm下沉前腰并作标记。

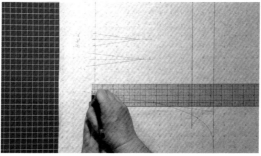

步骤5B

与前腰相反，由新的后腰标记点开始，向左量出6mm抬高后腰，同样作标记。

模块7：

绘制裤装下半部分

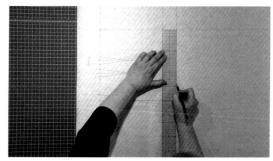

步骤1A

为了绘制后片裤折线，将后档宽端点与侧缝之间的横档线等分并作标记。

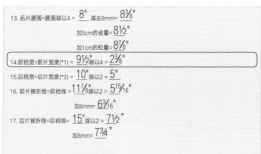

步骤1B

根据尺寸表上17号数据的后片裤折线的计算公式可知：首先记录后横档线的数据，为38cm，然后将其等分并加上6mm的松量，为19.6cm，这是后片裤折线的顶点。

Table in image:

13. 后片腰围=腰围除以4 = $\frac{8"}{}$ 减去6mm= $8\frac{3}{8}"$

加5cm的省量= $8\frac{1}{2}"$

加1cm的松量= $8\frac{1}{8}"$

14. 前档宽=前片宽度(*1) = $9\frac{1}{2}"$ 除以4= $2\frac{3}{8}"$

15. 后档宽=后片宽度(*2) = $\frac{10"}{}$ 除以2= $5"$

16. 前片裤折线=前档线= $11\frac{1}{8}"$除以2= $5\frac{15}{16}"$

加6mm= $6\frac{3}{16}"$

17. 后片裤折线=后档线= $\frac{15"}{}$除以2= $7\frac{1}{2}"$

加6mm= $7\frac{3}{4}"$

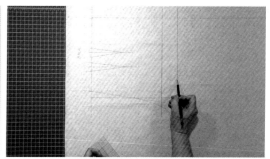

步骤1C

在后横档线的19.6cm处作标记。

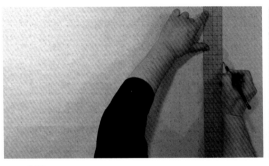

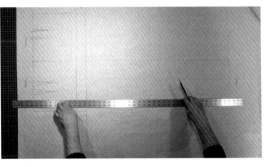

步骤2A

重新放置打版纸，以便绘制后脚口。在距侧缝19.6cm处的后脚口线上作标记。

在脚踝线下方写"脚口"来标注脚口线。

步骤2B

用金属直尺将后片裤折线的顶点与后脚口标注点连接，并将其延伸到腰线和脚口线之外，形成后片裤折线。

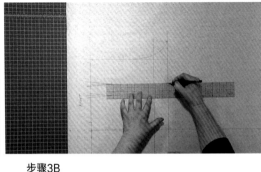

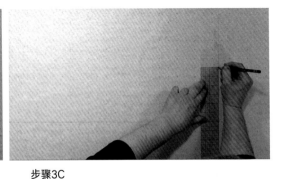

步骤3A

为了绘制前片裤折线，首先找到前裆宽端点与侧缝之间横裆线的中点。

步骤3B

根据尺寸表上16号数据的前片裤折线的计算公式可知：首先记录前横裆线的数据，为30cm，然后将其等分并加上6mm的松量，为15.6cm。

步骤3C

重新放置打版纸，以便绘制前脚口。在距侧缝15.6cm处的前脚口线上作标记。

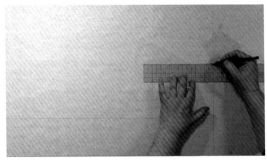

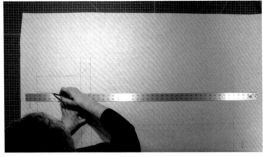

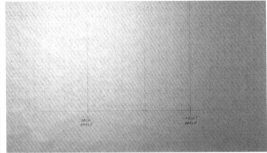

用铅笔和尺子把这个标记加深，这是前片裤折线的底点。

步骤3D

将前横裆线上的标记与前片裤折线的底点连接，画一条与前腰省中线重合并延伸到脚口线之外的线，形成前片裤折线。

步骤4A

绘制前片脚口宽。根据我们的设计，裤子的脚口围为41cm，前片脚口宽为19cm，后片脚口宽为22cm。

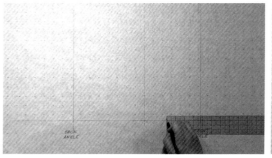

步骤4B

在脚口线，以前片裤折线为中心，两侧平分，一侧量取脚口宽为9.5cm，作标记。

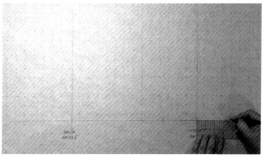

步骤4C

重复步骤4B，在前片裤折线的另一侧也量取脚口宽为9.5cm，作标记。

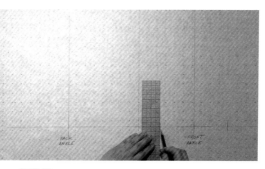

步骤4D

用尺子和铅笔将这两个标记点加深，使它们与脚口线垂直。它们将形成前片的下裆缝和侧缝。

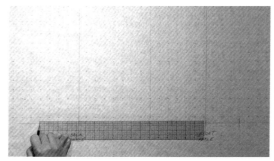

步骤4E

现在通过后片裤折线来绘制后片的下裆缝和侧缝。后片脚口宽为21.6cm，一半是10.8cm。

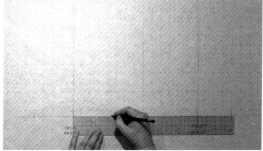

步骤4F

在脚口线，以后片裤折线为中心，一侧量取脚口宽为10.8cm，在另一侧重复这个过程。

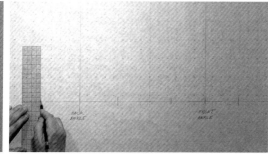

步骤4G

同样将这两个标记加深，使它们和脚口线垂直。它们将形成后片的下裆缝和侧缝。

脚口大

41cm ≈ 后脚口大10.8cm　前脚口大9.5cm
43cm ≈ 后脚口大11.4cm　前脚口大10cm
46cm ≈ 后脚口大12cm　　前脚口大10.8cm
48cm ≈ 后脚口大12.5cm　前脚口大11.4cm
51cm ≈ 后脚口大13.3cm　前脚口大12cm

步骤4H

为了设计出适合的裤腿宽度，裤子尺寸表中包含了更全面的裤腿宽度尺寸。

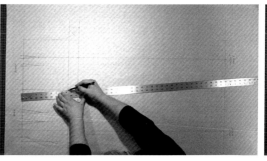

步骤5A

重新放置打版纸，以便裤子侧缝绘制。首先绘制裤子的前片侧缝，用金属直尺将臀围线与侧缝线的交点和前脚口宽标记点连接起来，并将其延伸到脚踝线之外。

步骤5B

绘制裤子的后片侧缝，用金属直尺将臀围线与侧缝线的交点和后脚口宽标记点连接起来，并将其延伸到脚踝线之外。

小技巧：

*当进行裤子缝合时，如果将平滑均匀的侧缝线调整为曲线，则会产生马裤的效果。

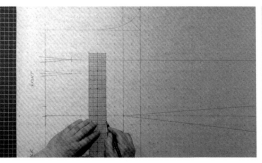

步骤6A

绘制臀围线上方的侧缝曲线，从臀围线与侧缝线的交点开始，向左量取5cm，作标记并用尺子和铅笔把这个标记加深。

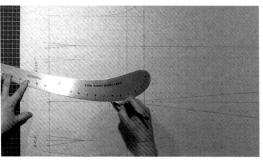

步骤6B

将这个标记与新的前腰标记点连接起来，完成前侧缝线。将曲线尺较直的一端放置在新的前腰标记处，弧度大的一端相切于5cm处的标记。

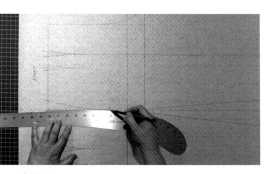

步骤6C

将这个标记点与新的后腰部标记点连接起来，完成后侧缝。由于后腰省较前腰省大，故后侧缝曲线较前侧缝曲线平顺。

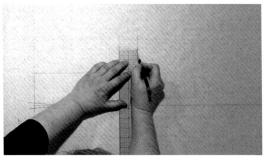

步骤7A

为了绘制前片下裆缝线，由前裆宽端点量出1.3cm，作标记。

步骤7B

第一步，用金属直尺将这个标记点与前脚口宽标记连接起来。

步骤7C

第二步，将曲线尺弧度大的一端放在这个标记点处，另一端与前裆宽端点下方大约12.5cm的下裆缝线重合，完善下裆缝曲线。

步骤8A

与绘制前片下裆缝线的方法相同。首先由后裆宽端点量出1.3cm，作标记。

步骤8B

将尺子与裆线成直角，将1.3cm处的标记加深。

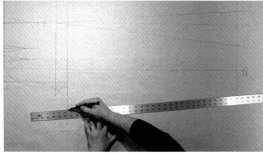

步骤8C

用金属直尺将这个标记与后脚口宽标记连接起来，完成后下裆缝的第一步。

步骤8D

将曲线尺弧度大的一端放在这个标记点处，另一端与后裆宽端点下方大约15cm的下裆缝线重合，完善下裆缝曲线。

模块8：
修顺侧缝线和腰围线

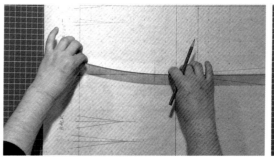

步骤1A

需要找到前腰标记点到侧缝5cm的距离，用尺子测量并记录下来。

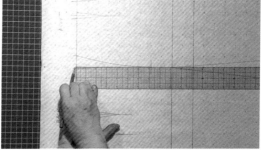

步骤1B

同样找到后腰标记点到侧缝5cm的距离，并与前侧缝的测量值进行比较。这时，后片侧缝需要上翘以消除与前片侧缝的差值，用红铅笔进行调整。

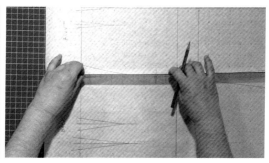

再次检查核对确保两者数据相同。

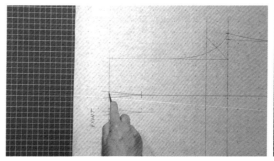

步骤2A

接下来，捏合省道调整腰围线。

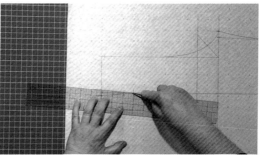

步骤2B

捏合省道时有一个技巧：用锥子和尺子在第一个腰省的靠近前中的省边上画线。切记小心不要把锥子压得太紧，否则打版纸会被撕破。

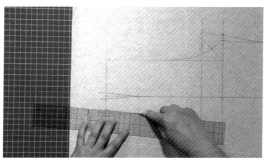

步骤2C

接下来，在第二个腰省的靠近前中线的省边上画线。

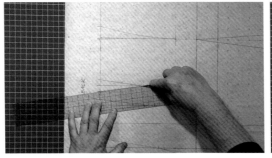

步骤2D

在后腰省边上画线。首先，在第一个腰省的靠近后中线的省边上画线。

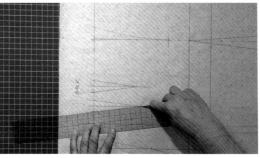

步骤2E

最后，在第二个腰省的靠近后中线的省边上画线。

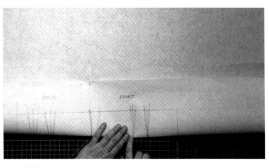

步骤3A

在前腰省尖点处进行折叠并将腰部朝上，以便捏合省道。

326

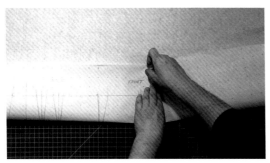

步骤3B

用手指按压划好的前腰省边，捏合第一个前腰省直到省尖点并在腰线上方用胶带将其固定。

步骤3C

重复步骤3B，沿着有划痕的省边，捏合第二个前腰省边直到省尖点并在腰线上方用胶带将其固定。

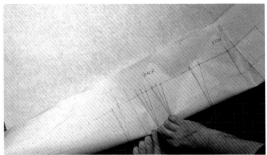

步骤4A

重新放置打版纸以便捏合后腰省。同样在后腰省的省尖点处进行折叠并将腰部朝上，以便捏合省道。

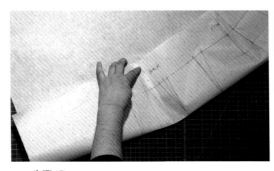

步骤4B

用手指按压划好的后腰省边，捏合省道，在腰线上方将其固定。

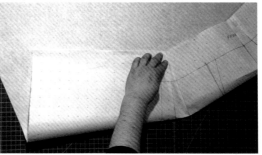

步骤4C

重复按压和捏合第一个后腰省的过程。用胶带把省道固定在腰线以上。在第二个后腰省的省尖点处进行折叠并将腰部朝上，重复按压和捏合第一个后腰省的过程，并在腰线上方用胶带将其固定。

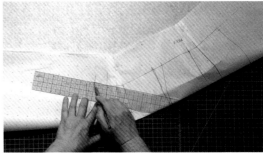

步骤5A

接下来，调整后腰围线。用尺子和红铅笔，在起翘的后中腰线与后裆线的交点处画一条长1.3cm的线。

步骤5B

将视线移到前腰围线，重复这一过程，用尺子和红铅笔，在新下沉的腰线与前裆线的交点处画一条长1.3cm的线。

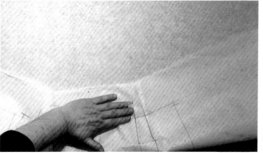

步骤6A

修顺腰围线之前，调整样版腰部的位置并抚平。

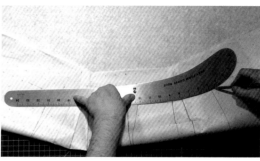

步骤6B

用红铅笔和曲线尺圆顺连接下沉的前腰围线标记点与前侧缝线之间线，同时确保前中与腰围线的角度呈90°，注意省道上方的腰围线是如何变化的。

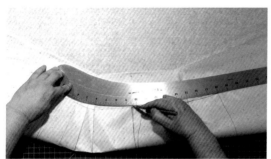

步骤6C

用红铅笔和曲线尺圆顺连接上翘的后腰线标记点与后侧缝线之间线，同时确保后中与腰围线的角度呈90°，注意省道上方的腰围线是如何变化的。

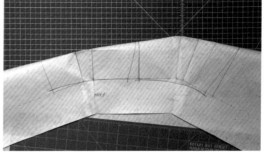

步骤6D

检查前后腰围线，如果认为可以更好地改善腰围弧线，可将其重新调整以获得更好的效果。

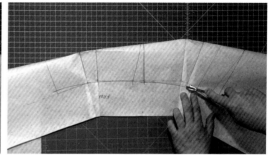

步骤6E

在腰围线的下面放置一个小切割垫。

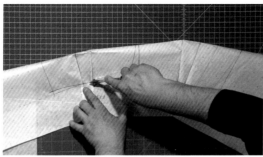

步骤6F

接下来，将滚轮沿着调整圆顺后的前后腰围线描一遍。

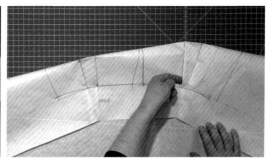

步骤7

取出小切割垫，小心地取下省道上所有的胶带。

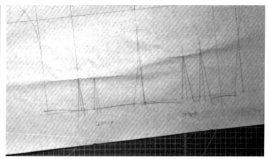

步骤8A

打开样版板并抚平。

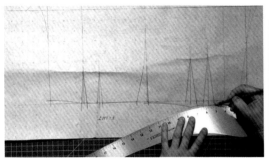

步骤8B

用曲线尺和红铅笔将后腰省边延长至后腰围线。

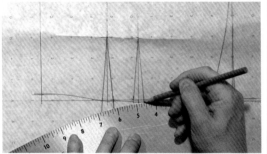

步骤8C

重复修整后腰省边的过程，用红铅笔将前腰省边延长至前腰围线。

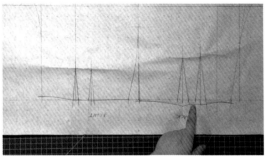

步骤8D

将所有的腰省边线延长至腰线之后，首先注意如何将后腰省边延长到新腰围线之外。

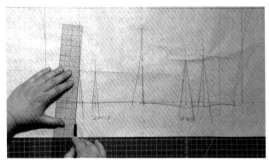

步骤8E

将视线移动到前片腰部，重复延长后腰省边的过程。

步骤9A

确定中裆线。将L形直角尺沿着侧缝与前腰围线放置。依据6号数据确定中裆线在侧缝上的位置并作标记。

步骤9B

将L形直角尺沿着侧缝放置，过这个标记点在后片上画一条线，形成后中裆辅助线。

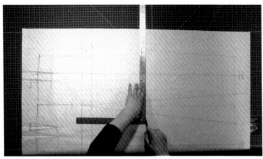

步骤9C

重新放置打版纸，翻转L形直角尺，过这个标记点，在前片上画一条线，形成前中裆辅助线。

步骤10A

在前中裆辅助线上方标注"前中裆线"。

步骤10B

重新放置打版纸，在后中裆辅助线上方标注"后中裆线"。

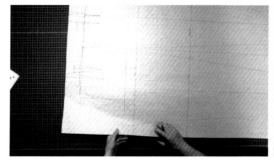

步骤10C

在后裆线上方标注"后裆线"，在后臀围线上方标注"后臀围线"。

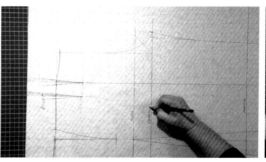

步骤10D

将样版转过来，标注前裆线和前臀围线。

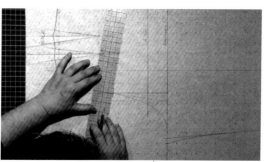

步骤11A

最后一步是用尺子和红铅笔在样版上加剪口。首先在后裆弯线的端点处添加第一个剪口，剪口应始终与接缝呈直角且延长过接缝的余量不超过6mm。

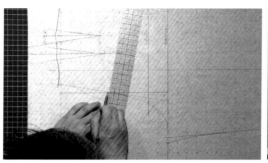

向右量取1.3cm，在此处做后裆弯线的第二个剪口。

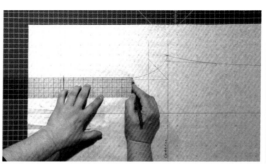

步骤11B

接下来，在前裆弯线上做剪口。在腰围线以下18cm处做一剪口并与接缝呈直角。

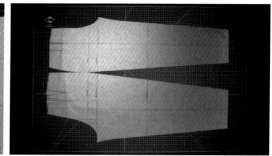

步骤11C

样版完成，进行裁片，留出1.3cm的缝份和在下摆留出3.3cm的缝份。在样版未确定之前可对其进行任何合体性修正。

自我检查

- [ ] 是否正确量取了必要的尺寸并记录在裤子尺寸表上？

- [ ] 是否准确计算前后腰省？

- [ ] 是否准确计算前后裆宽？

- [ ] 是否将前后侧缝处的腰围线进行校对？

- [ ] 是否前后裤腿宽形成的效果与想要的效果一致？

- [ ] 是否捏合腰省以便调整前后腰围？

329

译者序

　　服装纸样设计，是能够把一张张风格造型多样的设计图稿赋予生机、立体成形的"魔法棒"，是每位服装从业者成为"魔法师"的必修课。它要求服装从业者要了解人体形态与服装纸样之间的关系。纸样设计中，既要讲求创新、与时俱进，又要经验丰富，取百家之长。此书为设计者提供了一种创新且实用纸样设计的宝贵参考。本书是作者多年从事服装领域教学与研究工作的结晶，对服装纸样设计与制作进行剖析与总结。

　　该书针对不同服装部件详细介绍了样版制作的技法和规范，以图文形式逐一步骤进行讲解，内容详尽、一目了然。作者将成衣的各部位分成不同章节进行讲解，每一部位先从基础原型纸样入手，在此基础上变换成不同款式，让读者由简及深更好地理解纸样设计的技巧与方法。如在第3章女上衣纸样设计中，先分析了不同省道间的转移变化，再由基础上衣版型设计出不同风格的上装纸样，其中列举出了多款实用的上装纸样。纸样设计内容严谨且繁琐，本书优点在于把所有的理论知识在实践中表述出来，实际操作的每一步骤作了详细说明，方便理解。

　　这是一本关于样版制作难得的工具书，具有很强的指导性和实用性。该书对样版制作的初学者来说是一本很好的入门书籍，对有一定基础的人来说，会让你的样版制作技术精益求精，更上一层楼。我强烈推荐服装爱好者以本书作为服装纸样学习的参考。

　　翻译这本书时尽可能使用了精确的服装专业术语、简明的语句，保证在表述清楚的同时更好地传达作者原意。本书在翻译和校对过程中，得到西安工程大学的鲍正壮、毛倩、张晓丹、河南科技职业大学的刘宝宝、商丘学院的王海红、河北美术学院的孙艳丽以及利兹大学的王奥斯的大力支持，在此表示衷心的感谢。由于时间紧加之水平有限，欠妥或不完善之处在所难免，敬请广大读者指正。

2021年12月于西安工程大学